航空航天工程类专业规划教材

光电检测技术与系统设计

徐贵力　陈智军　郭瑞鹏　朱　珠　编著

U0323436

国防工业出版社

·北京·

内 容 简 介

光电检测技术飞速发展,应用也越来越广泛,特别是在航空航天与工业领域。

本书较全面和系统地介绍了光电检测技术所涉及的基本光学知识,常用的光电检测器件,光电信号的拾取、处理,光电系统设计以及光电检测系统的典型应用,重点在于使读者掌握光电检测技术与系统的基础知识,掌握典型的光电检测系统设计实例,并且在编写时尽可能通过实例使读者学会在光电检测科研实践中善于发现问题、分析问题和解决问题,能够利用光电检测技术设计出一般的检测系统,从而一定程度上提高其科研创新能力和解决实际工程技术问题的能力。

本书可作为高等工科院校"测控技术与仪器"、"检测技术与自动化装置"、"导航制导"、"光电信息工程"、"机械电子工程"和"生物医学工程"等专业的教材,也可供其他相关专业的师生及工程技术人员参考。

图书在版编目(CIP)数据

光电检测技术与系统设计/徐贵力等编著. —北京:国防工业出版社,2013.8(2017.4 重印)
航空航天工程类专业规划教材
ISBN 978-7-118-08889-2

Ⅰ.①光… Ⅱ.①徐… Ⅲ.①光电检测—系统设计—高等学校—教材 Ⅳ.①TP274

中国版本图书馆 CIP 数据核字(2013)第 189965 号

※

国防工业出版社出版发行

(北京市海淀区紫竹院南路 23 号 邮政编码 100048)
三河市众誉天成印务有限公司印刷
新华书店经售

*

开本 787×1092 1/16 印张 18 字数 435 千字
2017 年 4 月第 1 版第 2 次印刷 印数 3001—5000 册 定价 35.00 元

(本书如有印装错误,我社负责调换)

国防书店:(010)88540777   发行邮购:(010)88540776
发行传真:(010)88540755   发行业务:(010)88540717

前　言

　　光电检测技术是信息科学的一个分支,具有非接触测量、测量精度高、速度快和自动化程度高等突出特点,发展十分迅速。它将光学技术与电子技术相结合,展现出独特的优势。

　　"光电检测技术"课程是高等工科院校"测控技术与仪器"、"检测技术与自动化装置"、"导航制导"、"光电信息工程"、"机械电子工程"和"生物医学工程"等专业的重要课程。

　　本书是参考现有十几本光电检测技术类书籍并总结多年教学和科研经验编著的。全书总体上分为光电检测基础篇和应用与设计篇,共分为12章,分别为光电检测技术概述、光和光电检测调制原理、光电检测用光源、光电检测器及其检测电路、光探测技术、光强度调制检测系统、光相位调制检测系统、光频率与波长调制检测系统、光偏振调制检测系统、基于光纤的光电检测技术以及光电检测系统设计。本书在内容上将理论与应用密切结合,论述深入浅出。

　　本书既可以作为大学本科教学内容,也可以作为研究生教学内容,根据学生基础可以自行挑选部分内容进行学习。

　　为了便于教师教学和学生学习,书中要求学生重点掌握、理解的内容和知识点都已经用黑斜体标出。

　　本书参阅了大量的参考资料,这些资料作者的卓越研究成果,使本书内容更加充实,在此向有关作者表示感谢。

　　由于编者的学识有限,一定存在许多不足之处,望广大读者不吝指正,以便今后改进完善。

徐贵力

2013 年 4 月

目　录

V

上篇（技术基础篇）

第1章

光电检测技术概述

1.1　光电检测技术定义

物质、能量和信息是人类发展的三大基本要素。信息作用于物质和能量之间,使人类能够更好地认识物质与能量之间的关系。

信息技术是一种综合技术,它包括四个基本内容,即感测技术、通信技术、人工智能与计算机技术和控制技术。

感测技术包括传感技术和测量技术以及遥感、遥测技术,它使人类能更好地从外部世界获取各种有用的信息。

通信技术的作用是传递、交换和分配信息,可以消除或克服空间上的限制,使人们能更有效地利用信息资源。

人工智能与计算机技术使人能更好地加工与再生信息。

控制技术的作用是根据输入的指令,对外部事务的运动状态实施干预。

因此一切与信息的收集、加工、存储、传输有关的各种技术可称为信息技术。在当今时代,信息技术包括微电子信息技术、光子信息技术和光电信息技术等。

作为核心的微电子信息技术是在传统的电子技术基础上发展起来的一种渗透性最强、影响面最广的电子技术,它通过控制固体内电子的微观运动来实现对信息的加工处理,并在固体的微区内进行,可以把一个电子功能部件,甚至一个系统集成在一个很小的芯片上。

光子信息技术和微电子技术一样,是一种渗透性极强的综合技术,是以光集成技术为核心的有关光学元器件制造的应用技术。与微电子技术类似,它利用外延、扩散、注入、蒸发工艺,将各种有源和无源光学器件(激光器、光耦合器、光分路器、光调制器、光检测器等)集成在一起,构成能完成光学信息获取、处理和储存等功能的系统。光子信息技术涉及光器件技术(激光技术、光调制器技术等)、光信息检测、光处理技术(光数据交换、光联网、光图像处理等)、光信息传输技术(远程传输、光空间通信等)、光存储(光盘)技术与显示技术(液晶显示、等离子显示)等。

光电信息技术是将电子学与光学集成为一体的技术,是光与电子转换及其应用的技术。

从广义上讲,光电信息技术就是在光频段的微电子技术,它将光学技术与电子技术相结合实现信息的获取、加工、传输、控制、处理、存储与显示。它将光的快速与电子信息处理的方便、快速相结合,因而具有许多无可比拟的优点。

　　光电检测技术是光电信息技术的主要技术之一,是利用光电传感器(光电检测器件,如光电二极管、光电倍增管、CCD 等)实现各类检测,即将被测量(温度、压力、距离、位移等)转换成光学量(光强、光频率、光相位、波长和偏振态等),再将光学量转换成电量(电压、电流、电荷等),并综合利用信息传送技术和信息处理技术,最后完成对物理量进行在线和自动检测。比如光电转速计、光电浊度测量、激光脉冲式测距仪、激光干涉测量仪、利用光的衍射测量狭缝(0.01~0.5mm)、基于法拉第旋光效应的光电测量大电流、基于计算机视觉技术的智能监控等。

1.2　光电检测系统的组成

　　由于被测对象多种多样,所以光电检测系统也不尽相同,一般的光电检测系统包括光源、被测对象、光电检测器及其检测电路、计算机分析处理部分和执行部分。如图 1-1 所示。

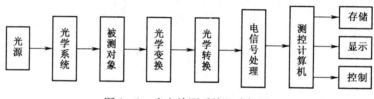

图 1-1　光电检测系统组成框图

1.3　光电检测技术应用

　　光电检测技术的应用例子可以说随处可见,比如在生活中常见的基于热释光电检测器探测人体红外辐射的自动门(系统结构示意图如图 1-2 所示)、含有商品身份等信息的条形码、基于人眼看不见的红外线监控报警装置、视觉监控装置;医学上的 X 光成像检测设备(如图 1-3 所示的小儿心脏病 X 光图像)、用于手术的激光刀、非接触测量的红外温度计、小儿黄疸光电检测仪、基于偏振光检测的血糖光电检测仪;军事上的激光枪、激光制导导弹、视觉精确制导导弹(巡航导弹,图 1-4)、红外告警装置、激光陀螺(图 1-5)、光纤陀螺(图 1-6)、坦克上的光电测距和光电报警系统、潜艇上的基于激光干涉原理的声探测仪、基于激光编码识别原理的军事演习系统、飞机上的轻质光纤通信、激光雷达等;空间技术上的反间谍卫星武器、卫星检测器(CCD)、探月着陆技术(激光测距、冗余 CCD)、激光通信技术等;环境科学上光电探测大气污染、毒气探测、遥感图像、能见度测量等;工农业上的生产线监控(烟盒包装检测系统)、光电开关计数、计算机视觉在线检测产品质量(图 1-7)、精密测量、机床的三轴定位、测温、测

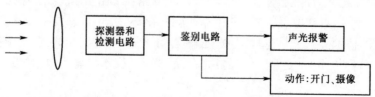

图 1-2　红外线光电报警装置原理图

压、线纹尺光电测量仪(图 1-8)、激光外径扫描仪(图 1-9)、基于光电传感器自动跟踪太阳的斯特林太阳能发电系统(图 1-10)、基于光电视觉传感器的无人机自动精确打击技术(图 1-11)和基于光电传感器的空天飞行器自动交互对接技术(图 1-12)等。

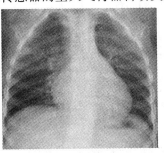 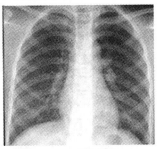

（a）有病图像　　　　　　　　（b）正常图像

图 1-3　小儿心脏病 X 光图像

图 1-4　基于视觉技术的巡航导弹

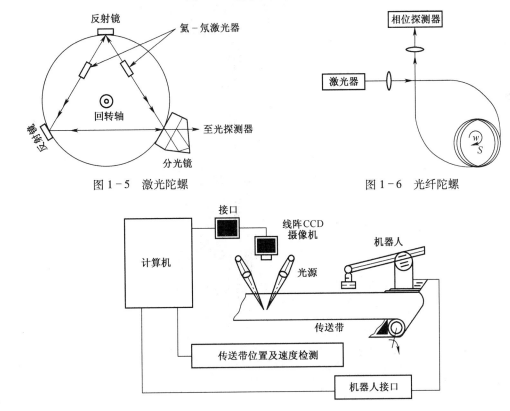

图 1-5　激光陀螺　　　　　　　　图 1-6　光纤陀螺

图 1-7　工业机器人视觉检测产品质量

图 1-8 线纹尺光电测量仪

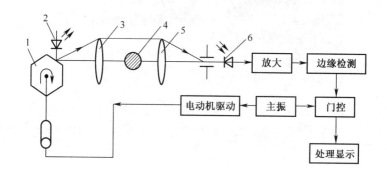

图 1-9 激光外径扫描仪
1—旋转多面体;2—半导体激光器;3—$f(\theta)$镜;4—工件;5—物镜;6—光电器件。

图 1-10 基于光电传感器自动跟踪太阳的斯特林太阳能发电系统

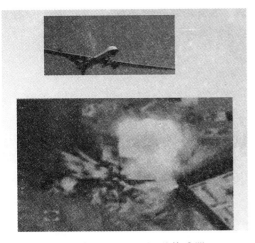 

图 1－11　基于光电视觉传感器　　　　图 1－12　基于光电传感器的空天
的无人机自动精确打击技术　　　　　　飞行器自动交互对接技术

1.4　光电检测技术发展及其特点

　　光电检测技术的发展与新型光源、新型光电器件、微电子技术、计算机技术的发展密不可分，自从 1960 年世界上第一台红宝石激光器与氦－氖激光器问世以来，由于激光光源的单色性、方向性、相干性和稳定性极好，人们在很短时间内就研制出各种激光干涉仪、激光测距仪、激光准直仪、激光跟踪仪和激光雷达等，大大推动了光电测试技术的发展。

　　1970 年贝尔实验室研制出第一个固体摄像器件（CCD），由于它的小巧、坚固、低功耗、失真小、工作电压低、重量轻、抗振性好、动态范围大和光谱范围宽等特点，使得视觉检测进入一个新的阶段，它不仅可以完成人的视觉触及区域的图像测量，而且对于人眼无法涉及的红外和紫外波段的图像测量也变成了现实，从而把光学测量的主观性（靠人眼瞄准与测量）发展成客观的光电图像测量。

　　光导纤维自从 20 世纪 60 年代问世以来，在传递图像和检测技术方面又发展出一个新的天地，光纤通信已经风靡全球，而光纤传感几乎可以测量各种物理量，尤其在一些强电磁干扰、危及人生命安全的场合可以安全地工作，而且具有高精度、高速度、非接触测量等特点。可以说一个新的光源、一个新的光电器件的发明都大大推动了光电检测技术的发展。

　　近十几年来工程领域的加工精度已达到 $0.1\mu m$，甚至 $0.01\mu m$ 的水平。它对测量技术提出了更高的要求，迫切需要开拓新的测量手段，因此先后出现了各种纳米测量显微镜，如隧道显微镜的问世、原子显微镜的研制成功。为了准确测出这些纳米尺度测量显微镜的精度，还必须溯源到光的波长上，因此，迫切需要研制精度达到纳米和亚纳米级的干涉仪来实现纳米尺度的测量和标定，因而，又相继出现了精度可达到 0.1nm 的激光外差干涉仪和精度可达 0.01nm 的 X 光干涉仪。

　　微电子技术的问世，不仅使计算机技术突飞猛进，也使光电检测技术有了更为广阔的应用空间。当前人们在生物、医学、航天、灵巧武器、数字通信等许多领域越来越多地要求微系统，因此微机电系统成为当前研究的一个热点。而微机电系统要求有微型测量装置，这样，微型光、机、电检测系统也就毫无疑问地成为重要研究方向。

科学技术的进步推动了光电检测技术的发展,而新型光电检测系统的出现无疑又给科学技术的发展注入了新鲜血液。因此,光电检测技术的发展趋势是:

(1) 发展纳米、亚纳米高精度的光电检测新技术。

(2) 发展小型的、快速的微型光、机、电检测系统。

(3) 非接触、快速在线测量,以满足快速增长的经济发展建设的需要。

(4) 向微空间三维测量技术和大空间三维测量技术发展。

(5) 发展闭环控制的光电检测系统,实现光电测量与光电控制一体化。

(6) 向人们无法触及的领域发展。

(7) 发展光电跟踪与光电扫描技术,如远距离的遥控、遥测、激光制导、飞行物自动跟踪、复杂形体自动扫描测量等。

光电检测技术具有如下特点:

(1) 高精度。光电测量的精度是各种测量技术中精度最高的一种,如用激光干涉法测量长度的精度可达 $0.05\mu m/m$、光栅莫尔条纹法测角可达到 $0.04''$、用激光测距法测量地球与月球之间距离的分辨力可达到 1m。

(2) 高速度。光电测量以光为媒介,而光是各种物质中传播速度最快的,无疑用光学的方法获取和传递信息是最快的。

(3) 远距离、大量程。光是最便于远距离传播的介质,尤其适用于遥控和遥测,如武器制导、光电跟踪、电视遥测等。

(4) 非接触测量。光照到被测物体上可以认为是没有测量力的,因此也无摩擦,可以实现动态非接触测量,是各种测量方法中效率最高的一种。

(5) 寿命长。在理论上光波是永不磨损的,只要复现性做得好,可以永久地使用。

(6) 具有很强的信息处理和运算能力,可将复杂信息并行处理。用光电方法还便于信息的控制和存储,易于实现自动化,易于与计算机连接,易于实现智能化等。

光电检测技术是现代科学、国家现代化建设和人民生活中不可缺少的新技术,是机、光、电、计算机相结合的新技术,是最具有潜力的信息技术之一。

本门技术的学习要求如下:

(1) 掌握光电检测技术的测量调制原理;

(2) 理解常用的光电检测光源原理和特点,会正确选择和使用;

(3) 理解典型的光电器件的原理和特点,会正确选择和使用;

(4) 掌握一些典型的光电检测系统设计技术。

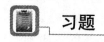 习题

画出光电检测系统组成框图。

第2章

光和光调制原理

2.1 光 波

2.1.1 光是一种电磁波

物质是由大量的带电粒子组成的,粒子在不断地运动,当它们的运动受到干扰时就可能发射出电磁波。光是一种电磁波。自然界中的电磁辐射覆盖从无线电波到 γ 射线的整个电磁波谱。电磁波谱如图 2-1 所示。

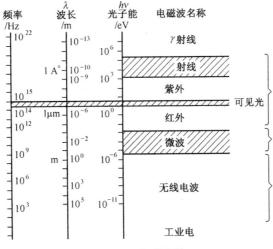

图 2-1 电磁波谱

光学辐射是指波长为 1nm ~ 1mm 范围的电磁辐射,它包括紫外辐射、可见光(380nm 紫 ~ 420nm 蓝 ~ 450nm 青 ~ 490nm 绿 ~ 560nm 黄 ~ 590nm 橙 ~ 620nm 红 ~ 780nm)和红外(780nm ~ 1500nm ~ 10000nm ~ 100000nm)辐射。表 2-1 为电磁波段的详细划分及用途。

表 2-1 电磁波段的详细划分及用途

波段/nm	名称	用途	波段/nm	名称	用途
$10^{-5} \sim 30$	γ 射线	金属探伤、研究核结构	$10^9 \sim 10^{10}$	米波	调频广播、电视、导航等
$10^{-4} \sim 100$	X 射线	医用、探伤、分析晶体结构	$10^{10} \sim 5 \times 10^{10}$	短波	无线电广播、电报通信
$1 \sim 390$	紫外线	医用、照相制板	$5 \times 10^{10} \sim 2 \times 10^{11}$	中短波	电报通信
$390 \sim 770$	可见光		$2 \times 10^{11} \sim 3 \times 10^{12}$	中波	无线电广播
$770 \sim 10^6$	红外线	雷达、光纤通信、导航	$3 \times 10^{12} \sim 3 \times 10^{13}$	长波	越洋长距离通信和导航
$10^6 \sim 10^9$	微波	电视、雷达、无线电导航			

2.1.2 辐射度学和光度学基本知识

辐射度学是对光学辐射进行评价的一门科学。

光度学是可见辐射作用于人眼引起光的感觉,是一种生理效应,它与辐射的组成、强弱以及人的视觉器官的生理特性和人的心理活动都有关系。比如,人的眼睛可以感受到五颜六色的可见光,而狗的眼睛只能辨别亮度,也就是灰度。

为了对光辐射进行定量描述,需要引入计量光辐射的物理量。而对于光辐射的探测和计量,存在着辐射度学单位和光度学单位两套不同的体系。在辐射度学单位体系中,辐通量(又称为辐射功率)或者辐射能是基本量,是只与辐射客体有关的量。其基本单位是瓦特(W)或焦耳(J)。辐射度学适用于整个电磁波段。

光度单位体系是一套反映人类视觉亮暗特性的光辐射计量单位,被选作基本量的不是光通量而是发光强度,其基本单位是坎德拉。光度学只适用于可见光。

以上两类单位体系中的物理量在物理概念上是不同的,但所用的物理符号一一对应(表2-2)。物理量符号角标"e"表示辐射度物理量,角标"v"表示光度物理量。

表 2-2 常用的光度量和辐射度量

辐 射 度 量				光 度 量			
名称	符号	定义	单位	名称	符号	定义	单位
辐射功率辐射通量	Φ_e, P	以辐射的形式发射、传播或接收的功率	瓦	光通量	Φ_v	根据辐射作用于人眼所产生的视觉效应来评价的辐射功率	流明
辐射强度(点辐射源在给定方向的)	I_e	$I_e = \mathrm{d}\Phi_e / \mathrm{d}\Omega$, $\mathrm{d}\Omega$ 为包含 $\mathrm{d}\Phi_e$ 的立体角元	瓦/球面度	发光强度(点光源在给定方向的)	I_v	$I_v = \mathrm{d}\Phi_v / \mathrm{d}\Omega$, $\mathrm{d}\Omega$ 为包含 $\mathrm{d}\Phi_v$ 的立体角元	坎德拉
辐射亮度(辐射源表面一点在给定方向的)	L_e	$L_e = \dfrac{\mathrm{d}I_e}{\mathrm{d}S \cdot \cos\theta}$, $\mathrm{d}S$ 为发出辐射的面元,θ 为 $\mathrm{d}S$ 法线与给定方向间的夹角	$\dfrac{瓦}{(球面度 \cdot 米^2)}$	光亮度(光源表面一点在给定方向的)	L_v	$L_v = \dfrac{\mathrm{d}I_v}{\mathrm{d}S \cdot \cos\theta}$, $\mathrm{d}S$ 为发光面元,θ 面元法线与给定方向间的夹角	坎德拉/米²
辐射出射度	M_e	$M_e = \mathrm{d}\Phi_e / \mathrm{d}S$, $\mathrm{d}S$ 为 $\mathrm{d}\Phi_e$ 离开处的面元	瓦/米²	光出射度	M_v	$M_v = \mathrm{d}\Phi_v / \mathrm{d}S$, $\mathrm{d}S$ 为 $\mathrm{d}\Phi_v$ 离开处的面元	流明/米²
辐射照度	E_e	$E_e = \mathrm{d}\Phi_e / \mathrm{d}S$, $\mathrm{d}S$ 为 $\mathrm{d}\Phi_e$ 所照射的面元	瓦/米²	光照度	E_v	$E_v = \mathrm{d}\Phi_v / \mathrm{d}S$, $\mathrm{d}S$ 为 $\mathrm{d}\Phi_v$ 所照射的面元	流明/米²,勒克斯

注:在不会引起混淆的情况下,各种符号的下标"e"和"v"可以省去

2.1.3　光的波粒二象性

光的波粒二象性是指光具有波动性和粒子性。波动性表现在干涉和衍射,粒子性表现为光子具有能量。

传统的波动光学理论不能很好地解释光电效应,1905 年,爱因斯坦对光电效应提出了一个理论,解决了之前光的波动理论所无法解释的现象,他引入了光子——一个携带光能的量子概念。

在光电效应中,人们观察到将一束光线照射在某些金属上会在电路中产生一定的电流。可以推断是光将金属中的电子击出,使得它们流动。爱因斯坦将其解释为量子化效应:电子被光子击出金属,每一个光子都带有一部分能量 E,这份能量对应于光的频率($v:E=h \cdot v,h$ 是普朗克常数,$6.626 \times 10^{-34} \mathrm{J} \cdot \mathrm{s}$)。

光束的颜色决定于光子的频率,而光强则决定于光子的数量。由于量子化效应,每个电子只能整份地接受光子的能量,因此,只有高频率的光子才有能力将电子击出。

2.1.4　单色平面波

光波是一种电磁波,是交变的电磁场在空间的传播,也就是电矢量 E 和磁矢量 B 的振动和传播。实验表明,光对人的视觉、胶片的感光和其他一般光学现象中起主要作用的是电矢量 E,因此习惯上把电矢量 E 叫做光矢量。在均匀介质中,E 与 B 振动方向互相垂直,且均垂直于传播方向,其关系如图 2-2 所示。

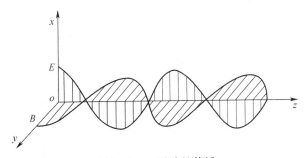

图 2-2　电磁波的传播

1. 平面波

在光波场中,光波相位相同的空间各点所连成的面叫波面,也叫波阵面或同相面。光波的波面是平面的波称为平面波。例如,将一个点光源放置在一个凸透镜的焦点上,如图 2-3 所示,则通过透镜后的光波是平面波。或者离点光源很远处整个波面上的很小一部分可以近似看作平面波(如太阳发出的光波到达地球表面时,波面的很小一部分可以近似看作平面波)。

平面波在均匀介质中传播的特点是其波面是彼此平行的平面,并且在传播中如果介质不吸收,则波的振幅保持不变。

2. 单色平面波

具有单一频率的平面波叫单色平面波。实际上单色波都是准单色波。理想单色平面波——简谐波(余弦波或正弦波)是最简单、最重要的一种波。因为由傅里叶分析可知,任何复杂的波都可以分解为一系列不同频率的简谐波,所以讨论它是具有实际意义的。

设在真空中电磁波的电矢量 E 在坐标原点 O 沿 x 方向作简谐振动,其频率为 v,圆频率

$w = 2\pi v$，当 $t = 0$ 时初相位为零，则 E 的振动方程为

$$E = E_0 \cos 2\pi vt \qquad (2-1)$$

为简便起见，上式可用标量形式表示为

$$E = E_0 \cos 2\pi vt \qquad (2-2)$$

其中 E_0 为电矢量的振幅，设该振动以速度 c 向 z 方向传播，在波场中 z 轴上的任一点 P，当振源的振动传播到该点时，也做简谐振动。由于光波以有限的速度向前传播，所以 P 点的振动状态比参考点（原点）的振动状态在时间上落后 $\tau = z/c$（z 为 P 点离参考点 O 的距离）。这就是说 O 点的振动状态经时间 τ 以后恰好传到 P 点，如图 2-4 所示。因此 P 点的振动方程为

$$E = E_0 \cos \omega(t - \tau) = E_0 \cos \omega\left(t - \frac{z}{c}\right) \qquad (2-3)$$

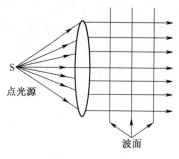

图 2-3 平面波

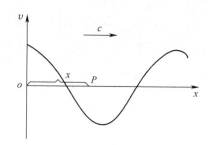

图 2-4 振动状态的传播

由于 P 点的位置是任意选取的，所以，此方程是代表波场中任一点的振动状态，称为简谐波方程（也叫余弦波方程），它是一个时间和空间的二元函数。简谐波方程（2-3）又可改写成如下的形式：

$$E = E_0 \cos 2\pi v\left(\left(t - \frac{z}{c}\right)\right) = E_0 \cos\left(\frac{2\pi t}{T} - \frac{2\pi z}{\lambda}\right) \qquad (2-4)$$

从式（2-3）可以看出，光波具有时间周期性和空间周期性。时间周期为 T，空间周期为 λ（即光波长）；时间频率为 $1/T$，空间频率 $1/\lambda$，时间角频率 $\omega = 2\pi v = 2\pi/T$，空间角频率（或波矢）的大小为 $|K| = 2\pi/\lambda$。波矢 K 是一个矢量，它的方向就是沿光线传播方向。式（2-4）可进一步写作

$$E = E_0 \cos(\omega t - Kz) \qquad (2-5)$$

式中，光线传播的方向就是 z 方向，所以波矢可用标量表示；$\omega t - Kz$ 叫做振动的相位，当 $t = 0$ 时，相位 $-Kz$ 叫做初相位。

简谐波代表一个均匀平面波，它表示在垂直于传播方向 z 的任一平面内所有各点，振动的相位在任何时刻均相同，是一个同相面。

3. 平面波的复数表示形式

为了运算方便，常把平面波公式（2-5）写成复数形式，由数学中的欧拉公式：

$$e^{j\alpha} = \cos\alpha + i\sin\alpha$$

故式（2-5）可写为

$$E = R_e\left[E_0 e^{j(\omega t - Kz)}\right]$$

式中，$R_e[\ ]$ 表示取 $[\ ]$ 中的实数部分，为简略起见，在运算中只要记住最后结果取复数的实数部分，也可以将 R_e 符号省去，直接写成

$$E = E_0 \mathrm{e}^{(\mathrm{j}(\omega t - Kz))} \qquad (2-6)$$

或

$$E = E_0 \exp\left[\mathrm{i}(\omega t - Kz)\right]$$

上面二式就是单色平面波的复数表示形式,在 $\mathrm{e}^{\mathrm{i}(wt-Kz)}$ 中,虚指数部分表示振动的相位。

在光学中,光强与光矢量的平方成正比 $\bar{I} \propto E^2$,由于光的频率很高(可见光在 $10^{14}\,\mathrm{Hz}$ 量级),用通常的光检测器测量到的只是光强 I 的平均值,即

$$\bar{I} \propto \frac{1}{T}\int_{-\frac{T}{2}}^{\frac{T}{2}} E^2 \mathrm{d}t = \frac{1}{T}\int_{-\frac{T}{2}}^{\frac{T}{2}} E_0^2 \cos^2(\omega t - Kz)\mathrm{d}t = \frac{E_0^2}{2}$$

所以平均光强与相应的光矢量的振幅平方成正比,即 $\bar{I}$。在实际应用中,主要考虑光的相对强度,所以上式经常写成

$$I = E_0^2 \qquad (2-7)$$

认为比例系数为 1,且只要记住测量的是平均光强就可直接用 I 代替 $\bar{I}$。

2.2　光的偏振态

光的偏振是指光振动方向相对于光波传播方向具有不对称性。在与光传播方向垂直的二维空间里,光振动有各式各样的状态,称为光的偏振态,如图 2-5 所示。常见的偏振光有椭圆偏振光、圆偏振光、线偏振光、部分偏振光和自然光。

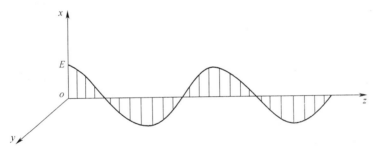

图 2-5　光的偏振特性

1. 椭圆偏振光

设有一列单色平面光波沿 z 轴传播,该单色平面光波的电矢量两个分量为

$$\begin{cases} E_x = E_{ox}\cos(\omega t - Kz) \\ E_y = E_{oy}\cos(\omega t - Kz + \delta) \end{cases} \qquad (2-8)$$

式中,δ 是 E_x 与 E_y 两个分振动之间的周相差;E_{ox} 与 E_{oy} 分别为两个分振动的振幅。在光波传播到某一点 z 处,电矢量的端点坐标 (E_x, E_y) 随时间 t 变化,其轨迹方程可由式(2-8)中消去参量 t 而导出:

$$\left(\frac{E_y}{E_{oy}}\right)^2 + \left(\frac{E_x}{E_{ox}}\right)^2 - 2\frac{E_x E_y}{E_{ox} E_{oy}}\cos\delta = \sin^2\delta \qquad (2-9)$$

这是一个椭圆方程,椭圆的形状和空间方位,以及电矢量端点的旋转方向,均由两分振动的振幅 E_{ox} 与 E_{oy} 和周相差 δ 的取值所决定,如图 2-6 所示。

当 δ 为 $\pi/2$ 的奇数倍时,式(2-9)简化为

$$\frac{E_y^2}{E_{oy}^2}+\frac{E_x^2}{E_{ox}^2}=1 \qquad (2-10)$$

此时,椭圆主轴与坐标轴 ox 重合。按照习惯,逆光去看,如电矢量端点按顺时针方向的椭圆,称为右旋椭圆光;如电矢量端点按逆时针方向的椭圆,称为左旋椭圆光。其表示法如图 2-7 所示。

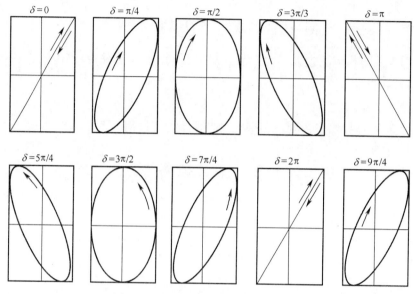

图 2-6　周相差对椭圆偏振光的影响

2. 线偏振光

光波传播过程中,若其电矢量的振动始终保持在同一平面内,即光的传播方向和振动方向所组成的振动平面在传播中保持不变,称为平面偏振光。因其电矢量在传播方向互交的平面上投影为一直线,又称线偏振光。其表示法如图 2-7 所示。

线偏振光可视为椭圆偏振光的特例,在式(2-9)中,当 E_x 与 E_y 两个分振动的周相差 δ 为 π 的整数倍时,电矢量端点的轨迹方程简化为

$$\frac{E_y}{E_x}=\pm\frac{E_{oy}}{E_{ox}} \qquad (2-11)$$

这时,椭圆变为直线。

3. 圆偏振光

圆偏振光也可视为椭圆偏振光的一个特例,在式(2-9)中,当 $E_x=E_y$ 且周相差为 $\pi/2$ 的奇数倍时有

$$E_x^2+E_y^2=E_{ox}^2 \qquad (2-12)$$

这时,椭圆变为圆,圆偏振光的特点是电矢量的瞬时值大小不变,而且以光波圆频率为角速度 ω 在垂直于传播方向的平面上匀速转动。其中,E_y 超前于 E_x 相位 $\pi/2$,即 $\delta=\pi/2$ 时,为右旋圆偏振光,简称右圆;E_y 滞后于 E_x 相位 $\pi/2$,即 $\delta=-\pi/2$ 或 $3\pi/2$ 时,为左旋圆偏振光,简称左圆光。其表示法如图 2-7 所示。

4. 部分偏振光

如果光矢量在各个方向出现的概率相同,但是各个方向振动强度不相同,则为部分偏振

光。其表示法如图 2 - 7 所示。

5. 自然光

如果光矢量在各个方向出现的概率相同,而且不同时刻可能处于不同方位,各个方向的平均强度相同,则为自然光其表示法如图 2 - 7 所示。

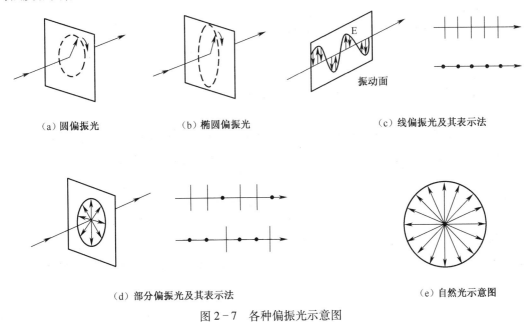

（a）圆偏振光　　　　　　（b）椭圆偏振光　　　　　　（c）线偏振光及其表示法

（d）部分偏振光及其表示法　　　　　　　　　（e）自然光示意图

图 2 - 7　各种偏振光示意图

2.3　光调制的基本概念

2.3.1　调制的概念和分类

通过光束来传递信息是人们梦寐以求的方法,在光通信与光信息处理时,若想把所得到的信息传递出去,就必须把所要传递的信息加载到某一介质上,而这种将信息加载到介质载体的过程称为调制。

将信息加载到光载波上,并使光的参量(振幅、频率、相位等)发生变化的过程称为光调制。在光电测试技术中常利用光波作为信息传递的载波。

1. 调制的概念与分类

1）调制的基本概念

光束调制是指用某些方法改变光参量的过程。调制可以使光携带信息,使其具有与背景不同的特征以便于抑制背景光的干扰,也可以抑制系统中各个环节的固有噪声和外部电磁场的干扰,所以采用光束调制的光电系统在信息的传递和测试过程中具有更高的探测能力和更好的稳定性。

光载波分为相干光波和非相干光波,而光载波所具有的特征参量是光功率、振幅、频率、相位、脉冲时间、传播方向、偏振态、光学介质的折射率等。

2）调制的分类

（1）按调制次数分类。调制有一次调制和二次调制之分。将信息直接调制到光载波上被称为一次调制。而将光载波先人为地调制成随时间或空间变化,然后再将被测信息调制到光载波上称为二次调制。这样做看起来是比较复杂,但它对提高信噪比、测量灵敏度和信息处理的简化都有好处,还可以改善系统的工作品质。

（2）按时空状态分类。

① 时间调制:载波的时间状态按信息规律变化。

② 空间调制:载波的空间状态按信息规律变化。

③ 时空混合调制:载波的时间和空间都随信息规律变化。

（3）按载波波形分类。

① 直流载波:载波不随时间变化而只随信息变化。

② 交变载波:载波随时间周期变化。

（4）模拟调制、脉冲和数字调制。对于连续载波的调制又称为模拟调制。在任何时刻,信息的幅度与载波参数之间都有一一对应的关系,它包括调幅(AM)、调频(FM)和调相(PM)三种方式,如图 2-8(a)所示。

对于脉冲载波的调制,又有脉冲调制和数字调制两类。

脉冲调制和数字调制是对信息的幅度按一定规律间隔采样,用脉冲序列作载波,如图 2-8(b)所示。在脉冲调制形式中,脉冲序列的某一参量会随调制信号的变化而变化。脉冲调制主要有脉冲调幅(PAM)、脉冲调宽(PWM)、脉冲调频(PFM)和脉冲调位(脉冲调相或脉冲时间调制 PPM)等形式。

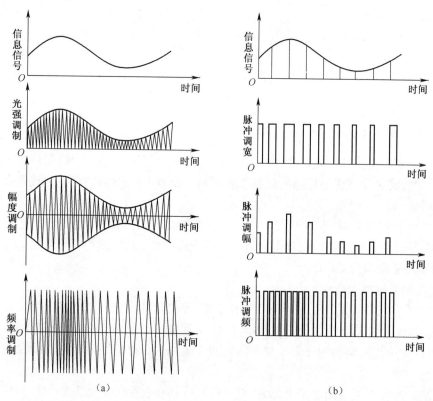

图 2-8　模拟调制和脉冲调制

数字调制是把信息以某一编码的形式转变成脉冲序列。而这种载波脉冲在时间上的位置是固定的,其幅度被量化了。数字调制系统与模拟调制系统相比,其最大优点是不受噪声和失真的干扰,但为此所付出的代价就是系统的带宽比相应的模拟系统的带宽要大很多。

3）调制器与解调器

能实现调制作用的装置称为调制器。

从已调制的信息中分离并提取出有用信息（即恢复原始信息）的过程称为解调,能实现解调作用的装置称为解调器。

2. 调制信息的频谱

调制信息的一个重要特性是它的频谱。利用有用信息频谱和噪声频谱的差别,就可抑制噪声,提高信息检测的质量。所以在信息调制形式确定后,应清楚所要调制信息的频谱,有利于信息后续的电路处理。

周期信号 $y(t)$ 只要满足一定条件,均可把它展开成傅里叶级数形式:

$$y(t) = \frac{a_0}{2} + \sum_{n=1}^{\infty} (a_n \cos n\omega t + b_n \sin n\omega t) \qquad (2-13)$$

或

$$y(t) = \frac{a_0}{2} + \sum_{n=1}^{\infty} A_n \cos(n\omega t + \varphi_n) \qquad (2-14)$$

式中, $\omega = 2\pi/T$ 是基波角频率,简称基频; A_n 是第 n 次谐波的振幅; φ_n 是第 n 次谐波的相位角。这里

$$a_0 = \frac{2}{T} \int_{T/2}^{T/2} y(t) \, \mathrm{d}t \qquad (2-15)$$

$$a_n = \frac{2}{T} \int_{-T/2}^{T/2} y(t) \cos n\omega t \mathrm{d}t \qquad (2-16)$$

$$b_n = \frac{2}{T} \int_{-T/2}^{T/2} y(t) \sin n\omega t \mathrm{d}t \qquad (2-17)$$

$$A_n = \sqrt{a_n^2 + b_n^2}, \varphi_n = \arctan \frac{b_n}{a_n} \qquad (2-18)$$

由式（2-15）可知, $a_0/2$ 是信号 $y(t)$ 在一个周期内的平均值,因此它代表不随时间变化的信号直流分量。

通过傅里叶级数的展开式,可知任何复杂的周期信号都可以表示为直流分量与无数谐波分量之和。同时,傅里叶级数揭示了信号的频谱特性,这样可对任何的周期信号进行分解,也可以实现信号的合成。

一般来说,信号的频谱可以是连续的也可以是离散的。当周期信号展开成傅里叶级数时,从上面公式可知,其频率只是基频的整数倍,所以周期信号的频谱总是离散的。

2.3.2　光信号的调制和解调

1. 典型的调制方法

1）连续波调制

连续波调制的光载波通常具有谐波的形式,用下列函数描述:

$$\phi(t) = \phi(0) + \phi_m \sin \omega t$$

式中, ϕ_0 是光通量的直流分量,一般不载荷任何信息; ϕ_m 和 ω 是载波交变分量的振幅和频率。由于光载波不可能是负值,所以载波的交变分量总是叠加在直流分量之上,被测信息可以对交流分量的振幅、频率或者初相位调制,使之随信息发生改变。一般情况下,调制后的载波具有

下列形式:

$$\phi(t)=\phi_0+\phi_m[V(t)]\sin\{\omega[V(t)]t-\varphi[V(t)]\} \qquad (2-19)$$

式中,$V(t)$ 是由被测信息决定的调制函数,根据调制参量的不同可以分为:

振幅调制(AM):调制参量为 $\phi_m[V(t)]$;

频率调制(FM):调制参量为 $\omega[V(t)]$;

相位调制(PM):调制参量为载波的初始相位 $\varphi[V(t)]$。

(1)光信号的振幅调制。光载波信号的幅度瞬时值随调制信息成比例变化,而频率、相位保持不变的调制方法称为幅度调制或调幅。此时,若式(2-19)中的 $\varphi[V(t)]$ 为

$$\phi_m[V(t)]=[1+mV(t)]\phi_m \qquad (2-20)$$

则式(2-19)变成下列形式:

$$\phi(t)=\phi_0+[1+mV(t)]\phi_m\sin\omega t \qquad (2-21)$$

式中,$V(t)$ 是调制函数,规定 $|V(t)|\leq 1$;m 是调制度或调制深度,表示 $V(t)$ 对载波幅度的调制能力,并有

$$m=\frac{\Delta\phi_m}{\phi_m}=\frac{被调制波的最大幅度变化}{载波幅度}\leq 1$$

下面来分析调制函数为正弦变化的最简单情况下,调幅波的形成和频谱分布。此时,被传送信息按单一谐波规律变化,如图 2-9(a)所示,即

$$V(t)=\sin(\Omega t+\varphi)$$

式中,$\Omega=2\pi F$ 是被测信息的谐波变化角频率,对应的载波信号表达式为

$$\phi(t)=\phi_0+[1+m\sin(\Omega t+\varphi)]\phi_m\sin\omega t \qquad (2-22)$$

相应信号波形表示在图 2-9(b)中。将式(2-22)展开可以得到正弦调制函数下调幅波的频谱:

$$\phi(t)=\phi_0+\phi_m\sin\omega t+\frac{1}{2}m\phi_m\{\cos[(\omega-\Omega)t-\varphi]-\cos[(\omega+\Omega)+\varphi]\} \qquad (2-23)$$

相应的频谱图表示在图 2-9(c)中。由图 2-9 和式(2-23)可见,正弦调制函数的调幅信号除零频分量 ϕ_0 尚包含有三个谐波分量:以载波频率 f_0 为中心频率的基频分量,振幅为基波振幅之半、频率分别为中心频率与调制频率 F 的和频(f_0+F)和差频(f_0-F)的两个边频分量。与正弦调制函数本身的单一谱线相比,调幅波的频谱由低频移向高频,并且增加了两个边频。

可以证明,对于频谱分布为 $F_0\pm\Delta F$ 的任意复杂函数 $V(t)$,其对应调幅波的频谱由中心载波频率的一系列边频组成,这些边频是 $f_0\pm F_1,f_0\pm F_2,\cdots,f_0\pm\Delta F$。其中 F_1、F_2 是 ΔF 内的频谱分量,频谱图如图 2-9(d)所示。若调制信号具有连续性的带宽 F_{max},则调幅波的频带是 $f_0\pm F_{max}$,带宽为 $B_m=2F_{max}$,其中 F_{max} 是调制函数的最高频率(如图 d 中虚线所示)。

确定调制载波的频谱是选择检测通道带宽的依据,例如若载波频率为 $f_0=5kHz$,调制信号频率 $f_s=100Hz$,则调幅后的载波分布在 $f_H=5-0.1=4.9kHz$ 和 $f_L=5+0.1=5.1kHz$ 之间,带宽为 0.2kHz。这样就使通道具有选择性滤波,可减少噪声和干扰的影响,有利于提高信噪比。

(2)光信号的频率调制。光载波频率按调制信号幅度改变,偏离原有的载波频率,其瞬时偏离值与调制信号瞬时值成正比,载波的振幅保持不变,这种调制方法称为频率调制或调频。此时,式(2-19)中的调制项可表示成

$$\omega[V(t)]=\omega_0+\Delta\omega\cdot V(t) \qquad (2-24)$$

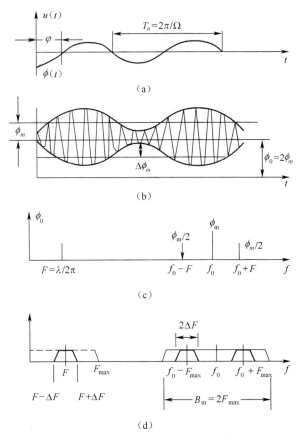

图 2 - 9　调幅波的波形和频谱

式中,$V(t)$ 是调制函数,规定 $|V(t)| \leq 1$;$\Delta f = \dfrac{\Delta \omega}{2\pi}$ 是载波频率相对于中心频率的最大频率偏差,称作频偏。当调制函数 $|V(t)| = 1$ 时,载波频率的变化最大,为 $\omega_0 \pm \Delta \omega$。将式(2 - 24)代入式(2 - 19)中可得

$$\phi(t) = \phi_0 + \phi_m \sin\left\{\omega_0 t + \Delta \omega \int_0^t V(t)\,\mathrm{d}t\right\} \qquad (2 - 25)$$

若让 $V(t) = \cos(\Omega t + \varphi)$,式中,$\Omega = 2\pi F$ 是调制频率。此时式 (2 - 25)变成

$$\phi(t) = \phi_0 + \phi_m \sin\{\omega_0 t + m_f \sin(\Omega t + \varphi)\} \qquad (2 - 26)$$

式中,$m_f = \dfrac{\Delta \omega}{\Omega} = \dfrac{\Delta f}{F}$ 作调制指数;Δf 和 F 分别是频偏和调制频率;m_f 表示了单位调制频率的变化引起频偏变化的大小,m_f 在设计时确定,$m_f > 1$ 时称宽带调频;$m_f < 1$ 时称窄带调频。调频信号表示在图 2 - 10 中。

将式 (2 - 26)展开:

$$\phi(t) = \phi_0 + \phi_m\{\sin\omega_0 t \cdot \cos[m_f \cdot \sin(\Omega t + \varphi)] + \cos\omega_0 t \cdot \sin[m_f \cdot \sin(\Omega t + \varphi)]\}$$

在 $m_f > 1$ 窄带调频的简单情况下,可以认为

$$\cos[m_f \sin(\Omega t + \varphi)] \approx 1$$

$$\sin[m_f \sin(\Omega t + \varphi)] \approx m_f \cdot \sin(\Omega t + \varphi)$$

代入上式有

$$\phi(t) = \phi_0 + \phi_m[\sin\omega_0 t + m_f \cdot \cos\omega_0 t \cdot \sin(\Omega t + \varphi)]$$

$$= \phi_0 + \phi_m\sin\omega_0 t + \frac{1}{2}\phi_m \cdot m_f \cdot \sin\{[\omega_0 + \Omega]t + \varphi - \sin[(\omega_0 - \Omega)t - \varphi]\}$$

$$(2-27)$$

由此可知,当频率调制指数 m_f 很小,载波频率变化范围 $\Delta\omega$ 不大时,按余弦规律调频的载波信号频谱和振幅调制频谱一样,是由三个谐波分量组成的,其中包括振幅为 ϕ_m 的载波频率 ω_0 和振幅为 $m_f \cdot \phi_m/2$ 的两个组合频率 $\phi_m+\Omega$ 和 $\phi_m-\Omega$ 分量。

一般,调制信号有复杂的形式时,调频波的频谱是以载波频率为中心的一个带域,带宽随 m_f 而异,对于 $m_f > 1$ 的窄带调频,带宽 $B_f = 2F$;对于 $m_f > 1$ 的宽带调频,带宽为 $B_f = 2(\Delta f + F) = 2(m_f + 1)F$。例如对光通量调频,若 $F = 300\text{Hz}$,则当

$$m_f = 40 \text{ 时}, B_f = 24.6\text{kHz}$$
$$m_f = 4 \text{ 时}, B_f = 3\text{kHz}$$
$$m_f = 0.4 \text{ 时}, B_f = 0.86\text{kHz}$$

光辐射调频不仅可对交变光通量进行,也可对光频振荡进行。例如可对激光器调频得到中心载波频率为 $f_0 = 5\times10^{14}$ Hz、调制频率 $\Delta f_{\max} = 44\text{MHz}$ 的频率调制。此时的相对频偏为 9×10^{-8}。

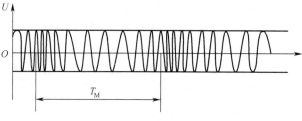

图 2-10　调频信号波形

（3）相位调制。相位调制就是载波的相位角随着调制信号变化规律而变化。调频和调相都最终表现为总相角的变化。由式(2-19)中的调制项可表示成

$$\varphi[V(t)] = \omega t - \varphi = \omega t - (k_\varphi\sin\omega_m t + \varphi_c)$$

则调相波的表达式为

$$\varphi(t) = \phi_0 + \phi_m\sin\{\omega t - \varphi[V(t)]\} = \phi_0 + \phi_m\sin[\omega t - (k_\varphi\sin\omega_m t + \varphi_c)]$$

其中,k_φ 为相位比例系数;φ_c 为相位角。

2）脉冲调制

以上几种调制方式所得到的调制波都是一种连续振荡波,称为模拟调制。目前,广泛地采用一种不连续状态下进行调制的脉冲调制和数字式调制（编码调制）。

如将直流信号用间歇通断的方法调制,就可以得到脉冲载波。若使载波脉冲的幅度、相位、频率、脉宽及其他的组合按调制信号改变就会得到不同的脉冲调制。

脉冲调制有脉冲幅度调制、脉冲宽度调制、脉冲频率调制等。图 2-11 给出了各种类型的脉冲调制方式的波形图。

调制方法不仅能提高系统测量灵敏度,提高信噪比,而且能使同一个光学通道实现多路信息传输。如不同宽度的调幅脉冲波在同一根光纤中传播,在接收端设置脉宽鉴别电路,就可以把不同宽度的调幅波分离开。

3）编码调制（数字调制）

编码调制是把模拟信号先变成脉冲序列,再变成代表信号信息的二进制编码,然后对载波进行强度调制。要实现编码调制,必须进行三个过程:抽样、量化和编码。

抽样就是把连续信号波分割成不连续的脉冲波,用一定的脉冲序列来表示,且脉冲序列的幅度与信号波的幅度相对应。这就是说通过抽样,原来的模拟信号变成脉幅调制信号。按照抽样定理,只要取样频率比所传递信号的最高频率大 2 倍以上,就能恢复原信号。

量化就是把抽样后的脉幅调制波进行分级取"整"处理,用有限个数的代表值取代抽样值的大小。经抽样再通过量化即变成数字信号。

编码就是把量化后的数字信号变换成相应的二进制码的过程。即用一组等幅度、等宽度的脉冲作为"码",用"有"脉冲和"无"脉冲分别表示二进制数码的"1"和"0"。再将这一系列反映数字信号规律的电脉冲加到一个调制器上,以控制载波的输出,由载波的极大值代表二进制编码的"1",而用载波的零值代表"0"。这种调制方式具有很强的抗干扰能力,在数字通信中得到了广泛的应用。

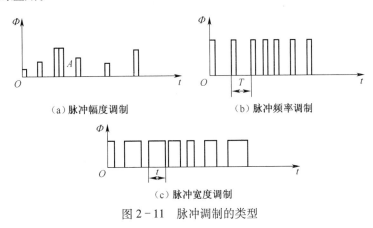

(a) 脉冲幅度调制　　　　　　　　(b) 脉冲频率调制

(c) 脉冲宽度调制

图 2 - 11　脉冲调制的类型

2. 调制器

光调制分为内调制和外调制两种。内调制是指从发光器内部采取措施使光调制,如改变半导体激光器注入电流实现调幅,在氦-氖激光器上加入轴向磁场,利用塞曼效应使光频率发生变化。外调制是在光传播过程中进行调制,如电光、声光、磁光调制器,还有机械、光学、电磁元件等,如调制盘、光栅和电磁阀等。下面介绍几种基本形式。

1) 内部调制

如图 2 - 12 所示为半导体激光器调制电路原理和输出光功率与调制信号的关系曲线。为了获得线性调制,使调制的工作点处于输出特性曲线的直线部分,必须在加电流调制信号的同时再加上适当的偏置电流,就可以使输出的激光信号不失真。

2) 外部调制

(1) 电光器件。利用某些物质的电光效应可以制成电光器件。具有电光效应的一类光学介质受到外电场作用时,它的折射率将随着外加电场变化,介电系数和折射率都与方向有关,需要用张量来描述,在光学性质上变为各向异性;而不受外电场作用时,介电系数和折射率都是标量,与方向无关,在光学性质上是各向同性的。光在晶体中传播的性质可用电场对光学介质折射率的影响来描述。

迄今,已发现的电光效应有两种,一种是折射率的变化量与外电场强度的一次方成比例,称为泡克耳斯(Pockels)效应;另一种是折射率的变化量与外电场强度的平方成比例,称为克

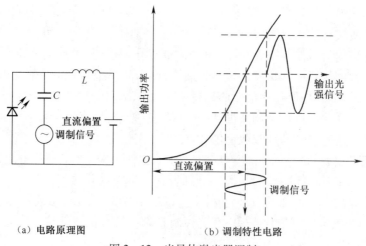

（a）电路原理图　　　　　　　（b）调制特性电路

图 2-12　半导体激光器调制

尔（Keer）效应。利用克尔效应制成的调制器,称为克尔盒,其中的光学介质为具有电光效应的液体有机化合物。利用泡克耳斯效应制成的调制器,称为泡克耳斯盒,其中的光学介质为非中心对称的压电晶体。泡克耳斯盒又分为纵向和横向调制器两种,它们在光路中的放置如图 2-13 所示。

（2）声光器件。声波在介质中传播时,会引起介质密度（折射率）发生周期性变化,可将此声波引起的介质密度周期性变化的现象称为声光栅,声光栅的栅距等于声波的波长。当光波入射于声光栅时,即发生光的衍射,这种现象称为声光效应。声光器件是基于声光效应的原理来工作的,分为声光调制器和声光偏转器两类,它们的原理、结构、制造工艺相同,只是在尺寸设计上有所区别。

如图 2-14 所示,声光器件由声光介质和换能器两部分组成。常用的声光介质有钼酸铅晶体(PM)、氧化硫晶体和熔石英等。换能器即超声波发生器,它是利用压电晶体使电压信号变为超声波,并向声光介质中发射的一种能量变换器。改变超声波的频率（实际改变换能器上信号的频率)即可改变光束的出射方向,这就是声光偏转器的原理。又由于一级衍射光的

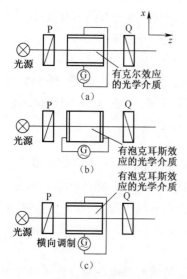

图 2-13　几种电光调制器的基本结构形式

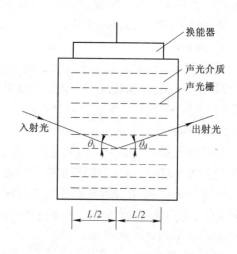

图 2-14　声光器件的基本结构示意图

频率 $\nu_1 = \nu + F$，其中 ν 为光频，F 为声频，因此改变声频可用于频率调制。

（3）调制盘。光电系统中的调制盘种类繁多，按照调制方式的不同，将调制盘分为以下几种类型：调幅式、调频式、调相式、调宽式和脉冲编码式。如图 2－15 所示是几种调制盘。

（a）光电扫描式调幅调制盘　（b）旋转调频调制盘　　（c）调相式调制盘　　（d）脉冲调宽调制盘

图 2－15　调制盘图案举例示意图

3. 调制信号的解调

从已调制信号中分离出有用信息的过程称作解调。解调是从载波信号中检测出有用信息的过程，所以也称作检波。不同的调制信号有不同的解调方法。下面介绍调幅波解调的直线律检波和确定载波相位数值的解调相敏检波。

1）直线律检波

（1）二极管的检波特性。解调是信号变换的非线性过程，需要利用非线性元件来实现。光载波的调幅信号在经过光电变换及隔直处理后通常具有包络线对称的双极性性质。为检出单边包络线，再现调制信号，最适合于采用具有良好单向导电特性的二极管检波器。所以调幅波的检波通常要用二极管实现。图 2－16(a)给出了检波二极管的伏安特性，这是一种典型的单向导电的特性。对于正极性信号幅度较大的情况，伏安特性可看作是通过原点的理想直线，其输入信号和输出信号成正比，工作于大幅度信号输入状态下的检波称作直线律检波。单向导电特性可用下式表示：

$$V_0 = \begin{cases} K_D \cdot V_i, & V_i > 0 \\ 0, & V_i \leqslant 0 \end{cases} \tag{2-28}$$

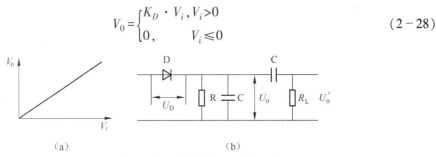

（a）　　　　　　　　　　　　　（b）

图 2－16　检波二极管的伏安特性和检波电路

（2）从调幅信号的解调。用直线律检波器的解调调幅信号是最简单的情况。假设按正弦规律调幅的光载波信号经光电变换及隔直处理后具有下列形式：

$$V_i = (1 + m\sin\Omega t)\sin\omega t \tag{2-29}$$

式中，m 是调制度；Ω 是调制频率；ω 是载波频率。代入式（2－28），并作傅里叶级数展开：

$$V_0 = K_D \frac{2}{\pi} \Big\{ (1 + m\sin\Omega) t - \sum_{n=1}^{\infty} \frac{1}{4n^2 - 1} \big[\cos 2n\omega t +$$

$$\frac{m}{2}\sin(2n\omega + \Omega)t - \frac{m}{2}\sin(2n\omega - \Omega)t \big] \Big\} \tag{2-30}$$

式中，n 是高次谐波的阶次。

由式(2-30)可见,输出信号中除括号中的第一项是低频信号,是希望提取的调制信号之外,其余各项都是高频项,并且高频幅值逐次衰减。频谱图如图2-17(a)所示。当$\Omega \ll \omega$时,利用低通滤波器滤除高频分量即可得到有用的信号波形为

$$V_0 = K_D \frac{2}{\pi}(1 + m\sin\Omega t) \tag{2-31}$$

频谱和检波信号波形与式(2-29)比较,检波器的输出信号和输入信号的包络线成正比例,实现了调幅波的解调。

(3)检波电路。图2-16(b)给出了基本的二极管检波电路,检波负载R、C和二极管D连接,在电阻R上取出包括直流分量的检波电压U_0。其中U_{in}为输入双极性信号(图2-17(b))。在$U_{in} > 0$的正半周内二极管导通,对负载电容C充电。在$U_{in} < 0$的负半周内二极管截止,电容C对电阻R放电,形成有直流分量的脉动电压U_0,经隔直电容C输出,在负载电阻R_L上得到解调的输出信号U_0'(图2-17(c))。

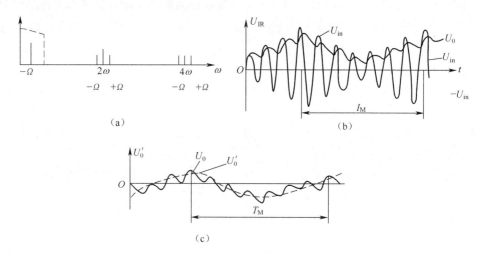

图2-17 调幅解调信号的过程

2)相敏检波

(1)相敏检波和同步解调。对于相位调制的载波信号,载波和参考信号间的相位差随被测信息改变。这种信号的解调,应该对载波的相位敏感,检波器的输出电压应反映出相位的变化。相应解调器的输出特性如图2-18(a)所示。在另外的情况下,对于有些信号,不仅要求检测变量变化的大小,而且希望确定变化的方向或极性,它的输出特性如图2-18(b)所示。对这种有极性变量的调制,通常用载波的幅度大小表示变量的数值,而用载波的相位正反表示变量的极性。显然,为处理这种调幅信号也需要有对相位敏感的解调方法。这种不仅能检测出调制信号的幅度,而且能确定载波相位的解调称作相敏检波或同步检相,它的基本原理是乘积检波。

(2)相敏检波的基本原理。相敏检波的原理表示于图2-19(a)中,它由解调器和低通滤波器串联而成。这里,解调器被看成是已调制信号和参考信号间的模拟乘法器,所以又称作乘积检波。

设载波受单一频率谐波调幅,其调幅信号U_1,$U_1 = U_m\cos\Omega t\cos\omega t$;用作相位比较的参考信号$U_c$,$U_c = U_{cm}\cos(\omega t + \varphi)$。其中,两信号间的相位差$\varphi$可以作为变量。为简单起见,设$U_m = U_{cm}$,在解调器中,信号$U_1$和$U_c$相乘,则输出信号$U_0$为

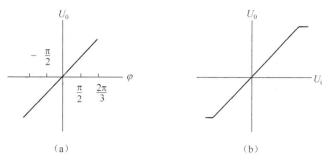

图 2-18 相敏检波和同步解调的输出特性

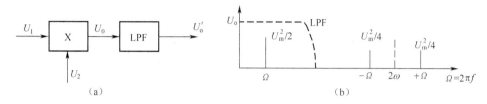

图 2-19 相敏检波的原理框图和频谱图

$$U_0 = U_1 \times U_c = U_m^2 \left[\cos\Omega t \cdot \cos\omega t \right] \left[\cos(\omega t + \varphi) \right]$$

$$= \frac{1}{2} U_m^2 \cos\Omega t \left[\cos(2\omega t + \varphi) + \cos\varphi \right]$$

$$= \frac{U_m^2}{2} \cos\varphi \cdot \cos\Omega t + \frac{U_m^2}{4} \cos\left[(2\omega + \Omega) t + \varphi \right]$$

$$+ \frac{U_m^2}{4} \cos\left[(2\omega - \Omega) t + \varphi \right] \tag{2-32}$$

式(2-32)表明,乘法器的输出信号包括 $\cos\Omega t$、$\cos(2\omega + \Omega) t$ 和 $\cos(2\omega - \Omega) t$ 三项。频谱分布如图 2-19(b)所示。当 $\omega \gg \Omega$ 时,用低通滤波器可以滤除 U_0 中的高频项,因此相敏检波器的最终输出为

$$U_0' = \frac{U_m^2}{2} \cos\Omega t \cdot \cos\varphi \tag{2-33}$$

式(2-33)表明,相敏检波器消除了高次谐波的影响,使输出信号幅度与载波信号的幅度成正比,因此能解调和再现出调幅信号;相敏检波器的输出信号和载波与参考信号间的相位差 φ 有关,在载波信号幅度不变的条件下,能单值地确定载波信号和参考信号间的相位差。

相敏检波的这些性质,在调制信号的处理中得到广泛应用。它具有下列的功能:对于幅度不变而单纯相位调制的情况,能解调出相位调制信息,可用于以调制盘检测光学目标;对有极性的调幅信号,载波信号的相位差只取 $\varphi = 0°$ 和 $\varphi = 180°$ 两种状态,用式(2-33),当载波与参考信号同相位时,输出信号为正值,反之为负值,这个性质可用作几何位置偏差的极性判断,解调信号的波形如图 2-20(a)所示;对于幅度和相位同时变化的情况,相敏检波器的输出信号取决于载波信号和参考信号相位的瞬时值比较,同极性输出为正值,反极性输出为负值,信号波形如图 2-20(b)中所示,这在扫描调制测量中得到应用。

(3) 典型的相敏检波电路。相敏检波的实际电路有许多类型。图 2-21 给出了常用的二极管环形检相电路和三极管相敏电路。已调制的载波信号通过放大器 K 由输入变压器输入,

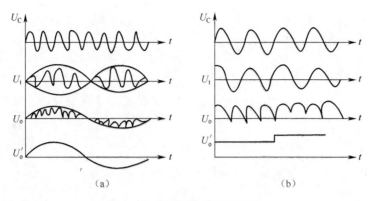

图 2-20　相敏检波的工作波形

参考电压由中心抽头变压器引入。在参考电压的正负半周期内分别控制两对二极管或三极管的通断,使输入信号在负载电阻上全波整流输出。输出电流的流向取决于参考电压和信号电压的相位关系,以达到检相整流的目的。

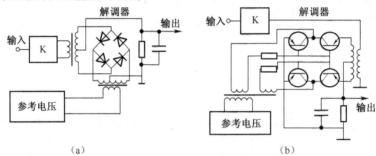

图 2-21　二极管和三极管环形检相电路

2.4　光强度调制

　　光强度调制是以光的强度($|E_0|^2$)作为调制对象,利用外界因素改变光的强度,通过测量光强的变化来测量外界物理量。光强度调制是光电检测中最早采用的调制方法,其特点是技术简单、可靠。下面介绍光强度调制的几种基本方式。

2.4.1　辐射式

　　如图 2-22 所示,由光电检测器 3 探测待测物体 1 所辐射出的功率、光谱分布等参数,以确定待测物体的存在,根据所处方位以及其光谱的分布情况来分析它的物质成分及性质,如报火警、侦察、跟踪、武器制导、地形地貌普查分析、光谱分析及太阳能利用等。下面以全辐射测温为例说明这种方式的应用情况。

　　由斯忒藩-玻耳兹曼(Stefan - Boltzman)定律可知,物件的全辐射出射度为

$$M_e = \varepsilon\sigma T^4 \tag{2-34}$$

式中,ε 为比辐射率,对于某一物体,其为常数;σ 为斯忒藩-波尔兹曼常数;T 为绝对温度。在近距离测量时,可不考虑大气对辐射的吸收作用,则光电检测器输出的电压信号 $V_s = M_e\xi$,ξ 为光电变换系数,将式(2-34)代入上式得

$$V_s = \varepsilon\sigma\xi T^4 \qquad\qquad (2-35)$$

式(2-35)表明,光电检测器输出的电压信号 V_s 是温度 T 的函数,与温度 T 的四次方成正比。因此,可以通过测量输出电压 V_s 来测量辐射体的温度。

 ## 2.4.2　反射式

如图2-23所示,由待测物体2把光反射到光电检测器上。如果是镜面反射,则光按一定方向反射,它往往被用来判断光信号的有无,可用于光电准直、电机等转动物体的转速测量等。如果是漫反射,则一束平行光照射到某一表面上时,光向各个方向反射出去。因此在漫反射某一位置上的光电检测器只能接收到部分反射光,接收到的光通量的大小与产生漫反射表面材料的性质、表面粗糙度以及表面缺陷等因素有关。因而,采用这种方式可检测物体的外观质量。在产品外观质量检测时,光电检测器输出信号可表示为

$$V_S = E_V(r_2 - r_1)S\xi \qquad\qquad (2-36)$$

式中, E_V 是被检测表面的光照度; ε 是光电变换系数; r_2 是无缺陷表面的反射率; r_1 是缺陷表面的反射率; S 是光电检测器有效视场内缺陷所占面积。

由式(2-36)可知,当 E_V、r_2 和 ε 为确定值时,V_S 仅与 r_1 和 S 有关,而缺陷表面反射率 r_1 与缺陷的性质有关。所以,从 V_S 值的大小可以判断出缺陷的大小和面积。另外,激光测距、激光制导、主动式夜视、电视摄像、文字判读等方面的应用均属于这种方式。

2.4.3　遮挡式

如图2-24所示,被测物体部分或全部遮挡,或扫过入射到光电检测器的光束,便引起光电检测器输出电信号的变化。设被测物体宽度为 b,物体遮挡光的位移量为 Δl,则物体遮挡入射到光电检测器上的光面积的增量 A 为 $A=\beta^2 b\Delta l$,式中 β 为光学系统的横向放大倍数,光电检测器的输出位移量的电信号为

$$V_S = E_V A\xi = E_V\beta^2 b\Delta l\xi \qquad\qquad (2-37)$$

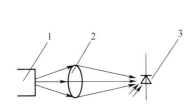　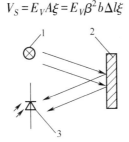　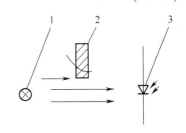

图2-22　辐射式光强度调制　　　　图2-23　反射式光强度调制　　　图2-24　遮挡式光强度调制
1—待测物;2—透镜;3—光电检测器。　1—光源;2—待测物;3—光电检测器。　1—光源;2—待测物;3—光电检测器。

由式(2-37)可知,应用此种方式,可对物体的位移量和物体的尺寸进行检测,如光电测微计和光电投影尺寸检测仪等。如果被检测物体扫过入射光束,光电检测器接收到的光通量就要发生有、无两种状态的变化,输出的电信号为脉冲形式,这样便可用于产品的光电计数、光电测速、光电自动开关,以及防盗报警等。

2.4.4　透射式

根据工作原理的不同,透射方式又可分为两种方式,一种属于模拟量信息变换方式,另一

种属于模/数信息变换方式。

1. 模拟量信息变换方式

光透过待检测物体,其中一部分光通量被待检测物体吸收或散射,另一部分光通量透过待检物体由光电检测器接收,如图 2-25 所示。被吸收或散射的光通量数值决定于待检测物的性质。例如,光透过均匀介质时,光被吸收,透过的光强可由朗伯-比尔(Lambert-Beer)定律表示:

$$I = I_0 e^{-\alpha d} \tag{2-38}$$

式中,I_0 为入射到待测介质表面的光强;α 为介质吸收系数;d 为介质厚度。

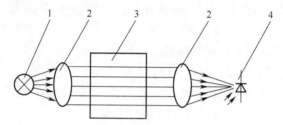

图 2-25　透射式

1—光源;2—透镜;3—待测物;4—光电检测器。

液体或气体介质的吸收系数 α 与介质的浓度成正比。因此,当介质的厚度 d 一定时,光电检测器上接收的光通量仅与待测介质的浓度有关。这种方式可以用于检测液体或气体的浓度、透明度或混浊度,检测透明薄膜厚度和质量,检测透明容器的缺陷,测量胶片的密度等。

2. 模/数信息变换方式

这种变换方式通常是将待测物理量,例如长度或角度经过光学变换装置(光栅、码盘等)变为条纹(如莫尔条纹)信息或代码信息,再由光电检测器接收变为数字信息输出。这种方式广泛用于精密测长、测角、工件尺寸检测和精密机床的自动控制。

2.5　光相位调制

2.5.1　光相位调制的原理

利用外界因素改变光波的相位(φ),通过检测相位变化来测量物理量的原理称为相位调制,分为干涉和衍射两种形式。

光波的相位由光传播的物理长度、传播介质的折射率及其分布等参数决定,也就是说改变上述参数即可产生光波相位的变化,实现相位调制。但是,目前市场上的各类光电检测器不能直接感知光波相位的变化,必须采用光的干涉技术将相位变化转变为光强变化,才能实现对外界物理量的检测。

2.5.2　光的干涉

光在相交区域内,形成一组稳定的明、暗相间或彩色条纹的现象,称为光的干涉现象。

1. 波的叠加原理

一列波在空间传播时,空间的每一点都会引起振动,当两列波(或多列波)在同一空间传播时,空间各点都参与每列波在该点引起的振动,如果波的独立传播定律成立(在线性介质中),则当两列(或多列)波同时存在时,在它们的交叠域内,每点的振动是各列波单独在该点产生的振动的合成,这就是波的叠加原理,如图 2-26 所示。

波的叠加实质上就是空间每点振动的合成,它的数学表达即为矢量波的合成。

$$E(P,t)=E_1(P,t)+E_2(P,t)+\cdots \tag{2-39}$$

式中,P 代表波场中任一场点。

2. 波强度

波的传播是振动形式的传播,随之伴有能量的传播,通常用波强度来描述这种能量,记为 I,则有

$$I(P,t)=E(P,t)E^*(P,t) \tag{2-40}$$

式中,$E^*(P,t)$ 为 $E(P,t)$ 的共轭复数。

有两列频率相同、振动方向相同(同在 y 轴方向)的单色光波分别发自光源 S_1 和 S_2,P 点是两列光波相遇区域内的任意点,如图 2-26 所示。两列波函数的复数形式为

$$E_1(P,t)=E_{10}e^{-j(\omega t-\varphi_{10})} \tag{2-41}$$

$$E_2(P,t)=E_{20}e^{-j(\omega t-\varphi_{20})} \tag{2-42}$$

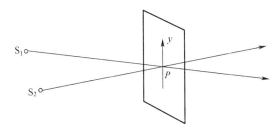

图 2-26　两列光波的相遇

式中,E_{10}、E_{20}、φ_{10}、φ_{20} 分别为光波在 P 点处的振幅和初相位。根据叠加原理,则 t 点的光强为

$$\begin{aligned}
I(P,t)&=E(P,t)E^*(P_1 t)\\
&=\left[(E_{10}e^{j\varphi_{10}}+E_{20}e^{j\varphi_{20}})e^{-j\omega t}\right]\left[(E_{10}e^{-j\varphi_{10}}+E_{20}e^{-j\varphi_{20}})e^{j\omega t}\right]\\
&=E_{10}^2+E_{20}^2+E_{10}E_{20}\left[e^{j(\varphi_{10}-\varphi_{20})}+e^{-j(\varphi_{10}-\varphi_{20})}\right]\\
&=I_1+I_2+2\sqrt{I_1 I_2}\cos\delta(P)
\end{aligned} \tag{2-43}$$

式中,$I_1=E_{10}^2$ 和 $I_2=E_{20}^2$ 分别是两列波单独在 P 点的强度;$\delta(P)=\varphi_{10}-\varphi_{20}$ 是两列波在 P 点的相位差。

3. 相干条件

式(2-43)表示 P 点的光强取决于两光波在 P 点的相位差 $\delta(P)$,它可能小于或等于两光波的强度之和 I_1+I_2。这样,在叠加区域内不同的点将有不同的光强。这种因波的叠加而引起强度重新分布的现象就是光的干涉,由此得出两列光波的相干条件为:

(1) 频率相同;

(2) 存在相互平行的振动分量;

(3) 相位差 $\delta(P)$ 稳定。

其中,第一条是任何波发生干涉的必要条件,因为频率不同时,$I(P)$ 将出现

$$2\cos(\omega_t+\varphi_{10})\cos(\omega_2 t+\varphi_{20})=\cos\left[(\omega_1+\omega_2)t+\varphi_{10}+\varphi_{20}\right]+\cos\left[(\omega_1-\omega_2)t+\varphi_{10}-\varphi_{20}\right]$$

若 $\omega_1\neq\omega_2$,则会产生拍频信号。

第二条是对矢量波而言,无相互平行的振动分量则无法合成相干项。

第三条是对微观客体发射的光波而言,相位差不稳定,则无法形成干涉现象。

4. 光源的相干性

一般光源发出的光波是由光源中大量原子的运动状态发生变化时辐射出来的,这种由原子自发辐射的发光是断续的,每次发光持续时间约为 10^{-8} s,并且任意两次发光间隔时间没有规律,彼此独立,互不相关,因此,一般由任意两个光源或同一普通光源上的两点所发出的光波,由于其初始相位差不能保持恒定,这样两束光在空间某处的叠加是不能相干涉的。要使光束之间能产生干涉效应,必须满是一定的条件。

1) 时间相干性

时间相干性由光源发射的光振动的波列长度所决定。由同一光源分割出来的两束光经不同传输路径在不同时刻到达同一空间点进行叠加时,只有当这两列光振动之间的光程差小于光振动波列的长度时,才能观察到干涉效应。例如,有一光源先后发出两列波 a 和 b,每列波都被分光板分成 S_1、S_2 两列波,用 a_1、a_2、b_1、b_2 表示。当两路光程差不太大时(图 2-27(a)),由同一波列分解出来的两波列 a_1 和 a_2、b_1 和 b_2 可能重叠产生干涉。当两路光程差太大时(图 2-27(b)),由同一波列分解出来的两波列 a_1 和 a_2、b_1 和 b_2 不能重叠,而相互重叠的可能是由前、后两波列分解出来的波列(例如 b_1 和 a_2),这时就不能产生干涉。这就是说,两光路之间的光程差超过了波列长度时,就不再产生干涉。

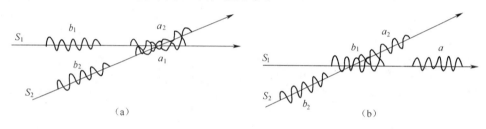

（a）　　　　　　　　　　　　　　　　（b）

图 2-27　时间相干性

两分光束产生干涉效应的最大光程差叫做该光源的相干长度,这是描述光源相干性好坏的一个衡量指标。

如氪同位素 K_r^{86} 放电管发出的橙色光(0.6057μm)的波列长度为 70cm,镉红光(0.6438μm)的波列长度约为 30cm,白光的波列长度最短,约为几个可见光波长。因此,若利用氪橙光产生干涉,最大光程差不可大于 70cm;利用镉红光,最大光程差不可大于 30cm;用白光,光程差只容许在零程差附近。激光的波列长度比氪橙光和镉红光长得多,如氦氖激光器相干长度可达几十千米,所以,利用激光源可以在很大的光程差下产生干涉。

2) 空间相干性

实际光源都有一定大小,光源上的每一点发出的光波都对干涉场产生贡献。因此,空间相干性是描述普通光源在多大的尺度范围内发出的光在空间某处会合时能形成可见的干涉效应。以杨氏双缝干涉为例,如图 2-28 所示。

设光源宽度为 h,光源与夹缝之间的距离为 d。夹缝 S_1 与 S_2 之间的距离为 a,且 $h<d$,由光源任一点辐射出的光波经双缝 S_1 和 S_2 后在 P 平面上均能形成干涉条纹。S' 点辐射光波到达 S_1 和 S_2 点的光程差为 $(S'S_1-S'S_2)$,而光源中心 S 点辐射光波到达 S_1 和 S_2 点的光程差为 (SS_1-SS_2),这两个辐射点所发出的光波经狭缝,在观察屏 P 上形成两组相互位置有一定偏移的干涉条纹,而当这两组干涉条纹的相互偏移量正好明暗互补时,整个观察屏上的光强均匀,得不到任何干涉条纹。简要估算可观察到干涉现象的条件,如图 2-29 所示,由光源中心 S 点

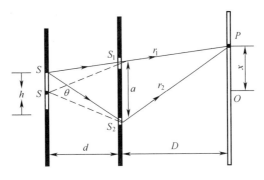

图 2-28 空间相关性

发出的辐射光到达 S_1 和 S_2 的光程差为零,则光源上 S' 点发出的辐射光到达 S_1 和 S_2 的光程差为

$$\Delta = |S'S_1 - S'S_2| \approx \frac{ah}{2d} \qquad (2-44)$$

当 $\Delta < \lambda/2$ 时,可见到干涉条纹;而当 $\Delta = \lambda/2$ 时,S' 和 S 点所产生的两组干涉条纹恰好互补,S' 下面的任意点发出的光与 S 下面的相应点发出的光,将产生上述同样的效应。所以屏幕上没有明暗区别,各处强度相同。因此,空间相干条件为

$$\frac{ah}{2d} < \frac{\lambda}{2} \qquad (2-45)$$

可见,空间相干性随光源线度成反比关系,要能观察到干涉条纹,必须对光源大小做一定的限制。

以上讨论了产生光波干涉的三个基本条件和一个补充条件(光源的相干性),这个补充条件实际上是为了保证三个基本条件得以实现。

5. 几种干涉系统

1) 迈克尔逊干涉仪

图 2-29 为迈克尔逊(Michelson)干涉仪的基本原理图,从光源发出的单色光波经分束镜分为二束,一束到达参考反射镜 M_1 形成干涉仪的参考臂,另一束到达测量反射镜 M_2 形成干涉仪的测量臂,这两束光分别经 M_1 和 M_2 反射后,再经分束镜合成形成干涉,应用光电检测器可以检测出参考光和测量光之间的干涉信号。干涉仪的测量臂用于感受外界被测量(如:位移、振动等)。以位移测量为例,M_2 移动 ΔL,则引起干涉光强度变化次数为

$$N = \frac{2n\Delta L}{\lambda_0}$$

式中,n 为干涉仪所在介质的折射率;λ_0 为光源在真空中的波长。

通过对 n 的计数以及对信号的细分处理技术就可以实现对 ΔL 的精密测量。由于光波波长在微米数量级,因此,这种测量技术可以达到很高的测量精度。

2) 马赫-泽德干涉仪

马赫-泽德(Mach-Zehnder)干涉仪的原理如图 2-30 所示。从光源发出的光,经分束镜 BS_1 分为参考光束和测量光束,这两光束分别经反射镜 M_1 和 M_2 反射后到达第二个分束镜 BS_2,通过 BS 将测量光束和参考光束合成叠加,从而产生两光束之间的干涉,应用光电检测器件就可以将干涉信号检测出来。

马赫-泽德干涉仪的显著特点之一,是可以避免干涉光路中的光再反射回光源,因此对光

源的影响很小,有利于降低光源的不稳定噪声。此外,它能够获得双路互补干涉输出,便于进行信号接收和处理。

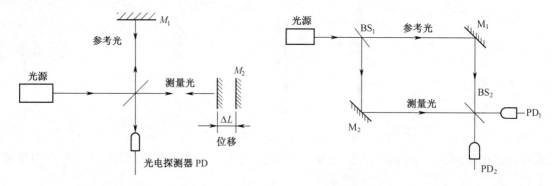

图 2-29 迈克尔逊干涉仪   图 2-30 马赫-泽德干涉仪

被测参量通过测量光路引入,例如测量风洞中产生的涡流情况时,让风洞气流通过测量光路中的测量段,由于气流折射率的变化与其密度的变化成正比,而折射率的变化又使通过气体的光束的光程发生变化,从而引起测量光路中光波相位的变化,再通过测量光束与参考光束之间的干涉,其干涉图样便能反映出气流折射率和密度分布的情况。

3)萨纳克干涉仪

萨纳克(Sagnac)干涉仪目前主要用于转动测量系统中,它是激光陀螺和光纤陀螺的基本原理。其原理如图 2-31 所示,分束镜 BS 将入射光束分为两束,一束经反射镜 M_1、M_2 和 M_3 反射按顺时针方向传输,而另一束则按相反的逆时针方向传输,这两束方向相反经同一光路传输的光回到 BS 分束镜合成干涉,组成了环形干涉仪的光路,其环形闭合回路的形状可以设计成各种形状。

这种干涉仪适用于测量旋转、磁场等,例如用于旋转测量。如图 2-32 所示,当环形光路设计成半径为 R 的圆形萨纳克干涉光路时,在干涉仪的环形光路感受到其光路平面内的角速度为 Ω 的旋转时,根据相对运动原理可以证明,光沿相反方向传播而产生的相位差为

$$\Delta\varphi = \frac{2\pi 4A}{\lambda} \frac{1}{c}\Omega$$

式中,A 为干涉仪光路包围的面积;c 为光在真空中的传播速度。

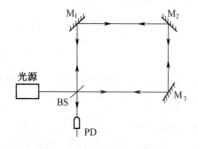

图 2-31 萨纳克干涉仪

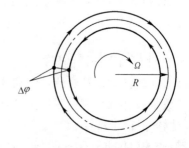

图 2-32 萨纳克效应

由式可知两光束间的相位差正比于旋转速度 Ω,因此应用这种干涉装置可以测量转速。目前应用这种原理研究的激光陀螺和光纤陀螺由于无运动部件、体积小等优越性,广泛应用于新一代的导航系统中。

4) 杨氏双缝干涉

杨氏 (Young) 双缝干涉是一种简单而经典的观察干涉现象的装置。图 2 - 33 所示,一束单色光入射到一个不透明的屏上,屏上刻有两条相距为 d 的细狭缝 S_1 和 S_2,则在与狭缝屏相距为 L 的观察屏上可得到明暗相间的干涉条纹。当 $L \gg d$ 时,可近似得出观察屏上任意点 P 处由 S_1 和 S_2 两束光之间产生的相位差为 (设两波源 S_1 和 S_2 之间的初相差为零)

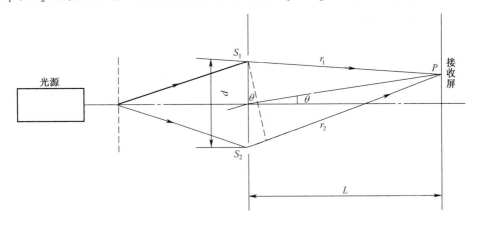

图 2 - 33　杨氏双缝干涉

$$\Delta\varphi = \frac{2\pi}{\lambda}(r_2 - r_1) \approx \frac{2\pi}{\lambda} d / \sin\theta$$

基于杨氏双缝干涉原理可演变出其他干涉仪,如瑞利 (Rayleigh) 干涉仪等,可用于各种气体或液体的折射率测量。

5) 多光束干涉仪——法布里-柏罗干涉仪 (F - P 干涉仪)

以上讨论的干涉系统都是基于两路相干光波的叠加而产生的干涉,而利用多光束干涉仪由于具有干涉条纹细锐、分辨率高等特点,同样成为光电检测技术中常用的干涉装置。现以法布里-柏罗干涉仪为例,介绍多光束干涉系统。其基本原理如图 2 - 34 所示,它是由两个镀有高反射率膜层的平行反射平面组成的结构。光波在这两个平行反射面之间被多次反射和透射,各透过光波 (或反射光波) 的多光束叠加形成多光束干涉。

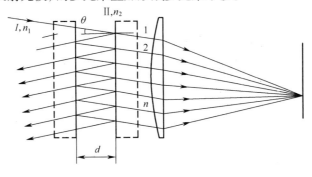

图 2 - 34　多光束干涉原理

设光波由介质 I 到介质 Ⅱ 的振幅透射率和反射率分别为 t 和 r,而光波由介质 Ⅱ 到介质 I 的振幅透射率和反射率分别为 t' 和 r',介质 I 和介质 Ⅱ 的折射率分别为 n_1 和 n_2。振幅为 a 的入射光波输出的各透射光波 1,2,…,可表示为

$$\begin{cases} E_1 = att'\exp(-\mathrm{j}\omega t) \\ E_2 = att'(r')^2\exp[-\mathrm{j}(\omega t - \Delta\varphi)] \\ E_3 = att'(r')^4\exp[-\mathrm{j}(\omega t - 2\Delta\varphi)] \\ \cdots \end{cases} \quad (2-46)$$

式中, $\Delta\varphi$ 为相邻两束透过光波之间的相位差。

根据图 2-34 中的几何关系,可得出

$$\Delta\varphi = \frac{2\pi}{\lambda}2n_2d\cos\theta$$

式中, d 为两平行反射面之间的间距; θ 为光波在平面反射镜内的入射角。各透射光波在 P 点形成的合成振幅为

$$E = \sum_{m=1}^{\infty} E_m = att'\exp(-\mathrm{j}\omega t)\sum_{m=1}^{\infty}\left[(r')^2\exp(\mathrm{j}\Delta\varphi)\right]^{m-1} \quad (2-47)$$

根据 $r = -r'$、 $t \times t' = 1 - r^2$,利用级数求和关系可以导出

$$E = \frac{a\exp(-\mathrm{j}\omega t)\left[1-(r')^2\right]}{1-(r')^2\exp(\mathrm{j}\Delta\varphi)} \quad (2-48)$$

因此,各透射光波叠加干涉后的干涉强度分布

$$I = |E|^2 = \frac{a^2}{1 + \dfrac{4R}{(1-R)^2}\sin^2\dfrac{\Delta\varphi}{2}} \quad (2-49)$$

式中, $R = (r')^2$ 表示反射平面对光强的反射率。当平行反射面是镀以高反射膜层,即 $R \approx 1$ 时,则有 $4R/(1-R)^2 \gg 1$,此时,当 $\sin(\frac{\varphi}{2}) \neq 0$,多光束干涉的强度 I 几乎为零,而当满足 $\sin(\frac{\varphi}{2}) = 0$ 时,干涉强度 I 值达极大值, $I = a^2$ 。因此多光束干涉的光强分布结果为宽的暗带相间的明亮细条纹。图 2-35 给出多光束干涉中对应于不同反射率 R ,其多光束干涉强度 I 随相位变化曲线,同时给出双光束干涉强度曲线以进行对比。

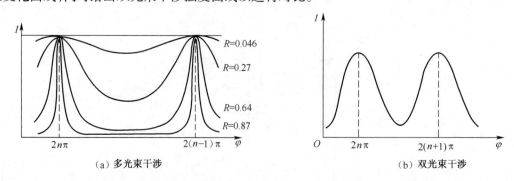

（a）多光束干涉　　　　　　　　　　　（b）双光束干涉

图 2-35　多光束干涉强度与双光束干涉强度

从图可见,干涉极大值出现在 $\Delta\varphi = 2\pi n$ 处。反射镜的反射率 R 越高,多光束干涉的明条纹越细锐。由式(2-49)可见,干涉仪中两个反射面之间距离 d 及其之间介质的折射率 n_2 ,这些参数的变化都直接引起对相位调制,这种特性就可以应用于检测技术中,如油田的压力测量。

6）光纤干涉仪

以上介绍的几种干涉系统都是由分立的光学元件组成,为了得到良好的干涉信号质量,对干涉仪中各个光学元件的面形误差和相对位置要求严格,并且干涉仪系统易受到各种随机扰动如振动、结构形变、温度变化以及气流扰动等的影响,产生各种干扰噪声,使干涉系统的工作可靠性和测量精度降低,严重时甚至导致干涉仪失调。这些因素成为妨碍干涉仪广泛应用的主要因素。当今发展的光纤干涉仪采用光纤光路组成,不但使干涉仪结构小型化,而且在很大程度上改善了光学元件失调问题,具有广泛的应用前景。

光纤干涉仪的几种基本型式由上述几种干涉仪变化而形成。图 2－36 为几种光纤干涉仪的基本结构。在光纤干涉仪中,一般采用单模光纤作为光载波传输通道,利用光纤分路器、耦合器等光纤器件实现光波的分束或合成。在光纤干涉仪中,传感光纤作为对被测参量的敏感元件直接置于被测环境中,各种物理效应对传感光纤中传导光的相位进行调制(例如通过引起光纤的伸长、光纤芯径折射率的改变等),将携带被测参量信息的传感光纤中的传导光波与参考光纤中的参考光波合成叠加后形成干涉,通过对干涉强度信号的检测实现对光相位变化的解调,达到对被测参量检测的目的。

由于光纤具有直径细、柔性好、抗电磁干扰能力强、可以进行远距离传送,以及适用于易燃、易爆等复杂环境下工作等独特优点,并且光纤干涉仪可以通过简单地增加传感光纤敏感臂的长度而提高灵敏度,因此,利用光纤光路组成的光纤干涉仪可以达到很高的检测灵敏度,成为目前发展迅速具有广泛应用前景的重要测试方法。

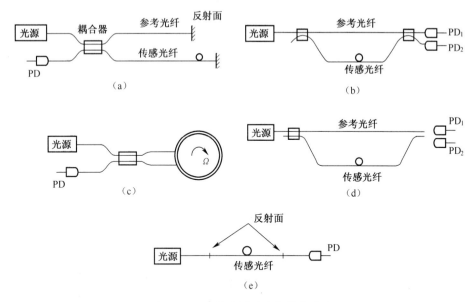

图 2－36　几种光纤干涉仪基本形式

2.5.3　光的衍射

由于光是一种波动,因此当光在传播途中遇到障碍物时,就会绕过它而继续前进,当障碍物的大小和光波波长相当时,这种现象尤其明显。光在传播过程中产生拐弯的现象称为光的衍射或绕射。

1. 惠更斯-菲涅耳原理

光的衍射现象很容易观察到,如图 2－37 中,光源 S 照射在一个大小可以伸缩的圆孔上,开始时,孔的直径比较大,在孔后面的屏上得到一个明亮的光斑,见图 2-37(b)。这说明光是沿直线传播的,如果逐渐缩小孔的直径,直到直径比光的波长大得不多时,光就开始绕到孔的外面,在屏上形成衍射花样,见图 2-37(c)。整个衍射花样的面积比原来光斑大得多,这时光已不再沿直线传播了。

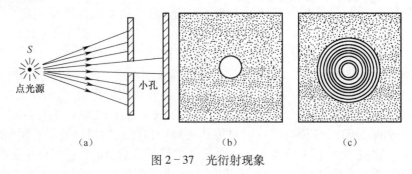

图 2-37 光衍射现象

惠更斯(Huygens)认为,介质中波传播到各点,都可以看作是发射子波的新波源,各子波的包面就是新的波前,由新波前所决定的传播方向就是新的波传播方向。

应用这一原理,可以由某一时刻波前的位置,采用几何作图法确定下一时刻新的波前位置,从而确定波的传播方向。但是,用惠更斯原理却无法求出下一时刻光波的强度分布。

菲涅耳(Fresnel)用波的叠加和干涉充实了惠更斯原理。他认为,从同一波阵面上各点所发出的子波,经传播而在空间某点相遇时,也可相互叠加而产生干涉现象。经过发展的惠更斯原理称为惠更斯-菲涅耳原理,它是衍射理论的基础。

如图 2-38 所示 Σ 为通光开孔,当一单色光入射到开孔上时,在 Σ 上任一点 Q 处入射光场为

$$E(Q,t) = U(Q)e^{j\omega t}$$

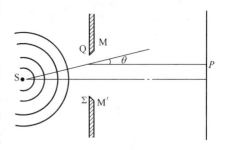

图 2-38 惠更斯-菲涅耳原理

式中,振幅和初相位都是 Q 点位置的函数。由于时间周期因子 $e^{j\omega t}$ 对开孔上各点都一样,故可略去。因此,可用复振幅 $U(Q)$ 代表开孔 Σ 上的场强分布。设 dS 为 Q 点开孔的小面积元,入射场 $U(Q)$ 在 Q 点 dS 上激发起次波场,其强度可以认为与 $U(Q)dS$ 成正比。这时,从 dS 上发出的球面次波在 P 点引起的振动为

$$dU(P) = \frac{e^{-jKr}}{r}K(\theta)U(\theta)dS \tag{2-50}$$

式中,$r=QP$ 是 Q 点到 P 点的距离;e^{-jKr}/r 是从 Q 点发出的球面波传到 P 点时的变化;$K(\theta)$ 是倾斜因子,描写次波振幅随方向的改变,其中 θ 是 QP 方向与入射波前法线间的夹角,称为衍射角。当正入射时,倾斜因子为

$$K(\theta) = \frac{j}{2\lambda}(1+\cos\theta) \tag{2-51}$$

式中,λ 是入射光波长。

将式(2-51)代入式(2-50),对整个开孔面积求积分,就是入射光经过开孔后在 P 点处所有次波的叠加效果,即 P 点的复振幅为

$$U(P) = \frac{j}{2\lambda}\int_{\Sigma} U(Q)\frac{e^{-jKr}}{\gamma}(1+\cos\theta)dS \tag{2-52}$$

这就是惠更斯-菲涅耳原理的数学表达式。

2. 菲涅耳半波带法

菲涅耳半波带方法是分析衍射场任何点衍射波叠加结果的简便有效方法,也是制造波带板的理论根据。图 2-39 是分析衍射波叠加的半波带原理图。S 为点光源,S' 为观察屏的中心点,QQ 为行射圆孔,波面为 QM_0Q,$M_0S'=L$。则 S' 点的衍射波叠加情况如下:以 S' 点为中心,分别以 $L+\dfrac{\lambda}{2}$,$L+\dfrac{2}{2}\lambda$,$L+\dfrac{3}{2}\lambda$、$\cdots$、$L+\dfrac{k}{2}\lambda$ 为半径作球面,把 QM_0Q 波面分割成为许多球形环带。这些环带称为菲涅耳半波带或菲涅耳波带。λ 为光波波长,每相邻波带到达 S' 点的距离相差 $\lambda/2$,光振动相位差为 π。如果以 A_k 表示第 k 个环带在 S' 的振幅,则点 S' 的总振幅是

$$A = A_1 - A_2 + A_3 - A_4 + \cdots (-1)^{k-1}A_k \tag{2-53}$$

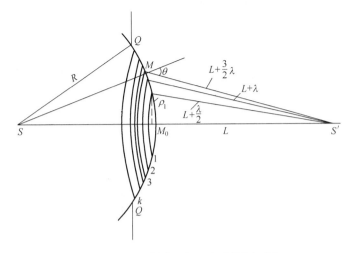

图 2-39　衍射波叠加的半波带原理图

因为各环带面积的差异,离开 S' 点距离的不同,以及倾斜角 θ 的影响,各环带到 S' 的振幅随 k 值增加而减小,但可以近似认为 $A_k=\dfrac{1}{2}(A_{k-1}+A_{k+1})$,故式(2-53)可以写成

$$A = \dfrac{A_1}{2} + \left(\dfrac{A_1}{2}-A_2+\dfrac{A_3}{2}\right) + \left(\dfrac{A_3}{2}-A_4+\dfrac{A_5}{2}\right) + \cdots = \dfrac{A_1}{2} \pm \dfrac{A_k}{2} \tag{2-54}$$

式中,k 为奇数,则为"+"号;k 为偶数,则为"−"号,且令 $\dfrac{A_k}{2}=\dfrac{A_{k-1}}{2}$。从式(2-54)可见,$S'$ 点的合成振幅等于第一个波带和最后一个波带振幅的一半在 S' 点的叠加。若总波带数是奇数,则两个振幅相位一致振幅加强。若偶数则相反,振幅减弱。显然,如果圆孔很大,则波带数很多,A_k 趋于零,这时 S' 处振幅为 $A=A_1/2$,光强 $I_S=A_1^2/4$,不随孔径变化而改变,可以把光看成直线传播。反之如果圆孔很小,例如分成一个波带,则 $A=A_1$,光强 $I_S=A_1^2$,是大孔径的 4 倍。若分成 2 个波带,则 $A=A_1/2-A_2/2=0$;若分成 3 个波带,则 $A=A_1/2+A_2/2\approx A_1$。可见,只有圆孔直径很小时,才能明显地观察到衍射现象。

3. 单缝夫朗和费衍射

光的衍射现象按光源、衍射物和观察屏(即衍射场)三者之间的位置分为两种类型。一种是菲涅耳衍射,它是有限距离处的衍射现象,即光源和观察屏(或二者之一)到衍射物的距离比较小的情况;另一种为夫朗和费衍射,它是无限距离处的衍射现象,即光源和观察屏都离衍

射物无限远。图 2-40 为单缝夫朗和费衍射原理图。

单色点光源 S 和接收屏 S′分别位于透镜 1、2 的焦平面上,狭缝 AB 宽度为 b,$BC \perp AC$,显然 AC 表征衍射角为 φ 的光线从单缝两边(A、B)到达 P 点之光程差。由三角形 ABC 得,$AC = b\sin\varphi$。显然 P 点的干涉效应决定于 AB 面上所有子波的叠加情况。采用前面所述的半波带方法,用 $\lambda/2$ 将 AC 分割成 k 段相等的线段,相应地也将 AB 切成 k 个相等的半波带,所以 $AC = b\sin\varphi = k\dfrac{\lambda}{2}$。

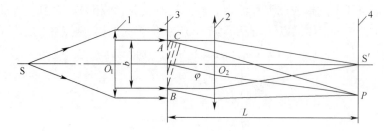

图 2-40 单缝夫朗和费衍射原理图

因为相邻半波带相位差为 π,在 P 点干涉相消,因此,当半波带数 k 为偶数时,P 点光强度为零(暗点),k 为奇数时,则 P 点为亮点,得到

$$\begin{cases} b\sin\varphi = \pm 2k\dfrac{\lambda}{2}(k=1,2,\cdots) \text{ 为暗条纹} \\ b\sin\varphi = \pm(2k+1)\dfrac{\lambda}{2}(k=1,2,\cdots) \text{ 为亮条纹} \end{cases} \qquad (2-55)$$

式中,正负号表示亮暗条纹分布于中心亮条纹的两侧。$\varphi = 0$ 给出了中心亮条纹的中心位置,中心亮条纹宽度为两边对称第一级暗条纹间距,即在 $b\sin\varphi = -\lambda$ 和 $b\sin\varphi = \lambda$ 之间。图 2-41 为衍射条纹光强度随衍射角 φ 的近似分布情况。显然暗点位置和亮点中心位置都按式(2-55)求得。而各级亮度逐渐减少也可由半波带原理定性解析,因随着 φ 角增加,半波带数目增多,一个波带的能量相应变小。

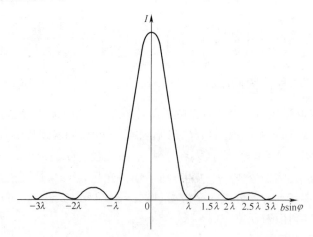

图 2-41 衍射条纹分布情况

夫琅和费单缝衍射现象的几点规律如下:

(1)当狭缝宽度 b 变小时,衍射条纹将对称于中心亮点向两边扩展,条纹间距扩大;

（2）衍射图像暗点等距分布在中心亮点两侧,而两侧与极大值位置可以近似地认为是等距分布的;

（3）随着衍射级增加,亮条纹光强迅速减弱。

下面以暗条纹为例,利用以上规律进行测量应用。当半波带数 k 为偶数时,P 点光强度为零(暗点) $b\sin\varphi=\pm2k\dfrac{\lambda}{2}(k=1,2,\cdots)$,由图 2-40 可知,$\sin\varphi=\dfrac{S'P}{L}$,设 P 点为暗条纹点,则 $b\times\sin\varphi=b\times\dfrac{S'P}{L}=2k\times\dfrac{\lambda}{2}$,设下一个相邻暗条纹点为 $b\times\sin\varphi'=b\times\dfrac{S'P'}{L}=2(k+1)\times\dfrac{\lambda}{2}$,设相邻暗条纹的差值为 $\Delta P=S'P'-S'P$,则 ΔP 为以上两个公式相减,即为 $b\times(\dfrac{S'P'}{L}-\dfrac{S'P}{L})=b\times(\dfrac{S'P'-S'P}{L})=2(k+1)\times\dfrac{\lambda}{2}-2k\times\dfrac{\lambda}{2}=\lambda$,则狭缝长度为 $b=\dfrac{\lambda}{2}\times\dfrac{L}{S'P'-S'P}=\dfrac{\lambda}{2}\times\dfrac{L}{\Delta P}$,$\Delta P$ 为相邻暗条纹的差值。所以可以测量狭缝 b,测量原理如图 2-42(a)所示,利用衍射测量细线示意图如图 2-42(b)所示,其中 1 为光源,2,5 为反光镜,3 为滚轴,4 为细线,6、7 为安装架,8 为传感器。

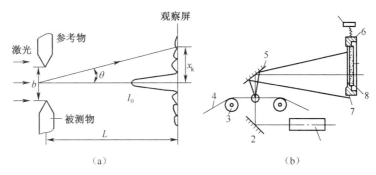

图 2-42　衍射法测量狭缝和细线示意图

2.6　光的偏振调制

光的偏振调制是指利用外界因素（应力、磁场、电场等)改变特定光学媒质的传光特性,从而调制从中通过的光的偏振态,由偏振态的变化就可以检测出相应的外界因素。光的偏振调制广泛应用于应力分布、物质成分分析及电场、磁场、电流测试与控制等方面。

2.6.1　旋光现象

当偏振光通过某些透明物质时,偏振光的振动面将以光的传播方向为轴旋转一定的角度,这种现象称为旋光现象。能使振动面旋转的物质称为旋光物质。石英等晶体以及食糖溶液、酒石酸溶液等都是旋光性较强的物质。实验证明,振动面旋转的角度由旋光物质的性质、厚度以及入射光的波长决定。

物质的旋光特性可用图 2-43 所示的装置实现。图中 F 是滤光器,可以产生单色光;C 是旋光物质,当旋光物质放在偏振化方向相互正交的偏振片 M 和 N 之间时,可以看到屏上由原来的黑暗变为明亮,将偏振片 N 旋转某一角度 θ 后,屏上又由明亮变为黑暗。这说明偏振光透过旋光物质后仍是偏振光,只是振动面旋转了一个角度 θ。

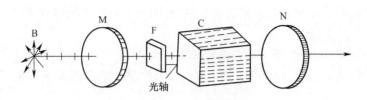

图 2-43　旋光现象

实验结果表明：

（1）不同的旋光物质可以使偏振光的振动面向不同的方向旋转，如果面对光源观察，使振动面向右（顺时针）旋转的物质称为右旋物质，使振动面向左（逆时针）旋转的物质称为左旋物质；

（2）振动面的旋转角与波长有关，而在给定波长的情况下，与旋光物质的厚度有关，旋转角 θ 的大小表示为

$$\theta = \alpha d$$

式中，d 为旋光物质的厚度；α 称旋光恒量或旋光率，它与物质的性质和入射光的波长有关。

2.6.2　法拉第旋光效应

除了旋光物质能使光的偏振面旋转外，一些不具有旋光性的物质，在磁场的作用下也可以使穿过它的偏振方向旋转。这种在磁场作用下产生的旋光效应称为法拉第旋光效应或磁致旋光效应。如图 2-44 所示，由起偏器 P_1 产生的线偏振光穿过螺线管，沿着磁场方向透过磁致旋光物质，当励磁线圈中没有电流时，将检偏器 P_1 的透光轴与 P_2 透光轴正交，这时 P_2 无光出射。这表明，振动面在样品中没有旋转。当通大电流产生磁场后，则 P_2 有光出射，将 P_2 转过一个角度 θ 后又无光出射。这表明，振动面在样品中旋转了一个角度 θ。

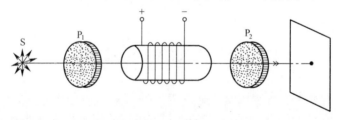

图 2-44　法拉第效应

实验表明：

（1）对给定的介质，振动面的旋转角度 θ 与样品的长度 L 和磁感应强度 B 成正比，即

$$\theta = V_d L B$$

式中，V_d 是菲尔德常数。

（2）磁致旋光方向与磁场方向有关，而与光的传播方向无关，也就是说如果线偏振光穿过旋光物质一次旋转 θ 角，则反方向返回时旋转角度增为 2θ。而在旋光性物质中，线偏振光往返穿过总的转角为零。这是法拉第旋转与旋光的主要区别。

所有材料都显示出或强或弱的法拉第效应。在铁硅材料中法拉第效应最强，且温度对此有明显影响；抗磁材料中法拉第效应最弱，且温度影响也不大。磁致旋光效应用极其广泛，如可用来进行电流及外磁场的测试等。

2.6.3　光弹效应

1. 双折射现象

当一束单色光入射到各向同性介质表面时,它的折射光只有一束光。但是,当一束单色光入射到各向异性介质表面时,一般产生两束折射光,这种现象称为双折射。双折射得到的两束光中,一束总是遵守折射定锋,这束光称为寻常光或 o 光。另一束光则不然,一般情况下,它是不遵守折射定律的,称为非常光或 e 光。

o 光和 e 光都是线偏振光,且 o 光的振动面垂直于晶体的主截面,而 e 光的振动面在主截面内。两者的振动面互相垂直,如图 2-45(a)所示(图中纸面即主截面)。若 o 光的折射率为 n_o,e 光的折射率为 n_e,则 $\Delta n = |n_o - n_e|$,Δn 是用来描述晶体双折射特性的重要参数。

2. 光弹效应

某些非晶体如透明塑料、玻璃等,在通常情况下是各向同性的,不产生双折射现象。但当它们受到外力作用时就会产生双折射现象。这种应力双折射现象称为光弹效应。当外力消除后,材料内部处于无应力状态时,双折射随之消失,这是一种人工双折射,或称暂时双折射。

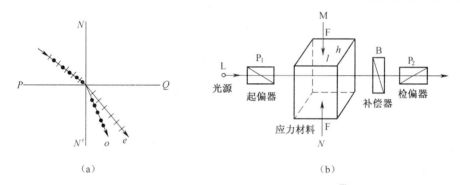

图 2-45　双折射现象和形变应力双折射实验装置

光弹效应实验装置如图 2-45(b)所示,光弹效应测力原理如图 2-46 所示。沿 MN 方向有压力或张力,则折射率在 MN 方向就和其他方向不同,这样力学形变下的材料变得各向异性了,物质的等效光轴为应力的方向。

设对应 MN 方向上的偏振光的折射率为 n_e,对垂直 MN 方向上偏振光的折射率为 n_o。这时光弹效应与压强 P 的关系可表示为 $n_o - n_e = kP$,式中 k 为物质常数,$(n_o - n_e)$ 为双折射率差,表征双折射性的大小,在这里也表征光弹效应的强弱。若光波通过的材料厚度为 l,则获得的光程差为

$$\Delta = (n_o - n_e)l = kPl \tag{2-56}$$

在图中,沿待测外力作用方向形成的光轴与 P_1、P_2 的透振方向分别成 ±45°。设由 P_1 出射的线偏振光振幅为光强 A_0,通过应力材料后沿同一路径向右传播的两束正交线偏振光的振幅均为 $A_0/\sqrt{2}$。能透过检偏振器 P_2 的分振幅 $A_{12} = A_{22} = \dfrac{A_0}{2}$,相应的光强 $I_{12} = I_{22} = \dfrac{A_0^2}{4} = \dfrac{I_0}{4}$,这两束透射光在同一方向上振动,由式(2-56),其相位差为

$$\Delta\phi = \frac{2\pi}{\lambda}(n_o - n_e)l + \pi = 2\pi kPl/\lambda + \pi \tag{2-57}$$

式中,π 是因振幅矢量 A_{12} 和 A_{22} 方向相反所造成的附加相位差。两束透射光发生干涉合成后

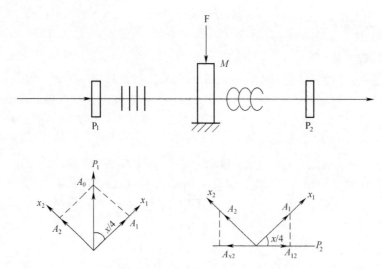

图 2-46　光弹效应测力原理

的光强为

$$I = I_{12} + I_{22} + 2\sqrt{I_{12}I_{22}}\cos\Delta\phi$$

$$= \frac{I_0}{2}(1+\cos\Delta\phi) = \frac{I_0}{2}\left[1-\cos\left(\frac{2\pi}{\lambda}kPl\right)\right]$$

$$= I_0\sin^2\left(\frac{\pi kPl}{\lambda}\right) \tag{2-58}$$

由透射光强,即可测知压强 P。材料的光弹效应是应力或应变与折射率之间的耦合效应。虽然光弹效应可以在一切透明介质中产生,但实际上,它最适于在耦合效率高或光弹效应强的介质中产生。

利用物质的光弹效应可以构成压力、声、振动、位移等检测系统。这种检测系统不仅灵敏度高、惯性小,而且工作寿命长。

🔹 2.6.4　克尔(Kerr)电光效应

克尔电光效应又称平方电光效应。当外加电场作用在各向同性的透明物质上时,各向同性物质的光学性质发生了变化,变成具有双折射现象的各向异性特性。设 n_o、n_e 分别为介质在外加电场作用后的寻常光折射率和异常光折射率。当外加电场方向与光的传播方向垂直时,由感应双折射引起的寻常光折射率和异常光折射率与外加电场 E 的关系为

$$n_o - n_e = \lambda K E^2 \tag{2-59}$$

式中,K 为克尔常数。

克尔效应发生在具有对称中心的透明晶体和硝基苯等多种透明液体中,气体中的克尔效应比在面体与液体中弱得多。

图 2-46 表示在电场作用下,使物质产生双折射现象的克尔效应。图中,M 是平行板电极和盛有液体(如硝基苯)的克尔盒,P_1、P_2 两偏振片的偏振化方向正交,且与电场方向分别成 ±45°,通光方向与电场垂直。当电极间不加电场时,没有光从 P_2 射出,这表明盒内液体没有双折射效应;当两电极间加上适当电场时($E = 10^4$ V/cm),就会有光透过 P_2。这表明盒内液体在强电场作用下变成了双折射物质。若在两极间加电压 U,则由感应双折射引起的两偏振光

波的光程差为

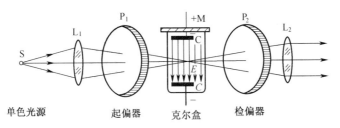

图 2-47 克尔电光效应

$$\Delta = (n_o - n_e)l = \lambda K \left(\frac{U}{d} \right)^2 l \qquad (2-60)$$

两光波间的相位差为

$$\Delta \phi = 2\pi K l \left(\frac{U}{d} \right)^2 \qquad (2-61)$$

式中,U 为外加电压;l 为光在克尔元件中的光程长度;d 为两极间距离;K 为克尔常数。

此时,检偏器的透射光强 I 与起偏器的出射光光强 I_0 之间的关系可由下式表示(参考光弹效应中两束透射光发生干涉的推导过程):

$$I = I_0 \sin^2 \left[\pi K l \left(\frac{U}{d} \right)^2 \right] \qquad (2-62)$$

克尔效应最重要的特征是,感应双折射几乎与外加电场同步,有极快的响应速度,响应频率可达 $10^{10}\mathrm{Hz}$。因此,它可以制成高速的克尔调制器或克尔光闸。另外,利用克尔效应可以测量电场、电压等电参数。

2.7 光的频率和波长调制

利用外界因素改变光的频率(ν)或光的波长(λ),通过检测光的频率或光的波长的变化来测量外界物理量的原理,称为光的频率和波长调制。

2.7.1 光频调制

1. 多普勒频移

光的频率调制,主要是指光学多普勒频移。光学中的多普勒现象是指由于观测者和运动目标的相对运动,使观测者接收到的光波频率产生变化的现象,如图 2-48 所示。以 ν 表示光源 S 对于观测者 Q 的相对运动速度,以 θ 表示相对速度方向和光传播方向(即光源到观测者的方向)的夹角。由于多普勒效应,观测者 Q 接收到的光波频 ν_1 可表示为

$$\nu = \left(\nu_0 - \frac{v^2}{c^2} \right)^{\frac{1}{2}} \bigg/ \left(1 - \frac{v}{c}\cos\theta \right) \approx \nu_0 \left[1 + \left(\frac{v}{c} \right) \cos\theta \right] \qquad (2-63)$$

式中,ν_0 为光源原频率;$c = \dfrac{c_0}{n}$,是光在介质中的传播速度,其中 c_0 是真空中的光速;n 是介质的折射率。

在光电检测技术中,通常最关心运动物体的运动,所以光源和观测者则是相对静止的。这种情况下,要作为双重多普勒频移处理,如图 2-49 所示,S 代表光源,P 为运动物体,Q 是观测

者所处位置。

物体 P 的运动速度为 ν,其运动方向与 PS 及 PQ 的夹角分别为 θ_1 和 θ_1。则光源 S 发出频率为 ν_0 的光与运动物体发生多普勒效应。可以把双重多普勒频移分解成两个单重多普勒频移处理,首先由于物体 P 相对于光源 S 运动,则在 P 点观测到的光频率 ν_1 为

$$\nu_1 = \nu_0 \left[1 - \left(\frac{v}{c} \right)^2 \right]^{1/2} \bigg/ \left[1 - \left(\frac{v}{c} \right) \cos\theta_1 \right] \qquad (2-64)$$

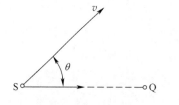

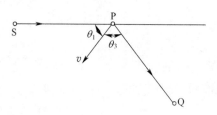

图 2-48　多普勒频移　　　　　　　　图 2-49　双重多普勒频移

频率为 ν_1 的光经 P 物体散射后重新传播出来,在 Q 处观测到的双重频移后的光波频率为

$$\nu_2 = \nu_1 \left[1 - \left(\frac{v}{c} \right)^2 \right]^{1/2} \bigg/ \left[1 - \left(\frac{v}{c} \right) \cos\theta_2 \right] \qquad (2-65)$$

将式(2-64)代入式(2-65)并考虑实际运动速度 ν 要比光速 c 小得多,可以近似地求出双重多普勒频移表达式

$$\nu_2 = \nu_0 \left[1 + \frac{v}{c} (\cos\theta_1 + \cos\theta_2) \right] \qquad (2-66)$$

2. 频率检测

由式(2-66)可知,测得多普勒频移量($\nu_D = \nu_2 - \nu_0$),即可求出物体运动的速度 v。但由于光的频率太高,目前尚无检测器能直接测量它的变化,因此要采用间接的光混频技术来测量,即将两束频率不同的光混频,获取差频信号的光学零差和外差法。

设一束散射光与另一束参考光的频率分别为 ν_{s1}、ν_{s2},它们到达光电检测器表面的电场强度分别为

$$\begin{cases} E_1 = E_{01} \cos(2\pi\nu_{s1}t + \varphi_1) \\ E_2 = E_{02} \cos(2\pi\nu_{s2}t + \varphi_2) \end{cases} \qquad (2-67)$$

式中,E_{01}、E_{02} 为两束光在光电检测器表面处的振幅;φ_1、φ_2 为两束光的初始相位。

两束光在光电检测器表面混频,其合成的电场强度为

$$E = E_1 + E_2 = E_{01} \cos(2\pi\nu_{s1}t + \varphi_1) + E_{02} \cos(2\pi\nu_{s2}t + \varphi_2) \qquad (2-68)$$

光强度与光的电场强度的平方成正比,则 $I \propto E^2$,即

$$I(t) = K(E_1 + E_2)^2 = \frac{1}{2}K(E_{01}^2 + E_{02}^2) + KE_{01}E_{02} \cos[2\pi(\nu_{s1} - \nu_{s2})t + \phi] \qquad (2-69)$$

式中,K 为常数;ϕ 为两束光初始相位差。式中第一项是直流分量,可用电容隔去;第二项是交流分量,其中($\nu_{s1} - \nu_{s2}$)正是我们希望测得的多普勒频移。

按照两束入射光到达物体前两者间是否有频差,光波频率检测分为零差法和外差法。若入射至物体前,两束光频率相同,即频差为零则称为零差法。这时,当物体运动速度为零时,$\nu_{s2} = \nu_{s2} = \nu_0$,由式(2-69)可知输出信号为直流。

若入射至物体前两束光频率不等,有频差 ν_s,则运动物体引起的频移量作用在频差 ν_s 上,

这时,即使物体运动速度为零,两束光混频后输出信号频率为 $\nu_{s1}-\nu_{s2}=\nu_s$ 的交流信号。

前者当物体运动时,多普勒信号可以看成是载在零频上;后者则是载在一个固定频差 ν_s 上,所以前者称零差,后者称外差。

两者的主要区别是:零差法不能判别物体的运动方向,而且难以消除由直流引起的噪声;而外差法则还可以判别物体的运动方向,并可大大提高信号的信噪比。

根据上述多普勒频移原理,采用激光作为光源的测量技术是研究流体流动的有效手段。

 ## 2.7.2 波长调制

1. 利用热色物质的颜色变化进行波长调制

调制原理如图 2-50(a)所示,60W 的钨丝灯光经过光纤进入热变色溶液(如溶于异丙醇溶液中的 $CoCl_3 \cdot 6H_2O$),其反射光被另一光纤接收后,分两束分别经过波长为 650nm 和 800nm 的滤光片,最后由光电检测器接收。这种热变色溶液的光强与温度的关系如图 2-50(b)所示,温度为 20℃ 时,在 500nm 处有一个吸收峰,溶液呈红色,温度升到 75℃ 时,在 650nm 处也有一个吸收峰,溶液呈绿色。在波长为 650nm 时,光强随温度变化最灵敏,在波长为 800nm 时,光强与温度无关。因此,选这两个波长进行检测(即波长检测)就能确定外界物理量。

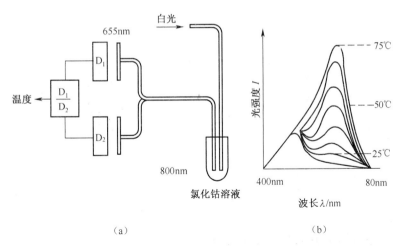

（a）　　　　　　　　　　　　（b）

图 2-50　热色物质颜色变化的波长调制

2. 利用磷光(荧光)光谱的变化进行波长调制

调制原理如图 2-51(a)所示,用稀土磷光体做的探头被频率为 ν_0 的紫外光照射后,发出一个与温度有关的光谱,如图 2-51(b)所示。光谱中红光 ν_2 谱线的强度随温度而增加,而绿光谱线 ν_1 则降低,但两者的比值是温度的单值函数,如图 2-51(c)所示。由于这两条谱线被相同的光照激励,故它们的比值与激励光谱的光强基本无关。

3. 利用黑体辐射进行波长调制

图 2-52 是黑体辐射的调制原理,它不需要外加光源,而且简单地由探头尖端(即黑体腔)收集黑体的光谱辐射,然后通过光纤把这种宽频带的辐射传送到分光仪或滤光片,根据普朗克提出的辐射亮度与波长的关系随温度变化的公式,通过双波长或单波长就能测出黑体的温度。

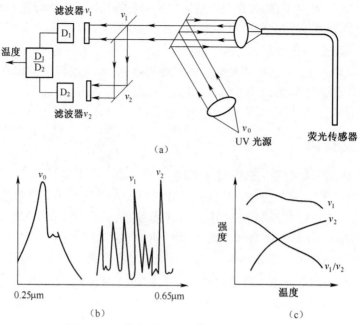

图 2-51　磷光(荧光)光谱变化的波长调制

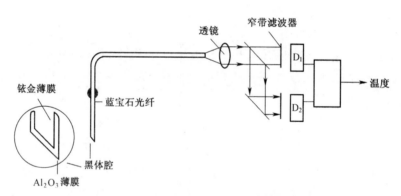

图 2-52　黑体辐射的波长调制

4. 利用滤光器参数的变化进行波长调制

在外界因素影响下,法布里-珀罗标准具(滤光器)的间隔会变动,这样就引起滤光器透射和反射功能的变化,其原理如图 2-53(a)所示。这样,可以用一个以 CCD 阵列通过分光计(或棱镜)对此光谱取样,利用这个取样光谱来计算滤光器的变换特性就能确定外界因素。

图 2-53(b)是另一种改变滤光参数的方法,其调制原理是当白色光通过处于正交偏振态之间的铌酸锂晶体时,由于外界因素(如温度等)的变化,晶体产生双折射,采用栅状滤色片就能检测波长(颜色)的变化,其具体关系为

$$I = I_0 \sin^2 \left[\pi (n_o - n_e) \frac{d}{\lambda} \right] \qquad (2-70)$$

式中,I_0 为光源强度;I 为透射光强度;n_o 为寻常光折射率;n_e 为非寻常光折射率;d 为晶体厚度,λ 为波长。光强的变化是由于 $n_o - n_e$ 的变化而引起的,它与温度有关。

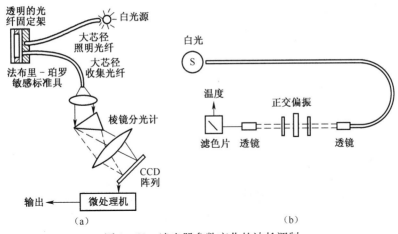

图 2-53　滤光器参数变化的波长调制

 习题

2-1　一个平面波的表达式是 $y=0.25\cos(125t-0.37x)$，求它的振幅、角频率、频率、周期、波速与波长值。

2-2　一个平面波源按照 $x=A\sin(2\pi t/T)$ 的关系式振动，已知 $A=0.06\text{m}$，$T=1.8\text{s}$，波速为 2m/s，与波源相距 3m、3.5m 及 4m 各质点间的相位差各是多少？

2-3　光调制的含义是什么？光调制可分为哪几种？

2-4　光强度调制有哪些方式，其应用特点各是什么？

2-5　干涉仪有哪些基本形式，其特点是什么？

2-6　法拉第磁光效应与物质的天然旋光性有何区别，磁光调制器的基本结构如何？

2-7　什么是光学多普勒效应，检测多普勒运动频移有哪些方法，其各自特点是什么？

2-8　光干涉的基本条件和两个补充条件即光源相干性是什么？

2-9　请设计一种光纤纤芯直径的在线检测系统，纤芯直径尺寸约为 0.1mm，测量精度不低于 $1\mu\text{m}$，请画出反映测量原理的光路图，并叙述测量原理。

第3章

光电检测系统中常用光源和照明方式

本章讨论光产生的基本原理及方法、光源的基本参数和光源特点、光电检测技术中常用的几种光源及这些发光器件的基本特性和光电检测中常用的照明方式。

3.1　光的产生和光源的基本参数

3.1.1　光的产生及其产生方法

1. 光的产生

光是从物质中发射出来的,是以电磁波形式传播的。因为物质是由大量的带电粒子组成的,粒子在不断地运动,当它们的运动受到干扰时就可以发射出电磁波。

原子内有若干电子围绕原子核不断运动,其运动有多种可能状态量。不同运动状态的电子具有不同能量,常用"能级"一词来代表电子绕原子核的运动状态。在原子内,这些能级的能量是不连续的,或者说是一系列分立的能级,能量大的称为高能级,小的则为低能级,最低能级称为基态。

如果有外来的激励,把适合的能量传递给电子,电子就可能从低能级进入较高的能级。这个过程是瞬间完成的,称为跃迁。

电子受激励跃迁到较高能级(激发态)只能维持很短的时间,就回到低能级,这个从激发态向下回落到低能级的过程中,必然释放出多余的能量,在极大多数情况下,释放的能量是以光子的形式发射出来。

如图 3-1 所示,E_0 为基态,电子受激获得一定能量而跃迁到激发态 E_1,当电子从激发态回到基态时,能量从 E_1 变到 E_0,此时发射光子的频率为

$$\nu = \frac{E_1 - E_0}{h} \tag{3-1}$$

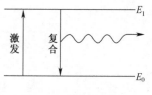

图 3-1　能级示意图

式中,h 为普朗克常数,$h = 6.62 \times 10^{-27} \mathrm{erg} \cdot \mathrm{s} = 4.13 \times 10^{-15} \mathrm{eV} \cdot \mathrm{s}$。

因为原子中有很多可能的能级,因此原子受激后可发射出多种频率的光。这些频率是分立的,用适当的仪器可以把它们显示出来。

在固体中,情况就不同了,固体包含着大量互相紧密联系的原子,原子之间相互作用使能级发生迁移。从整体上看,固体中电子的能级是一片连续的能带。电子在两个连续的能带之间的跃迁,其跃迁能量也必然是连续的。所以固体受激后发射出来的光具有连续的光谱,而不是分离的谱线。

发光可概括两个过程:激励和复合。

激励就是在外界作用下,粒子吸收能量,电子由低能态跃迁到高能态的过程,常称受激吸收。此时受激物体处于非平衡状态。

复合是指电子由高能态回复到低能态,释放能量的过程。从不稳定的高能态自发地回到低能态是自发跃迁,它释放能量的形式有两种:变成粒子热运动的动能(温升);以光的形式辐射出来,产生自发辐射。被激发到高能态的电子也可以在外作用下(如入射光子)跃迁到低能级,称受激复合,这个过程发出的光为受激辐射。一般光源均属自发辐射,激光属于受激辐射。

2. 光产生的方法

(1) 电致发光。物质中的原子或离子受到被电场加速的电子的轰击,使原子中的电子从被加速的电子那里获得动能,由低能态跃迁到高能态;当它由受激状态回复到正常状态时,就会发出辐射。例如气体激光器所产生的光就是电致发光。

(2) 光致发光。物体被光直接照射或预先被照射而引起自身的辐射称为光致发光。如荧光,示波管、显像管等中荧光物质的余辉;红宝石激光器等。

(3) 化学发光。由化学反应提供能量而引起的发光,称化学发光。例如磷在空气中缓慢氧化而发光。

(4) 热发光。物体被加热到一定温度而发光,称热发光。如钠或钠盐在火焰中发出的钠黄光。

实际上,物质受激而发光有时是很复杂的过程,同时属几种受激过程。如白炽灯中钨丝通以电流会发光,实际是电流通过电阻丝产生的热发光;物质加热后燃烧发的光通常是氧化化学反应发光。

3.1.2　光源的基本参数

1. 辐射效率和发光效率

在给定波长范围内,某一光源发出的辐射通量与产生这些辐射通量所需的电功率之比,称为该光源在规定光谱范围内的辐射效率:

$$\eta_e = \frac{\Phi_e}{P} = \frac{\int_{\lambda_1}^{\lambda_2} \Phi_e(\lambda) d\lambda}{P} \tag{3-2}$$

式中,$\Phi_e(\lambda)$ 为光源的光谱辐射通量;P 为所需的电功率;η_e 为光源的辐射效率。

相应地,对于可见光范围,某一光源的发光效率 η_v 为所发射的光通量与产生这些光通量所需的电功率之比,就是该光源的光效率,即

$$\eta_v = \frac{\Phi_v}{P} = \frac{K_m \int_{380}^{780} \Phi_e(\lambda) V(\lambda) d\lambda}{P} \tag{3-3}$$

式中，$\Phi_e(\lambda)$ 为可见光光谱通量；$V(\lambda)$ 为明视觉光谱光视效率；K_m 为明视觉最大光谱光视效率；η_v 的单位为 lm/W。在照明领域或光度测量系统中，一般应选用 η_v 较高的光源。

2. 光谱功率分布

光源输出的功率与光谱有关，即与光的波长 λ 有关，称为光谱的功率分布。常见的有四种典型的分布，如图 3-2 所示。图中(a)为线状光谱，由若干条明显分隔的细线组成，如低压汞灯；(b)为带状光谱，它由一些分开的谱带组成，每一谱带中又包含许多细谱线，如高压汞灯、高压钠灯就属于这种分布；(c)为连续光谱，所有热辐射光源的光谱都是连续光谱；(d)为混合光谱，它由连续光谱与线、带谱混合而成，一般荧光灯的光谱就属于这种分布。

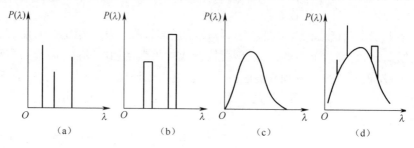

图 3-2　光谱功率谱分布

在选择光源时，它的光谱功率分布应由测量对象的要求来决定。在目视光学系统中，一般采用可见光谱辐射比较丰富的光源。对于彩色摄影用光源，为了获得较好的色彩，应采用似于日光色的光源，如卤钨灯、氙灯等。在紫外分光光度计中，通常使用氘灯、紫外汞氙灯等紫外辐射较强的光源。在光纤技术中，通常使用发光二极管和半导体激光器等光源。

3. 空间光强分布

对于各向异性光源，其发光强度在空间各方向上是不相同的。若在空间某一截面上，自原点向各径向取矢量，矢量的长度与该方向的发光强度成正比。将各矢量的端点连接起来，就得到光源在该截面上的发光强度曲线，即配光曲线。如图 3-3 所示为超高压球形氙灯的光强分布。

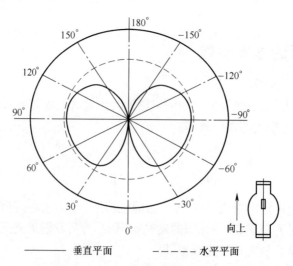

————— 垂直平面　　- - - - - 水平平面

图 3-3　超高压球形氙灯的光强分布

在某些情况下，为了提高光的利用率，一般选择发光强度高的方向作为照明方向。为了进一步利用背面方向的光辐射,还可以在光源的背面安装反光罩,反光罩的焦点位于光源的发光中心上。

4. 光源的色温

任何物体,只要其温度在绝对零度以上,就向外界发出辐射,称为温度辐射。黑体是一种完全的温度辐射体,其辐射本领 $M'_{\lambda b}$ 表示为

$$M'_{\lambda b}(\lambda, T) = \frac{M'_{\lambda}(\lambda, T)}{\alpha(\lambda, T)} \tag{3-4}$$

式中,$M'_{\lambda}(\lambda, T) = \dfrac{\mathrm{d}\Phi e}{\mathrm{d}\lambda \mathrm{d}A}$ 为辐射本领,它是辐射体表面在单位面积表面上单位波长间隔内所辐射的通量;$\alpha(\lambda, T)$ 为吸收率,是在波长 $\lambda \sim \lambda + \mathrm{d}\lambda$ 间隔内被物体吸收的通量 $\mathrm{d}\Phi'_e(\lambda)$ 与入射通量 $\mathrm{d}\Phi_e(\lambda)$ 之比,即 $\alpha(\lambda, T) = \dfrac{\mathrm{d}\Phi'_e(\lambda)}{\mathrm{d}\Phi_e(\lambda)}$,当 $\alpha(\lambda, T) = 1$ 时的物体称为绝对黑体。

黑体的温度决定了它的光辐射特性。对于一般的光源,它的某些特性常用黑体辐射特性近似地表示,其温度常用色温或相关色温表示。色温是辐射源发射光的颜色与黑体在某一温度下辐射光的颜色相同,则黑体的这一温度称为该辐射源的色温。由于一种颜色可以由多种光谱分布产生,所以色温相同的光源,它们的相对光谱功率分布不一定相同。

光源的颜色与发光波长有关,复色光源如太阳光、白炽灯、卤素灯、镝灯等发光一般为白色,其显色性较好,适合于辨色要求较高的场合,如彩色摄像、彩色印刷等。单色光源,如氦-氖激光为红色,氖灯与钠灯发光为黄色,汞光为紫色。光的颜色对人眼的工作效率有影响,绿色比较柔和而红色则使人容易疲劳。用颜色来进行测量也是一门专门的技术。

3.2 光电检测中常用光源及光源选用注意事项

3.2.1 常用的光源

1. 热辐射光源

物体的温度大于绝对零度时就会向外辐射能量,辐射以光子的形式进行,我们就会看到光。

2. 太阳光

阳光是复色光,是很好的平行光源。太阳光的照度值在不同光谱区所占百分比是不同的,紫外区约占 6.46%,可见光区占 46.25%,红外光区占 47.29%。

3. 白炽灯

白炽灯是灯泡中的钨丝被加热而发光,它发出连续光谱。发光特性稳定、简单、可靠,寿命比较长,得到广泛的应用。真空钨丝灯是将玻璃灯泡抽成真空,钨丝被加热到 2300~2800K 时发出复色光,发光效率约为 10lm/W。若灯泡内充氩、氮等惰性气体称为充气灯泡,当灯丝蒸发出来的钨原子与惰性气体原子相碰撞时,部分钨原子会返回灯丝表面而延长灯的寿命,工作温度提高到 2700~3000K,发光效率约为 17lm/W。

白炽灯的灯压决定了灯丝的长度,供电电流决定了灯丝的直径,100W 的钨灯发出的光通量大约为 200lm。白炽灯的供电电压对灯的参数(电流、功率、寿命和光通量)有很大的影响,其关系如下式所示:

$$\frac{V_0}{V} = \frac{I_0}{I} = \left(\frac{\eta_{V_0}}{\eta_V}\right)^{0.5} = \left(\frac{\Phi_{V_0}}{\Phi_V}\right)^{0.278} = \left(\frac{\tau}{\tau_0}\right) \tag{3-5}$$

式中,V_0、I_0、η_{V_0}、Φ_{V_0}、τ_0 分别为灯泡额定电压、电流、发光效率、光通量和寿命;V、I、η_V、Φ_V、τ 分别为使用值。

白炽灯泡的灯丝形状对发光强度的方向性有影响,普通照明常用 W 形灯丝,使其 360° 发光;而光栅的莫尔条纹测量则用直丝形状仪器灯泡,且灯丝长度方向应与光栅刻线方向一致。

➡ 3.2.2 气体放电光源

利用气体放电原理来发光的光源称为气体放电光源,如将氢、氦、氖、氙、氩或者金属蒸气(汞、钠、硫等)充入灯中,在电场作用下激励出电子和离子,当电子向阳极、离子向阴极运动时,由于其已经从电场中获得能量,当它们再与气体原子或分子碰撞时激励出新的原子和离子。如此碰撞不断进行,使一些原子跃迁到高能级,由于高能级的不稳定性,处于高能级的原子就会发出可见辐射(发光)而回到低能级,如此不断地进行,就实现了气体持续放电、发光。

气体放电电源的特点是:

(1) 发光效率高,比白炽灯高 2~10 倍,可节省能源。

(2) 结构紧凑,耐振,耐冲击。

(3) 寿命长,是白炽灯的 2~10 倍。

(4) 光色范围大,如普通高压汞灯发光波长为 400~500nm,低压汞灯则为紫外灯,钠灯呈黄色(589nm),氙灯近日色,而水银荧光灯为复色。

由于以上特点,气体放电光源经常被用于工程照明和光电测量之中。

➡ 3.2.3 半导体发光器件

在电场的作用下使半导体的电子与空穴复合而发光的器件称为半导体发光器件,又称为注入式场致发光光源,通常称为 LED。

1. 工作原理

由某些半导体材料做成的二极管,在未加电压时,由于半导体 P-N 结阻挡层的限制,使 P 区比较多的空穴与 N 区比较多的电子不能发生自然复合,而当给 P-N 结加正向电压时,N 区的电子越过 P-N 结而进入 P 区,并与 P 区的空穴相复合。由于高能电子与空穴复合将释放出一定能量,即场致激发使载流子由低能级跃迁到高能级,而高能级的电子不稳定总要回到稳定的低能级,这样当电子从高能级回到低能级时放出光子,即半导体发光。辐射的波长决定于半导体材料的禁带宽度 E_g,即

$$\lambda = \frac{1.24\text{eV}}{E_g}\mu\text{m} \tag{3-6}$$

不同材料的禁带宽度 E_g 不同,所以不同材料制成的发光二极管可发出不同波长的光。另外有些材料由于成分相掺杂不同,所以就有了各种各样的发光二极管。如图 3-4 所示。

常用发光二极管材料及性能如表 3-1 所列。

2. 主要参数和特性

半导体发光二极管既是半导体器件也是发光器件,因此其工作参数有电学参数和光学参数,如正向电流、正向电压、功耗、响应时间、反向电压、反向电流等电学参数;辐射波长、光谱特

性、发光亮度、光强分布等光学参数。这些参数可从光电器件手册中查到。

表 3-1 发光二极管性能

材　料	光色	峰值波长/nm	光谱光视效能/(lm·W^{-1})
$GaAs_{0.6}P_{0.4}$	红	650	70
$GaAs_{0.15}P_{0.85}$	黄	589	450
GaP:N	绿	565	610

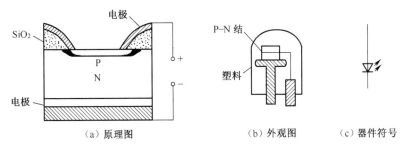

（a）原理图　　　　　（b）外观图　　　（c）器件符号

图 3-4 半导体发光二极管

了解半导体发光二极管的特性，对于正确使用它有重要意义。

1）伏安特性

LED 的伏安特性与普通半导体二极管相同，如图 3-5 所示。从特性曲线可以看出，正向电压较小时不发光，此区为正向死区，对于 GaAs 其开启电压约为 1V，对于 GaAsP 为 1.5V，对于 GaP（红）约 1.8V，GsP（绿）约 2V。ab 段为工作区即大量发光区，其正向电压一般为 1.5~3V。

加反向电压时不发光，这时的电流称为反向饱和电流，当反向电压加至击穿电压的时候，电流突然增加，称为反向击穿，反向击穿电压为 5~20V。

2）光谱特性

发光二极管发出的光不是纯单色光，其谱线宽度比激光宽，但比复色光源谱线窄。如 GaAs 发光二极管的谱线宽度约 25nm，因此可以认为是单色光。如图 3-6 所示为其光谱特性。GaP（红）的峰值波长在 70nm 左右，其半宽度约 100nm。若 P-N 结温度上升，则峰值波长向长波方向飘移，即具有正的温度系数。

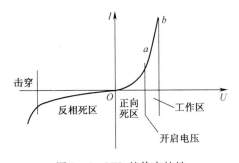

图 3-5 LED 的伏安特性

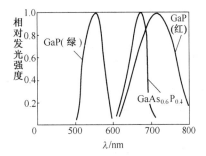

图 3-6 几种 LED 的光谱特性

3）发光亮度特性

发光二极管的发光亮度基本上正比于电流密度。如图 3-7 所示。是几种 LED 的出射度与电流密度的关系曲线。可以看出大多数 LED 的发光亮度与电流密度成正比，但随着电流密度的增加，发光亮度有趋于饱和的现象，因此采用脉冲驱动方式是有利的，它可以在平均电流与直流相等的情况下有更高的亮度。

4）温度特性

温度对 LED P－N 结的复合电流是有影响的，P－N 结温度升高到一定程度后，电流将变小，发光亮度也减弱。电流与温度的关系如图 3－8 所示。

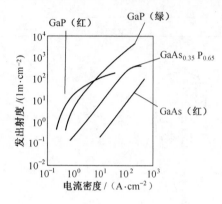
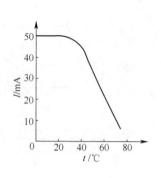

图 3－7　出射度与电流密度曲线　　　　图 3－8　发出电流与温度关系

5）辐射效率

令辐射功率为 ϕ_e，则可近似写成

$$\phi_e = IU_e \tag{3-7}$$

式中，I 为注入器件的总电流；U_e 为降在 P－N 结上的电压。由于热功率

$$P = I^2 R \tag{3-8}$$

式中，R 为材料和接触区的总电阻。

辐射效率

$$\eta_e = \frac{\phi_e}{P + \phi_e} = \frac{U_e}{IR + U_e} \tag{3-9}$$

发光二极管的辐射效率一般在百分之几到百分之十几，同样也受到环境温度的影响，且与工作电流的大小有一定关系。

3. LED 的驱动电路

发光二极管的驱动电路如图 3－9 所示。发光二极管可工作在直流状态、交流状态和脉冲状态。交变频率可达 1MHz。LED 的供电电路中一般要加限流电阻以限定其最大工作电流。

3.2.4　激光光源

激光技术兴起于 20 世纪 60 年代，激光（Laser）这个词是英语 Light Amplification by Stimulated Emission of Radiation 的字头缩写，意思是辐射的受激发射光放大。激光器作为一种新型光源，由于它突出的优点而被广泛地用于国防、科研、医疗及工业等许多领域。

下面介绍激光的基本特点，然后介绍激光的形成原理，最后介绍氦-氖激光器和半导体激光器。

1. 激光的特点

与普通光源相比，激光具有高亮度、方向性、单色性、相干性好等特点。

1）激光的方向性及高亮度

任何光源总是通过一个发光面向外发光。激光器的发光面和光发散角很小，如一般氦-氖

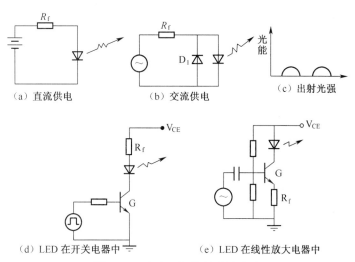

图 3-9 发光二极管的驱动电路

激光器发光面半径仅十分之几毫米,光发散角 $2\theta \approx 0.18°$。如图 3-10 所示为用立体角表示光发射的情况。

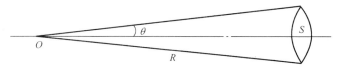

图 3-10 光锥光束

球面积 S 对球心 O 点所张开的立体角为 ω,等于这块面积 S 与球半径 R 的平方之比,即

$$\omega = \frac{S}{R^2} \qquad (3-10)$$

当 θ 角很小时,其立体角为

$$\omega = \frac{\pi(\theta R)^2}{R^2} = \pi\theta^2 \qquad (3-11)$$

当 $\theta = 10^{-3}$ rad 时, $\omega = 10^{-6}\pi$。这就说明,一般激光器只向着数量级约 10^{-6} 的立体角范围内输出激光光束,与普通光源朝着空间各个方向发光的情况很不相同。由此可见,激光的方向性比普通光源发出的光好得多。

由于激光在空间方向集中,即使与普通光源的辐射功率相差不多,亮度也比普通光源高很多倍。

再者,激光的发光时间可以很短,因此光功率可以很高。例如,红宝石激光器发一次激光的时间 Δt 约为 10^{-4} s,在 Δt 时间内输出辐射能为 1J,其能达到的功率为 10^4 W。进一步把一定的辐射能量压缩在更短的时间内突然发射出去,就会大大提高输出功率。目前已经能使激光器发出 Δt 为 10^{-13} s 数量级的超短脉冲,峰值功率超过 17×10^{12} W。至今还没有能与激光器相比拟的辐射亮度。总之,正是由于激光器输出的激光能量在空间和时间上的高度集中,才使得它具有其他光源所达不到的高亮度。

2)激光的单色性

同一种原子从一个高能级跃迁到一个低能级,总要发出一条频率为 ν 的光谱线。实际上光谱线的频率不是单一的,总有一定的频率宽度 $\Delta\nu$。

在图 3-11 中曲线 $f_{(\nu)}$ 表示一条光谱线内光的相对强度按频率 ν 分布的情况。$f_{(\nu)}$ 称为光谱线的线型函数。不同的光谱线可以有不同形式的 $f_{(\nu)}$。

令 ν_0 为 $f_{(\nu)}$ 的中心频率,当 $\nu = \nu_0$ 时,$f_{(\nu)}$ 为极大值,即 $f_{(\nu_0)} = f_{\max}(\nu)$;当 $f_{(\nu)} = (1/2) f_{\max}(\nu)$ 时,对应的两个频率 ν_2 和 ν_1 之差的绝对值作为光谱线的频率宽度 $\Delta\nu$,或称带宽。

$$\Delta\nu = |\nu_2 - \nu_1| \qquad (3-12)$$

与这个频率宽度相对应的波长宽度 $\Delta\lambda$,有

$$\frac{\Delta\lambda}{\lambda} = \frac{\Delta\nu}{\nu} \qquad (3-13)$$

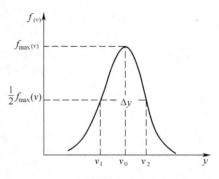

图 3-11　光谱线的线型函数

一般说来,$\Delta\lambda$ 和 $\Delta\nu$ 越小,光的单色性越好。例如,在普通光源中,同位素 86Kr 灯发出波长 $\lambda_0 = 6057\text{Å}(1\text{Å} = 10^{-10}\text{m})$ 的光谱线,在低温条件下,其宽度 $\Delta\lambda = 0.0047\text{Å}$。而单模稳频氦-氖激光器发出波长 $\lambda_0 = 6328\text{Å}$ 的激光,其 $\Delta\lambda = 10^{-7}\text{Å}$。可见激光具有很好的单色性,它是理想的单色光源。

3) 激光的相干性

普通光源所发出光子彼此是独立的,很难有稳定的相位差,因而难以获得好的相干光。激光发出的光子是相关的,可以在较长时间内具有恒定的相位差,因而具有很好的相干性。根据光学知识,相干时间为

$$t = \frac{L}{c} = \frac{\lambda^2}{c\Delta\lambda} \qquad (3-14)$$

式中,L 为相干长度,也是最大光程差。可见,由于激光具有良好的单色性,$\Delta\lambda$ 很小,所以相干长度 L 很大,相干时间 t 很长。说明激光既具有很好的时间相干性,又具有较高的空间相干性。氦-氖激光器的相干长度可达几十千米。

2. 激光器的组成

激光器要实现光的受激发射,必须具有激光工作物质、激励能源和光学谐振腔三大要素。

根据工作物质的不同,激光器分为固体激光器(工作物质为固体,如红宝石、钕钇铝石榴石、铁宝石等)、气体激光器(工作物质为氦-氖、CO_2、Ar^+ 等)和半导体激光器(工作物质为 GaAs、GaSe、CaS、PbS 等)。

激励系统有光激励、电激励、核激励和化学反应激励等。光学谐振腔用以提供光的反馈,以实现光的自激振荡,对弱光进行放大,并对振荡光束方向和频率进行限制,实现选频,保证光的单色性和方向性。

固体激光器一般用光泵激励形成受激辐射,辐射能量大,一般比气体激光器高出 3 个量级。激光输出的波长范围宽,从紫外到红外都得到了稳定的激光输出。可以输出脉冲光、重复脉冲光和连续光。常用于打孔、焊接、测距、雷达等。

气体激光器中的 CO_2 激光器输出功率大,能量转换效率高,输出波长为 $10.6\mu m$ 的红外光。因此它广泛用于激光加工、医疗、大气通信和军事上。在光电测量中应用最多的是氦-氖气体激光器,因为氦-氖激光器发出的激光单色性和方向性好。

半导体激光器体积小、效率高、寿命长、携带与使用方便,尤其是可以直接进行电流调制而获得高内调制输出,广泛用于光电测量、激光打印、光存储、光通信、光雷达等。

3. 氦-氖气体激光器及其使用要点

氦-氖气体激光器单色性好,方向性也很好,尤其是其输出功率和频率能控制得很稳定,因此在精密计量中是应用最广泛的一种激光器。它的典型结构如图 3-12 所示,放电管。L 的外壳由玻璃或金属制成,其中心是毛细管 T,它是放电的主要区域。放电管的阳极 A 一般由钨棒或钼筒制成,阴极 K 为一金属圆筒,在 A 与 K 之间加以上千伏小电流的高压,作为激励能源。放电管内充有按一定比例混合的 He 和 Ne 气体,作为激光的工作物质。两端的反射镜 M_1 和 M_2 与光轴垂直安放,构成谐振腔。氦-氖激光器以连续激励的方式工作,输出 632.8nm 和 1.5um、3.39um 三种波长的谱线。实践证明氦-氖激光器中所有激光谱线都是 Ne 原子产生的,而 He 原子起共振转移能量的作用,对激光器的输出功率影响很大。

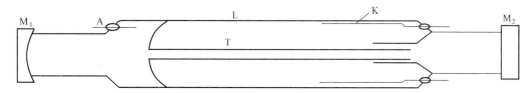

图 3-12　全内腔式氦-氖激光器结构

氦-氖气体激光器在不加稳频的情况下,激光输出稳定度($\Delta\lambda/\lambda$)约为 3×10^{-6},这对于精密测量是远远不够的,因而应采用稳频的方法来提高激光频率或波长的稳定度。

在选择和使用氦-氖激光器时应注意以下几点:

(1)要注意激光的模态。激光的模态分为纵模和横模。在用氦-氖激光器作光电测量的光源时,一般都选用单模激光。激光的模态记作 TEM_{mnq},其中 q 为纵模序数,m、n 为横模序数。对于单模激光,其模态为 TEM_{00}。激光的纵模是指在谐振腔内沿光轴方向形成谐振的振荡模式,这种振荡模式是由激光工作物质的光谱特性和谐振腔的频率特性共同决定的,反映激光的频率特性。谐振腔频率表达式为

$$\nu = \frac{c}{2nl}q \tag{3-15}$$

式中,c 为光速;n 为激光工作物质折射率;l 为谐振腔长;q 为正整数。

式(3-15)表明,只有谐振腔的光学长度等于半波长整数倍的那些光波才能形成稳定的振荡,因此激光器输出激光的频率有多个,即多个纵模。

为了获得单一的纵模输出,可通过选择谐振腔的腔长和在反射镜上镀选频波长的增强膜的方法来达到,单一纵模的激光工作稳定性较好。

激光的横模是反映激光光束横截面光强分布情况的。观察激光输出的光斑形状发现,光斑形状较为复杂,如图 3-13 所示,图(a)为一均匀的圆形光斑,图(b)在 X 方向有一个极小值记作 TEM_{10},图(c)在 X 方向有一个极小值而在 Y 方向有三个极小值记作 TEM_{13},图(d)在 X 方向和 Y 方向各有一个极小值,记作 TEM_{11}。在光电测量中选用的激光光斑形状应为一均匀的圆形光斑,即选 TEM_{00} 横模。

(2)功率。光电测量中所用的氦-氖激光光源功率一般在 0.3mW 至十几毫瓦之间。如果测量系统需要多次分光,为保证干涉场具有足够的照度和信噪比可用光功率略大些的激光器。

(3)稳功率和稳频。氦-氖激光器输出的功率变化比较大,当它用作非相干探测的光源时,由于光电器件直接检测入射于其光敏面上的平均光功率,这时光源的功率波动对测量影响很大。如果氦-氖激光器用作相干检测的光源时,光源的功率波动将直接影响干涉条纹的幅值

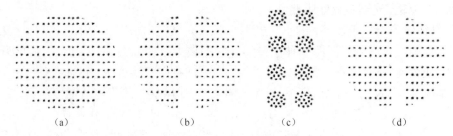

(a)　　　　　　　(b)　　　　　　　(c)　　　　　　　(d)

图 3-13　激光的横模

检测。因此在精度较高的光电测量中,应对氦-氖激光器稳功率。此外,在相干测量中光的波长是测量基准,因此要求波长很稳定,而波长 λ 与光频率 ν 的关系为

$$\lambda = \frac{c}{\nu} \tag{3-16}$$

因而有 $\Delta\lambda = -\dfrac{c}{\nu_2}\Delta\nu = -\lambda\,\dfrac{\Delta\nu}{\nu}$,此式可写成

$$\frac{\Delta\lambda}{\lambda} = -\frac{\Delta\nu}{\nu} \tag{3-17}$$

因此,稳波长实质就是稳光频,即要采用稳频技术。在购置和采用具有稳频功能的激光器时,应注意其稳频精度。还要说明的是,稳频对稳功率也有作用。

(4) 激光束的漂移。虽然氦-氖激光具有很好的方向性和单色性,但它也是有漂移的,尤其是用作精密尺寸测量和精密准直时。由于激光器的光学谐振腔受温度和振动的影响,使谐振腔腔长变化或使反射镜有倾角变化,从而造成输出激光束产生漂移,一般其角漂移达到 1′左右,而光束平行漂移大约十几微米。当这种漂移对精密测量有较大影响时,应设法补偿或减小漂移的影响。

4. 半导体激光器及其使用要点

半导体激光器简称 LD,它是用半导体材料(ZnS、GaAs、PbS、GaSe 等)制成的面结型二极管。半导体材料是 LD 的激活物质,在半导体的两个端面精细加工磨成解理面而构成谐振腔。

给半导体施以正向外加电场,从而产生电激励。在外部电场作用下,半导体的 P-N 结中 N 区多数载流子即电子向 P 区运动,而 P 区的多数载流子即空穴向 N 区运动。电子与空穴相遇产生复合,同时可将多余的能量以光的形式放出来,由于解理面谐振腔的共振放大作用实现受激反馈,实现定向发射而输出激光。图 3-14 为其工作原理图。

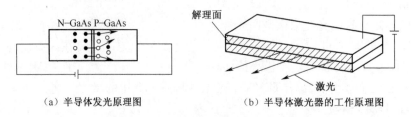

(a) 半导体发光原理图　　　　　　(b) 半导体激光器的工作原理图

图 3-14　半导体激光器的工作原理

半导体激光器输出功率为几毫瓦到数百毫瓦,在脉冲输出时可达数瓦。由于结构和温度场的影响,它的单色性比氦-氖激光差,大约大 10^4 倍,但比 LED 小 10^4 倍左右。输出的波长范围与工作物质材料有关,从紫外到红外均可发光。

在使用半导体激光器时,应注意以下几点:

（1）光束的平行性。LD 发出的光束不是高斯光束,光束截面近似矩形,发散角又较大,因此用 LD 作为平行光照明时应该用柱面镜将光束整形,再用准直镜准直。

（2）频率稳定性。前面已经提到 LD 光的单色性远逊于氦-氖激光,因而其相干性也较差,因此用 LD 作相干光源且测量距离又较大时,必须对 LD 稳频。

（3）调频。如果注入电流是按某一频率变化规律来变化,那么输出的激光将被调频。这种调频是在 LD 内部实现的,故称为内调制。由此原理制成的半导体激光器可用于外差测量。应注意的是,调频的同时伴随着 LD 输出功率的改变,因此应注意功率变化对测量的影响。

3.2.5 光源选用注意事项

光源选用注意事项:

光谱(波长)匹配,功率达到要求,频率和功率稳定性满足要求,响应时间达到要求,形状体积适合,发光面积和发光效率合适。

3.3 光源的照明方式

光源照明对光电检测系统的检测效果起着非常重要的作用,照明的种类繁多,用途也非常广泛。本节只介绍常用的照明方式。

1. 直接照明

直接照明按照明方法分为透射光亮视场照明、反射光亮视场照明、透射光暗视场照明和反射光暗视场照明,分别如图 3-15(a)、(b)、(c)、(d)所示,图中阴影部分为照明光场。按光源类型分为白炽灯照明、光纤照明和 LED 照明等。

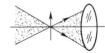 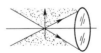

（a）投射光亮视场照明　（b）反射光亮视场照明　（c）透射光暗视场照明　（d）反射光暗视场照明

图 3-15　直接照明四种类型

1）透射光亮视场照明

照明光源和物镜在物的两侧,物平面上各部分的透射率不同而调制照明光。当物体为无缺陷的玻璃板时,得到均匀的亮视场。

2）反射光亮视场照明

照明光源和物镜在物的同侧,物平面上各部分的反射率不同而调制照明光。当物体为无缺陷的漫反射表面时,得到均匀的亮视场。

3）透射光暗视场照明

照明光源和物镜在物的两侧,倾斜入射的照明光束在物镜侧向通过,当物体为无缺陷的玻璃板时,无光线进入物镜成像,因此得到均匀的暗视场。物体有缺陷时,光束通过物体内部结构的衍射、折射和反射射向物镜而形成物体缺陷的像。

4）反射光暗视场照明

照明光源和物镜在物的同侧,从物镜旁侧入射到物体的照明光束经反射后在物镜侧向通过,当物体为无缺陷的反射镜面时,无光线进入物镜成像,得到均匀的暗视场。物体有缺陷时,光束通过衍射和反射射向物镜而形成物体的像。

2. 临界照明

如图 3-16 所示,光源发出的光通过聚光镜成像在物面上或其附近的照明方式称为临界照明。照明光源灯丝成像到物平面上,这种照明在视场范围内有最大的亮度,而且没有杂光。其缺点是光源亮度的不均匀性将直接反映在物面上。

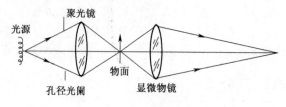

图 3-16　临界照明

3. 远心柯勒照明

如图 3-17 所示,集光镜将光源成像到聚光镜的前焦面上,孔径光阑位于聚光镜的物方焦面上,组成像方远心光路,视场光阑被聚光镜成像到物面上。该照明系统消除了临界照明中物平面照度不均匀的缺点。孔径光阑大小可调,经聚光镜成像于物镜的入瞳位置,满足光孔转接原则,又充分利用了光能。孔径光阑大小决定了照明系统的孔径角,也决定了分辨力和对比度,视场光阑控制照明视场的大小,避免杂光进入物镜。

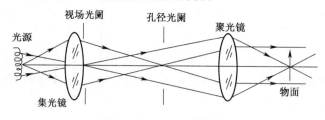

图 3-17　远心柯勒照明

4. 光纤照明

光纤照明因照明均匀、亮度高、光源热影响小而得到广泛应用。根据照明光线端部排列形式和光束出射方向,分为环形光纤照明和同轴光纤照明等。如图 3-18 所示是一环形光纤照明光源,光源发出的光经过聚光镜耦合进入光纤束,光纤束在另一端分束,形成一环形光纤排。光纤照明光能集中,能获得较均匀的高亮度照明区域。并且照明部分远离光源,解决了光源散热对被测物体的影响。

5. 同轴反射照明

如图 3-19 所示,光源发出的光经过物镜投射到物体上,物镜本身兼做聚光镜。物镜将物

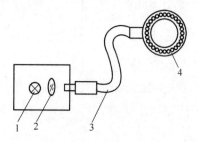

图 3-18　光纤照明

1—光源;2—聚光镜;3—光纤束;4—环形光纤排。

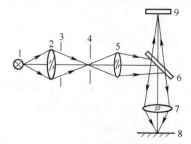

图 3-19　同轴照明

1—光源　2—集光镜;3—孔径光阑;4—视场光阑;
5—聚光镜;6—分光镜;7—物镜;8—物面;9—CCD 像面。

面成像到 CCD 光敏面上,这种照明系统可以检测反射镜面上的缺陷。如果被测表面是镜面,则镜面的反射光线全部进入物镜成像,因此整个图像都是白色。当镜面上有腐蚀斑点或者污渍时,所产生的漫反射光线进入物镜的甚少,因此图像上将产生黑色点。

 习题

3－1　简要说明光辐射产生的条件。自发辐射与受激辐射的过程有什么不同?

3－2　为什么发光二极管的 P－N 结要加正向电压才能发光? 正向电压大小的选择应考虑哪些因素?

3－3　说明激光器产生激光的纵模和横模的物理意义。

3－4　简述常用光源种类及其选用注意事项。

第4章

光电检测器和检测电路

    光电检测器是利用物质的光电效应把光信号转换成电信号的器件。它的性能对光电系统的性能影响很大。它在军事上、空间技术和其他的科学技术以及工农业生产上得到广泛应用。根据光电检测器件对辐射的作用方式的不同,可分为光子检测器件和热电检测器件两大类。

    热电检测器目前常用的有:热电检测器、热敏电阻、热电偶和热电堆等。它们的特点是响应波长无选择性,响应慢,吸收辐射产生信号需要的时间长,一般在几毫秒以上。

    光电检测器应用广泛,通常所说的光电检测器件指的就是硅光子检测器件。这种器件可分两大类:基于外光电效应的检测器,如光电管和光电倍增管;内光电效应的光电检测器,如光导型和光伏型检测器。它们的特点是响应波长有选择性,响应快,一般为纳秒到几百微秒。图4-1所示为光电检测器的分类图。

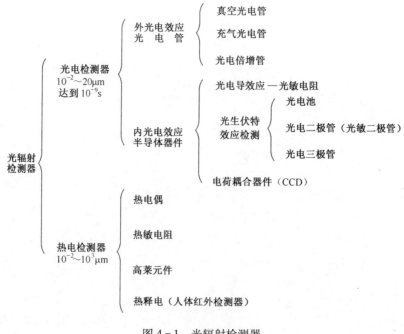

图 4-1　光辐射检测器

4.1　光电检测器原理、特性和噪声

4.1.1　光电检测器原理

光电检测器利用材料的光电效应制成,光辐射下,电子逸出材料表面产生光电子发射称为外光电效应,或者称为光电子发射效应。电子并不逸出材料表面的为内光电效应,包括光电导效应、光生伏特效应及光磁电效应。

1. 光电子发射效应(外光电效应)

根据光的量子理论,频率为 ν 的光照到材料表面时,进入固体的光能总是以整个光子的能量 $h\times\nu$ 起作用。固体中的电子吸收了能量后将增加动能。其中向表面运动的电子,如果吸收的光能满足途中由于与晶格或其他电子碰撞而损失的能量外,尚有一定能量足以克服材料表面的势垒(或叫逸出功),那么这些电子可以穿出材料表面,这些逸出表面的电子又称光电子。这种现象叫光电子发射或外光电效应。

逸出表面的光电子最大可能的动能由爱因斯坦方程描述:

$$E_k = h\times\nu - \omega$$

式中,E_k 是光电子的动能,$E_k = \frac{1}{2}m\nu^2$,其中 m 是光电子质量;ν 是光电子离开材料表面的速度;ω 是光电子发射材料的逸出功,表示产生一个光电子必须克服材料表面对其束缚的能量。

光电子的动能与照射光的强度无关,仅随入射光的频率增加而增加。

2. 光电导效应

若光照射到某些半导体材料上时,透射到材料内部的光子能量足够大,某些电子吸收光子的能量,从原来的束缚态变成导电的自由态,这时在外电场的作用下,流过半导体的电流会增大,即半导体的电导增大,这种现象叫光电导效应。它是一种内光电效应。光电导效应可分为本征型和杂质型两类。

3. 光生伏特效应

如图 4-2(a)所示,在无光照时,P-N 结内存在的电子和空穴具有从高浓度到低浓度扩散的作用,形成内部自建电场 E,当光照射在 P-N 结及其附近时,在能量足够大的光子作用下,在结区及其附近就产生少数载流子(电子和空穴对),载流子在电场 E 的作用,电子漂移到 N 区,空穴漂移到 P 区。结果使 N 区带负电荷,P 区带正电荷,产生附加电动势,此电动势称为光生电动势,此现象称为光生伏特效应。

4. 光磁电效应

半导体置于磁场中,光垂直照射其表面,当光子能量足够大时,在表面层内激发出光生载流子,在表面层和体内形成载流子浓度梯度,于是光生载流子就向体内扩散,在扩散的过程中,由于磁场产生的洛伦兹力的作用,电子空穴对(载流子)偏向两端,产生电荷积累,形成电位差,这就是光磁电效应,如图 4-2(b)所示。

由于各种光电检测器的工作原理及结构各不相同,因此需用多个参数来说明其特性。下面讨论这些器件共有的常用参数,以便于更好地选择和使用。

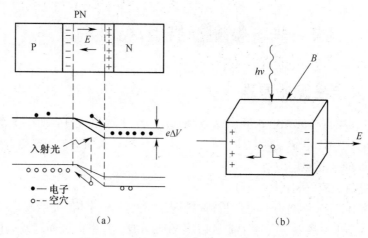

图 4-2　光生电动势和光磁电效应示意图

🔸 4.1.2　有关响应方面的特性参数

光电检测器的特性参数是在特定的工作条件下测得,如辐射光源光谱分布、环境温度、电路的通频带宽、光敏面尺寸、偏置电压等。

一般的特性参数包括量子效率、响应率、光谱响应、响应时间和响应频率、噪声来源、信噪比和线性度等。

1. 响应度 (或称为灵敏度)

响应度是光电检测器输出信号与输入辐射功率之间关系的度量,描述的是光电检测器的光电转换效能。定义为光电检测器输出电压 V_o 或输出电流 I_o 与入射光功率 P(或通量 Φ)之比,即

$$\begin{cases} S_V = \dfrac{V_o}{P_i} \\[2mm] S_I = \dfrac{I_o}{P_i} \end{cases} \tag{4-1}$$

式中,S_V 和 S_I 分别称为电压响应度和电流响应度。

由于光电检测器的响应度随入射光的波长而变化,因此又有光谱响应度和积分响应度。

2. 光谱响应度

光谱响应度 $S(\lambda)$ 是光电检测器的输出电压或输出电流与入射到检测器上的单色辐射通量(光通量)之比,即

$$\begin{cases} S(\lambda) = \dfrac{V_o}{\Phi(\lambda)} \quad (V/W) \\[2mm] S(\lambda) = \dfrac{I_o}{\Phi(\lambda)} \quad (A/W) \end{cases} \tag{4-2}$$

式中,$\Phi(\lambda)$ 为入射的单色辐射通量或光通量,它的值越大意味着检测器越灵敏。如果 $\Phi(\lambda)$ 为光通量,则 $S(\lambda)$ 的单位为 V/lm。

3. 积分响应度

积分响应度表示检测器对连续辐射通量的反应程度。对包含有各种波长的辐射光源,总光通量为

$$\Phi = \int_0^\infty \Phi(\lambda) \, d\lambda \qquad\qquad (4-3)$$

光电检测器输出的电流或电压与入射总光通量之比称为积分响应度。由于光电检测器输出的光电流是由不同波长的光辐射引起的,所以输出光电流应为

$$I_0 = \int_{\lambda_1}^{\lambda_0} d\lambda = \int_{\lambda_1}^{\lambda_0} S_\lambda \Phi_\lambda \, d\lambda \qquad\qquad (4-4)$$

由上面两式可得积分响应度为

$$S = \frac{\int_{\lambda_1}^{\lambda_0} S_\lambda \Phi_\lambda \, d\lambda}{\int_0^\infty \Phi_\lambda \, d\lambda} \qquad\qquad (4-5)$$

式中,λ_0、λ_1 分别为光电检测器的长波和短波。由于采用不同的辐射源,甚至具有不同色温的同一辐射源发生的光谱通量分布也不相同,因此提供数据时应指明采用的辐射源及其色温。

4. 响应时间

响应时间是描述光电检测器对入射辐射响应快慢的一个参数。即当入射光辐射到光电检测器后或入射辐射遮断后,光电检测器的输出上升到稳定值 0.63 倍所需时间称为响应时间。为衡量其长短,常用时间常数 τ 来表示。当用一个辐射脉冲照射光电检测器时,如果这个脉冲的上升和下降时间很短,由于器件的惰性,则光电检测器的输出有延迟,把从 10% 上升到 90% 处所需的时间称为检测器的上升时间,而把从 90% 下降到 10% 处所需的时间称为下降时间。如图 4-3(a)所示。

5. 频率响应

由于光电检测器信号的产生和消失存在着一个滞后过程,所以入射光调制频率对光电检测器的响应有较大影响。光电检测器响应度随入射调制频率而变化的特性称为频率响应,利用时间常数可以得到光电检测器响应度和入射调制频率的关系,其表达式为

$$S(f) = \frac{S_0}{[1 + (2\pi f \tau)^2]^{1/2}} \qquad\qquad (4-6)$$

式中,$S(f)$ 为频率 f 时的响应度;S_0 为频率为零时的响应度;τ 为时间常数。当 $S(f)/S_0 = 0.707$ 时,可以得到放大器的上限截止频率(图 4-3(b)):

$$f = \frac{1}{2\pi\tau} = \frac{1}{2\pi RC} \qquad\qquad (4-7)$$

显然,时间常数决定了光电检测器频率响应的带宽。

实际上,频率响应和响应时间是从频域与时域两方面描述检测器的时间特性。

4.1.3 有关噪声方面的参数

从响应度的定义来看,似乎只要有光辐射存在,不管它的功率如何小,都可检测出来,但事实并非如此。当入射辐射功率很低时,输出只是些杂乱无章的信号,而无法肯定是否有辐射入射在检测器上。这并不是因检测器不好引起的,而是它所固有的"噪声"引起的。对这些噪声按时间取平均值,平均值等于零,但这些值的均方根不等于零,这个均方根称为检测器的噪声电压或者噪声电流。

1. 光电检测器件的噪声

下面主要介绍器件的内部噪声,即基本物理过程所决定的噪声。

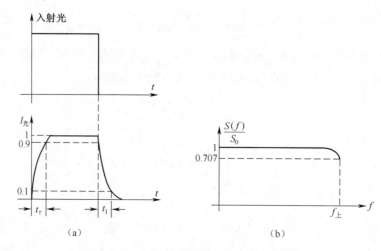

图 4 - 3　上升时间、下降时间和频率响应图

1）热噪声

即载流子无规则的热运动造成的噪声。当温度高于绝对零度时，导体或半导体中每一电子都携带着 1.59×10^{-19} C 的电量随机运动（相当于微电脉冲），尽管其平均值为零，但瞬时电流扰动在导体两端会产生一个均方根电压，称为热噪声电压。其均方值为

$$\overline{U^2_{NT}} = 4kTR \cdot \Delta f \tag{4-8}$$

用噪声电流表示为

$$\overline{I^2_{NT}} = 4kT \cdot \Delta f / R \tag{4-9}$$

式中，R 是导体阻抗的实部；k 是玻尔兹曼常数；T 是导体的绝对温度；Δf 是测量系统的噪声带宽。

上式说明，热噪声存在于任何电阻中，热噪声和温度成正比，与频率无关，说明噪声是各种频率分量组成，就像白光是由各种波长的光组成一样，所以热噪声可称为白噪声。

2）散粒噪声

散粒噪声又称散弹噪声，即穿越势垒的载流子的随机涨落所造成的噪声。在每个时间间隔内，穿过势垒区的载流子数或从阴极到阳极的电子数都围绕一平均值上下起伏。理论证明，这种起伏引起的均方噪声电流为

$$\overline{I^2_{\mathrm{NSh}}} = 2 q I_{\mathrm{DC}} \cdot \Delta f \tag{4-10}$$

式中，I_{DC} 是流过器件的电流直流分量；q 为电子电荷。

显然，散粒噪声也是白噪声。

3）产生-复合噪声

载流子的产生率与复合率在某个时间间隔也会平均上下起伏。这种起伏导致载流子浓度的起伏，从而也产生均方噪声电流。其表达式为

$$\overline{I^2_{\mathrm{Ngr}}} = \frac{4qI(\tau / t_{漂}) \cdot \Delta f}{1 + 4\pi^2 f^2 \tau^2} \tag{4-11}$$

式中，I 是流过器件的平均电流；τ 为载流子平均寿命；$t_{漂}$ 为载流子在器件两电极间的平均漂移时间；f 为频率。

这种噪声不是白噪声。

4）闪烁噪声

这种噪声是由于光敏层的微粒不均匀或不必要的微量杂质的存在，当电流流过时在微粒

间发生微火花放电而引起的微电爆脉冲。其经验公式为

$$\begin{cases} \overline{U}_{\mathrm{Nf}}^2 = \dfrac{K_f \cdot I^\alpha \cdot R^\gamma \cdot \Delta f}{f^\beta} \\[2mm] \overline{I}_{\mathrm{Nf}}^2 = \dfrac{K_f \cdot I^\alpha \cdot \Delta f}{f^\beta} \end{cases} \tag{4-12}$$

式中，K_f 为与元件制作工艺、材料尺寸、表面状态等有关的比例系数；α 为与流过元件电流有关，通常 $\alpha = 2$；β 与元件材料性质有关，其值在 $0.8 \sim 1.3$ 之间，大部分材料 $\beta = 1$；γ 与元件阻值有关，一般在 $1.4 \sim 1.7$ 之间。

当其他参数不变时，I_{Nf} 与 $1/f$ 成比例，所以称为 $1/f$ 噪声。显然，频率越低，噪声越大，故也称低频噪声。这种噪声不是白噪声，而属于"红"噪声，相当于白光的红色部分。

2. 衡量噪声的参数

1）信噪比（SNR）

信噪比是判定噪声大小通常使用的参数。它是在负载电阻 R_{L} 上产生的信号功率与噪声功率之比，即

$$\mathrm{SNR} = \frac{P_{\mathrm{S}}}{P_{\mathrm{N}}} = \frac{I_{\mathrm{S}}^2 R_{\mathrm{L}}}{I_{\mathrm{N}}^2 R_{\mathrm{L}}} = \frac{I_{\mathrm{S}}^2}{I_{\mathrm{N}}^2} \tag{4-13}$$

若用分贝表示，则为

$$(\mathrm{SNR})_{\mathrm{dB}} = 10\lg \frac{I_{\mathrm{S}}^2}{I_{\mathrm{N}}^2} = 20\lg \frac{I_{\mathrm{S}}}{I_{\mathrm{N}}} \tag{4-14}$$

利用 SNR 评价两种光电器件性能时，必须在信号辐射功率相同的情况下才能比较。但对单个光电器件，其 SNR 的大小与入射信号辐射功率及接收面积有关。如果入射辐射强，接收面积大，SNR 就大，但性能不一定就好。因此，用 SNR 评价器件有一定的局限性。

2）等效噪声输入（ENI）

ENI 定义为器件在特定带宽内（1Hz）产生的均方根信号电流恰好等于均方根噪声电流值时的输入通量。此时，其他参数，如频率、温度等都应加以规定，这个参数是在确定光电检测器件的检测极限时使用的。

3）噪声等效功率（NEP）

NEP 又称最小可探测功率 $P_{\min}$。它定义为信号功率与噪声功率之比为 1 时，入射到检测器件上的辐射通量。即

$$\mathrm{NEP} = \frac{\Phi_{\mathrm{e}}}{\mathrm{SNR}} \tag{4-15}$$

NEP 在 ENI 单位为瓦时等效，一般一个好的检测器的 NEP 约为 $10^{-11}\,\mathrm{W}$。显然，NEP 越小，噪声越小，器件性能越好。

4）探测率 D 与归一化探测率 D^*

探测率 D 定义为噪声等效功率的倒数。即

$$D = \frac{1}{\mathrm{NEP}} \tag{4-16}$$

显然 D 越大越好，为了在不同的光敏面积的检测器上进行比较，把探测率归一化为 D^*：

$$D^* = \frac{\sqrt{A \cdot \Delta f}}{\mathrm{NEP}} = D\sqrt{A \cdot \Delta f} \tag{4-17}$$

式中，A 为光敏面积；Δf 为测量带宽。

5）暗电流 I_d

即光电检测器件在没有输入信号和背景辐射时所流过的电流。一般测量其直流值或平均值。

4.1.4 其他参数

1. 量子效率 $\eta(\lambda)$

量子效率是评价光电器件性能的一个重要参数，它是在某一特定波长上每秒钟内产生的光电子数与入射光量子数之比。单个光量子的能量为 $hv = hc/\lambda$，单位波长的辐射通量为 $\Phi_{e\lambda}$，波长增量 $d\lambda$ 内的辐射通量为 $\Phi_{e\lambda}d\lambda$，所以在此窄带内的辐射通量，换算成量子流速率 N 为

$$N = \frac{\Phi_{e\lambda}d\lambda}{hv} = \frac{\lambda\Phi_{e\lambda}d\lambda}{hc} \qquad (4-18)$$

量子流速率 N 即为每秒入射的光量子数。而每秒产生的光电子数为

$$\frac{I_S}{q} = \frac{S(\lambda)\Phi_{e\lambda}d\lambda}{q} \qquad (4-19)$$

式中，I_S 为信号电流，q 为电子电荷。因此量子效率 $\eta(\lambda)$ 为

$$\eta(\lambda) = \frac{I_S/q}{N} = \frac{S(\lambda)hc}{q\lambda} \qquad (4-20)$$

若 $\eta(\lambda) = 1$，则入射一个光量子就能发射一个电子或产生一对电子空穴对，实际上 $\eta(\lambda) < 1$。一般 $\eta(\lambda)$ 反映的是入射辐射与最初的光敏元的相互作用。对于有增益的光电器件（如光电倍增管等），$\eta(\lambda)$ 会远大于 1，此时我们一般使用增益或放大倍数。

2. 线性度

线性度是描述检测器的光电特性或光照特性曲线输出信号与输入信号保持线性关系的程度。即在规定的范围内，检测器的输出电量精确地正比于输入光量的性能。在这规定的范围内检测器的响应度是常数，这一规定的范围称为线性区。

光电检测器线性区的大小与检测器后的电子线路有很大关系。因此要获得所要的线性区，必须有相应的电子线路。线性区的下限一般由器件的暗电流和噪声因素决定，上限由饱和效应或过载决定。

光电检测器的线性区还随偏置、辐射调制及调制频率等条件的变化而变化。线性度是辐射功率的复杂函数，指器件中的实际响应曲线接近拟合直线的程度。

$$\delta = \frac{\Delta_{max}}{I_2 - I_1} \qquad (4-21)$$

式中，Δ_{max} 为实际响应曲线与拟合直线之间的最大偏差；I_2、I_1 分别为线性区中的最小和最大响应值。

3. 工作温度

光电检测器工作温度不同时，性能有变化，例如像 HgCdTe 检测器一类的器件在低温（77K）工作时，有较高的信噪比，而锗掺铜光电导器件在 4K 左右时，能有较高的信噪比，但如果工作温度升高，它们的性能逐渐变差，以致无法使用。例如 InSb 器件，工作温度在 300K 时，长波限为 $7.5\mu m$，峰值波长为 $6\mu m$，D_λ^* 为 $1.9 \times 10^8 cmHz^{1/2}W^{-1}$。而工作温度变化 77K 时，长波限为 $4.5\mu m$，峰值波长为 $5\mu m$，D_λ^* 为 $4.3 \times 10^{10} cmHz^{1/2}W^{-1}$，变化很明显。对于热检测器，由

于环境测试变化会使响应度和 D_λ^* 以及噪声发生变化。所以,工作温度就是指光电检测器最佳工作状态时的温度,它是光电检测器的重要性能参数之一。

4.2　基于光电子发射的光电检测器

光电管与光电倍增管是典型的光电子发射型检测器件。其主要特点是灵敏度高,稳定性好,响应速度快和噪声小。它们都由光电阴极、阳极和真空管壳组成,是一种电流放大器件。尤其是光电倍增管具有很高的电流增益,特别适用于微弱光信号的探测。它的缺点是结构复杂,工作电压高,体积较大。一系列型号的光电管和光电倍增管,覆盖了从近紫外光到近红外光的整个光谱区。

4.2.1　光电管

光电管分为真空光电管和充气光电管两大类。管内保持真空,只存在电子运动的,为真空光电管。管内充有低压惰性气体,工作时电子碰撞气体,利用气体电离放电获得光电流放大作用,这种光电管叫充气光电管或离子光电管。

4.2.1.1　真空光电管

1. 工作原理与结构

真空光电管的工作原理是当入射光线透过光窗照射到电阴极面上时,光电子从阴极发射到真空中,在极间电场作用下,光电子加速运动到阳极被阳极吸收,光电流数值可在阳极的电路中测出。光电流的大小主要取决于光阴极的灵敏度与受照光强等因素。

光电管的结构按其内装阴极和阳极的位置及形状可分为中心阴极型、中心阳极型、半圆柱面阴极型、平行平板电极型、半圆柱面阴极型等。图 4-4 给出了几种真空光电管的结构示意图。实际使用的光电管,要求阴极 K 与入射窗的面积足够大,使受照光通量增大,以提高灵敏度,所以常用的多为图中(a)、(c)形式,阴极做成半球形、半圆柱形。阳极 A 处于阴极所在的玻壳中间,做成小球形或小环形,它不仅对任何方向都灵敏,而且对阴极的挡光作用也小,几乎不妨碍阴极受光。其优点是受光面积大,对聚焦光斑的大小要求不严格,在大面积受光场合,由于光电子路程相同,极间渡越时间较一致,极间电容小,高频特性好。缺点是由于阳极小使得收集光电子效率低,玻壳内壁的光窗部位往往沉积有电荷,这些沉积电荷会影响光电管的稳定性。为了克服这个缺点,在制造阴极前,在整个玻壳内壁预先涂敷半透明的金属层或氧化锡层,使几乎整个球面域圆柱面都保持阴极的电位,从而改善光电管工作稳定性和接收特性。另外把阳极做成网状,也可减少玻壳内的电荷场的影响,提高工作稳定性。

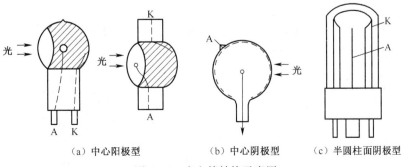

　　(a) 中心阳极型　　　　　(b) 中心阴极型　　　(c) 半圆柱面阴极型

图 4-4　光电管结构示意图

中心阴极型光电管如图 4-4(b)所示,球面波壳内表敷有透明导电膜作阳极,在球心有一小球作阴极,这种形式受光面小,一般很少采用。平行平板电极型,顾名思义其阴极、阳极为两相互平行的平板,因而极间电场分布均匀,光电子在奔赴阳极时的轨迹是平行的。这种管子能承受较大工作电流,光电线性度好。

2. 主要特性

1) 灵敏度

灵敏度是指在一定光谱和阳极电压下,光电管阳极电流与阴极面上光通量之比,以 A/lm 或 μA/lm 表示。它反映了光电管的光照特性。当光照较弱时,灵敏度比较稳定,即光照与阳极电流有线性关系。但当强光照射时,往往会发生灵敏度下降。这主要是因为阴极发射过程光电"疲乏",层内补充电子有困难,且电流大时,层内产生较大的电压降,影响阳极对饱和光电流的接收。光照越强,光电转换的灵敏度越低。

光电管用于检测时,检测光强上限受其灵敏度的限制,检测弱光时则受到其暗电流所引起的噪声所限制。

2) 伏安特性

一定光照条件下,阳极电流会随其电压增加而增加,当电压增至一定值时(40~100V),正常的光电管,不论其结构如何,阳极电流总会出现饱和现象。实践证明,不同电极结构有不同的饱和电压,在极间距相同情况下,中心阳极型比平板阳极型光电流容易饱和,饱和电压低。同一光电管,光通量不同,由于空间电荷的影响,饱和电压随入射光通量的增加而增大,如图 4-5(a)所示。另外即使光通量相同,饱和电压还受入射波长的影响,它们的关系如图 4-5(b) 所示。

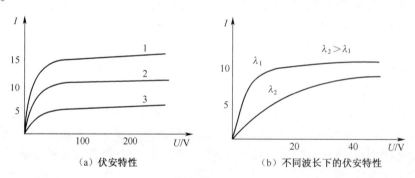

(a) 伏安特性　　　　　　　(b) 不同波长下的伏安特性

图 4-5　伏安特性

1—0.15lm;2—0.1lm;3—0.05lm。

3) 光谱响应

各种真空光电管的光谱响应不同,光谱响应曲线如图 4-6 所示。影响光谱特性的主要因素是光阴极的结构、材料、厚度及光窗材料等。

4) 暗电流

由于阴极的热发射和阳极与阴极间的漏电流,这些不受光照而形成的暗电流存在对光电检测非常不利,尤其在低照度下,暗电流大小和噪声决定了测量光通量的低限,并影响对弱光的测量精度。锑铯阴极在室温下热发射小,其光电管暗电流较其他阴极材料光电管要小。

光电管的性能稳定性受时间和温度的影响较大,使用时应加以考虑。表 4-1 列出光电管的主要性能可供参阅。

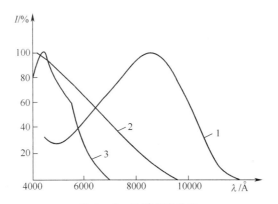

图 4-6　光谱响应曲线

1—银氧铯阴极；2—锑钾的铯阴极；3—锑铯阴极。

表 4-1　光电管的主要性能

型号	直径/mm	进光方式	光电阴极			灵敏度/(μA/lm)	工作电压/V	暗电流/nA	备　注
			有效尺寸/mm²	材料	光谱范围/nm				
GB-5	38	侧窗	22×30	KCsSb	170~1670	80	30	0.05	石英外壳
GD-6	42		22×30	AgOCs	300~1200	25	30	0.08	
4985	19		22×11	CsSb	300~650	100	90	50	充气管
1989	30		22×30	NaKCsSb	190~850	180	40	0.1	
1989A	30		20×30	NaKCsSb	300~850	180	40	0.1	取代 GD-7
GD-22	14		8×20	NaKCsSb	190~850	120	30	0.1	
1992	30		15×20	KCsSb	190~850	50	40	0.1	
1960A	20	端窗	φ14	CsSb	300~650	50	50	0.01	
1960B	20		φ14	NaKCsSb	300~850	120	50	0.01	
1944A	30		φ23	CsSb	300~650	50	50	0.01	
1944B	30		φ23	NaKCsSb	300~850	150	50	0.02	

4.2.1.2　充气光电管

1. 工作原理与结构

在光电管中充进低压惰性气体,在光照下光电阴极发射出的光电子受电场作用加速向阴极运动,途中与气体原子碰撞,气体原子发生电离而形成电子与正离子。电离出来的电子在电场的作用下与光电子一起再次使气体原子电离。如此循环下去,使充气光电管的有效电流增加,同时正离子也在同一电场作用下向阴极运动,构成离子电流,其数值与电子电流相当。因此,在阳极电路内就形成了数倍于真空光电管的光电流。

充气光电管常用的电极结构有中心阳极型、半圆柱阴极型和平板电极三种。前两种阴极受光面积较大,发射的电流密度可以较小。第三种电场均匀性较好。在多数管壳内都充单纯的氩气,有些则充氩和氖的混合气体。所充惰气压力一般在零点几到几毫巴范围内。之所以充惰性气体,是因为它们有良好的化学稳定性,不会与阴极发生化学作用,不会被阴极吸收,不至于改变阴极的物理性能。

充气光电管的放大作用表现在与真空光电管相比较上,如果阴极光发射电流为 I_k,真空光电管的阳极电流则与它相当(因阳极收集光电子效率及管壁沉积电荷等,一般阳极电流小于光发射电流);充气光电管的阳极电流 I_A,则因气体电离结果使其大大增加。气体的放大总倍数为 M,则

$$M = \frac{I_A}{I_k} \tag{4-22}$$

2. 主要性能

1)灵敏度与光电特性

由于充气光电管内有低压惰性气体,所以阳极电流不仅取决于光照后阴极发射的光电子,还取决于气体电离的电子和离子。只有在一定条件下,一定光强范围内,阳极电流与光照之间才有线性关系,灵敏度稳定。若管子工作接近辉光放电区,光电线性关系变差。光电特性受阳极电压、管内气体及其压力、负载电阻等因素的影响。充气光电管与真空光电管相比,最突出的优点就是有气体放大作用,灵敏度高(一般高 5~10 倍)。

2)伏安特性

如图 4-7 所示,充气光电管没有饱和现象。但当阳极电压很低时,管内气体没有电离作用,阳极电流很小,随着阳极电压升高,管内气体开始电离,阳极电流迅速增大。对于不同的结构,不同充气压强,其伏安特性也不相同。

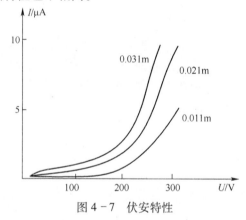

图 4-7 伏安特性

3)暗电流与噪声

充气光电管暗电流的噪声比真空光电管的大得多。暗电流主要由极间漏电流和阴极热发射引起。由于热发射电流也参与气体的电离放大作用,所以它形成了较大的热发射噪声。此外还有气体电离过程本身存在一定的起伏而产生噪声,以及组成阳极电流的正粒子的散粒噪声等。除上述之外,因气体正离子质量远大于电子,它的极间渡越时间长,频率响应特性比真空管差得多。这些缺点使充气光电管的应用受到限制。其有用之处是它的高灵敏度且在结构上比较简单(与光电倍增管比)。

4.2.2 光电倍增管

光电倍增管是典型的光电子发射型检测器,其主要的特点是灵敏度高、稳定性好、响应速度快和噪声小,但结构复杂、工作电压高、体积大。它是电流放大型元件,具有较高的电流增益,特别适用于微弱光信号的探测。

1. 基本工作原理

光电倍增管(PMT)是由光电阴极、倍增极、阳极和真空管壳组成,如图 4-8 所示。图中 K

是光电阴极;D 是倍增极;A 是阳极;U_i 是极间电压,称为分级电压,分级电压为百伏量级;分级电压之和为总电压,总电压为千伏量级。从阴极到阳极,各极间形成逐级递增的加速电场。

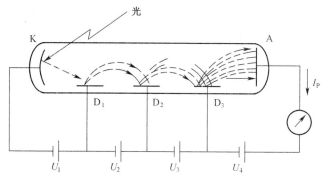

图 4-8　光电倍增管示意图

光照射在光电阴极上,从光阴极激发出的光电子,在电场 U_i 的加速作用下,打在第一个倍增极 D_1 上,由于光电子能量很大,它打在倍增极上时就又激发出数个二次光电子;在电场 U_i 的作用下,二次光电子又打在第二个倍增极 D_2 上,又引起一次二次电子发射;如此继续下去,电子流迅速倍增,最后被阳极 A 收集。收集的阳极电子流比阴极的电子流一般大 $10^2 \sim 10^5$ 倍。这就是光电倍增管的工作原理。

2. 光电倍增管的倍增极

光电倍增管内电子的倍增主要靠选择良好的倍增极材料。一般具有良好光电子发射能力的光阴极材料也具有良好的二次电子倍增能力。但对倍增极材料要求具有耐撞击、稳定性好、使用温度高等特点。

现用的倍增极材料有锑化铯(Cs_2Sb),它具有高的倍增系数,但使用温度不超过 60℃,因此,在倍增电流较大时,倍增系数显著下降,甚至无倍增作用。银镁合金 $AgMgO[C_S]$ 的倍增系数较高,稳定性较好,可用于电流较大的倍增管中,使用温度可高达 150℃。此外,还有铜铍合金以及负电子亲合力(NEA)倍增材料等。其中 NEA 倍增材料,如 $CaA_S[C_S]$ 和磷化镓 $CaP[C_S]$ 材料的倍增系数可达 20~50 倍之多。这样可以减少光电倍增管的倍增极数,从而提高了光电倍增管的频率响应和降低散粒噪声。

倍增极的结构对光电倍增管的倍增系数和时间响应有一定影响,通用的结构有百叶窗式、盒网式、聚焦式和圆形鼠笼式等。

3. 光电倍增管的主要特性参数

1) 灵敏度

灵敏度是衡量光电倍增管的一个重要参数。光电倍增管的灵敏度一般分为阴极灵敏度和阳极灵敏度,有时还需标出阴极的蓝光或红外灵敏度。红光灵敏度往往采用红光灵敏度与白光灵敏度之比来表示。实际使用时,更希望知道光电倍增管的阳极灵敏度,它是指光电倍增管在一定的工作电压下,阳极输出电流与照在阴极面上的光通量的比值,因此它是一个表征倍增量以后的整管参数。如国产 GBD23T 型光电倍增管的阴极灵敏度典型值为 $50\mu A/lm$,阳极灵敏度为 $200A/lm$。

2) 放大倍数(电流增益)

在一定的工作电压下,光电倍增管的阳极信号电流和阴极信号电流之比称为管子的放大倍数或电流增益 G,可用下式表示:

$$G = i_A / i_K \qquad (4-23)$$

式中，i_A 是阳极信号电流；i_K 是阴极信号电流。

放大倍数也可以按一定工作电压下阳极灵敏度和阴极灵敏度的比值来确定。电流增益表征了光电倍增管的内增益特性。显然，它与倍增极的级数 n、第一倍增极对阴极光电子的收集效率 η_1、倍增极之间的电子传递效率 η_2，以及倍增极的二次发射系数 σ 有关。因此电流增益的表达式应为

$$G = \eta_1 (\eta_2 \sigma)^n \qquad (4-24)$$

良好的电子光学设计结果，η_1、η_2 值均接近 1。σ 主要取决于倍增极材料和极间电压。对于含铯的 AgMgO 合金倍增极，一般有

$$\sigma = 0.025 V_{DD} \qquad (4-25)$$

式中，V_{DD} 是倍增极间的电压。

3）光谱响应度

光电倍增管的光谱响应度曲线就是光电阴极的光谱响应度曲线。它主要取决于光电阴极的材料。光电倍增管的阴极光电流光谱响应度为

$$R(\lambda)_{iK} = \frac{i_{iK}}{P_\lambda} \qquad (4-26)$$

式中，i_{iK} 是光阴极电流；P_λ 是入射光谱功率。

光电倍增管的阳极光电流光谱响应度为

$$R(\lambda)_{iA} = \frac{i_{iK}}{P_\lambda} G = \frac{P_\lambda}{h v} \eta_\lambda e G / P_\lambda \qquad (4-27)$$

式中，G 是倍增管的增益；η_λ 是量子效率；$h v$ 是光子能量；e 是电子电量。

4）时间特性

描述光电倍增管的时间特性有三个参数，即响应时间、渡越时间和渡越时间分散（散差）。由于光电倍增管响应速度很高，所以时间特性的参数是在极窄脉冲的 δ 函数光脉冲作用于光电阴极时测得的。用 δ 函数光脉冲照射光电倍增管全阴极时，由于光阴极中心和周边位置所发射的光电子飞渡到倍增极所经时间不同，造成阳极电流脉冲的展宽。展宽程度与倍增管的结构有关。阳极电流脉冲幅度从最大值的 10% 上升到 90% 所经过的时间定义为响应时间。从 δ 函数光脉冲的顶点到阳极电流输出最大值所经历的时间定义为渡越时间。由于电子初速度不同，电子透镜场分布不一样，电子走过的路程不同，在重复光脉冲输入时，渡越时间每次略有不同，有一定起伏，称为渡越时间分散（散差）。当输入光脉冲时间间隔很小时，渡越时间分散将使管子输出脉冲重叠而不能分辨，所以渡越时间分散代表时间分辨率。通常光电阴极在重复 δ 光脉冲照射下，取阳极输出脉冲上的某一特定点出现时间作出时间谱，取其曲线的半宽度为渡越时间分散 FWHM。

5）光电倍增管的供电电路

光电倍增管的实用供电电路如图 4-9 所示。为了输出信号和后面放大电路匹配方便，一般都使光电倍增管阳极通过负载电阻接地。光电阴极加负高压，总外加工作电压在 700～3000V，极间电压在 60～300V，以光电倍增管的类型和运用情况而定。光电倍增管的增益与外加电压有关，使用时根据入射光功率大小调节外加电压，使管子工作于线性范围。光电倍增管各倍增极之间的电压用电阻分压得到。为使各级间电压稳定，要求流过分压电阻网络的电流 i_R 大于或等于阳极电流 i_A 的 10 倍。

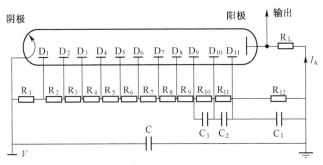

图 4 - 9　光电倍增管的供电电路

对于光电倍增管,电子从阴极 K 射出来时速度较低,致使第一倍增极的收集效率降低。为有效提高其效率,适当加大 R_1,以提高 V_{KD1},中间各级采用均匀分压。

一般 $R_1 = (1.5 \sim 2)R$,R_1 的提高可改善脉冲前沿,对快速光脉冲探测有益。光电倍增管内阻很高,可视为恒流源,R_L 值选择较大时,在同样光功率输入时,输出电压也高。但 R_L 太大时热噪声增加。一般由实验确定最佳值。此外,在脉冲工作时,要考虑极间电容和杂散电容(即阳极对地电容)影响。R_L 过大也会影响脉冲上升沿和脉宽。

6) 光电倍增管的使用

(1) 光电倍增管的选择。一般应考虑:所选管型与待测光的光谱响应应该一致,因此选择适当的光阴极是主要的;对低能和弱光的探测应采用阴极灵敏度高与暗电流小、噪声低的管子;阴极尺寸的选择取决于光信号照射到阴极上的面积,光束窄可选用小阴极直径的管子,通常阴极大小决定于光电倍增管的大小;阳极灵敏度的确定是根据入射到光电阴极的光通量和需要输出的信号大小估算而得。除此之外,还应考虑耐振、高温等条件。

(2) 使用光电倍增管必须注意的事项。必须在额定电压和额定电流内工作。因为管子增益很高,入射光功率稍大就会使光电流可能超过额定值。轻者使管子响应度下降,出现疲劳(放置一段时间可能恢复);重者不能恢复,或被烧毁。光电倍增管常使用金属屏蔽壳,用来屏蔽杂光和电磁干扰。金属壳应接地。在使用负高压供电时,要防止管玻璃外壳和金属屏蔽壳之间放电引起暗电流,它们之间要有足够距离(大于 10mm)。

4.3　光　敏　电　阻

利用具有光电导效应的半导体材料做成的光电检测器称为光电导器件,通常叫做光敏电阻。目前,光敏电阻应用最为广泛,可见光波段和大气透过的几个窗口,即近红外、中红外和远红外波段,都有适用的光敏电阻。本节将具体介绍常用的几组光敏电阻的工作原理、性能和使用方法,其结构图如 4 - 10 所示。

4.3.1　工作原理

光敏电阻是光电导型器件,它是在绝缘材料上装梳状光电导体封闭在金属或塑料外壳内,再在两端连上欧姆接触的电极而成。为避免外部干扰,入射窗口装有透明保护窗,起特殊滤光作用。目前光敏电阻一般采用 E_g 较大的材料,如金属的硫化物和硒化物等,使得在室温下能获得较大的暗电阻,采用 N 型材料,$\mu_n > \mu_p$,增益大些。

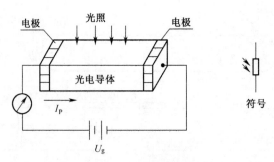

图 4 - 10　光敏电阻结构图

当入射光子使电子由价带跃升到导带时,导带中的电子和价带中的空穴均参与导电,电阻显著减小,电导增加。若连接电源和负载电阻,即可输出电信号。一般有光照时的电阻称为亮电阻。此时可得出光电导 g 与光电流 $I_光$ 的表达式为

$$\begin{cases} g = g_L - g_d \\ I_光 = I_L - I_d \end{cases} \tag{4-28}$$

式中,g_L 为亮电导;g_d 为暗电导;I_L 为亮电流;I_g 为暗电流。

4.3.2　光敏电阻的特性参数

1. 增益G

光敏电阻的增益表达式为

$$G = \beta\tau\mu \frac{U}{l^2} \tag{4-29}$$

式中,β 为量子效率;τ 为载流子寿命;μ 为迁移率;U 为外加电压;l 为光敏电阻两极间距。由此看出,只要 μ 和 τ 的乘积足够大或电极间距足够小(l 和 U 要兼顾考虑)即可使 G 增大。

2. 灵敏度

除了常用的电流灵敏度 S_I 与电压灵敏度 S_V 以外,光敏电阻还有下列几个灵敏度。

1) 光电导灵敏度 S_g

光敏电阻的光电导 g 与输入光照度 E 之比即为光电导灵敏度。即

$$S_g = \frac{g}{E} = \frac{g \cdot A}{\Phi} \tag{4-30}$$

式中,A 为光敏面积;Φ 为入射的通量。

由欧姆定理得到

$$I = S_g EU \tag{4-31}$$

此即弱光照时的线性关系。

2) 电阻灵敏度 S_R

暗电阻与亮电阻之比称电阻变化倍数,即 $K_R = K_d / K_亮$。而电阻灵敏度为

$$S_R = \frac{R_d - R_亮}{R_d} = \frac{\Delta R}{R_d} \tag{4-32}$$

式中,$\Delta R = R_d - R_亮$。显然差别越大越好。

3) 比灵敏度 $S_比$

比灵敏度也称积分比灵敏度,即单位通量与电压下所产生的光电流。即

$$S_{比} = \frac{I_{光}}{\Phi \cdot U} = \frac{S_1}{U} \tag{4-33}$$

3. 光电特性

光敏电阻的光电流 $I_{光}$ 与输入辐射通量 Φ 有下列关系式：

$$I_{光} = AU\Phi^{\gamma} \tag{4-34}$$

式中，A 为光敏材料决定的常数；U 为电源电压；γ 为 0.5~1 之间的系数。

弱光照时，γ 为 1，$I_{光}$ 和 Φ 有良好的线性关系，即线性光电导；强光照时，$\gamma = 0.5$，即抛物线性光电导。以 CdS 光电阻为例的光电特性曲线如图 4-11 所示。

4. 伏安特性（输出特性）

在一定光照下，光敏电阻的光电流与所加电压关系即为伏安特性。如图 4-12 所示，光敏电阻是一个纯电阻，因此符合欧姆定律，故曲线为直线，图中虚线为额定功耗线。使用时，应不使电阻的实际功耗超过额定值。在设计负载电阻时，应不使负载线与额定功耗线相交。

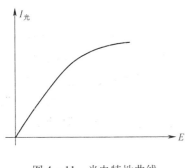

图 4-11　光电特性曲线

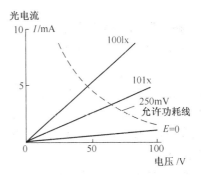

图 4-12　光敏电阻的伏安特性

5. 温度特性

光敏电阻的温度特性很复杂。光敏特性受温度影响较大，为了提高性能的稳定性、降低噪声、提高探测率，采用一定的冷却装置是十分必要的。

6. 前历效应

前历效应是指光敏电阻的时间特性与工作前历史有关的一种现象。即测试前光敏电阻所处状态对光敏电阻特性的影响。具体表现在稳定光照下阻值有明显的漂移现象。一般变化的百分比 β 为

$$\beta = \frac{R_2 - R_1}{R_1} \times 100\% \tag{4-35}$$

7. 频率响应和噪声

光敏电阻的时间常数比较大，所以它的上限频率很低。光敏电阻工作在 1kHz 以下时，主要受闪烁噪声影响。在中频段时，主要是受到复合噪声的影响。当在高于 1MHz 的频段工作时，主要是受热噪声的影响。

4.3.3　几种常见的光敏电阻

1. 硫化镉 CdS 和硒化镉 CdSe 光敏电阻

硫化镉和硒化镉是可见光区用得较多的两种光敏电阻，其光谱响如图 4-13 所示。CdS 光敏电阻的特点是它的峰值波长很接近人眼最敏感的 555nm 波长，可用于视觉亮度有关的测

量和底片曝光方面的测量。这种器件有很高的响应度,其缺点是受单晶大小的限制,受光面积小,响应时间与光照强度有关,随着光照强度减弱响应时间也增加。

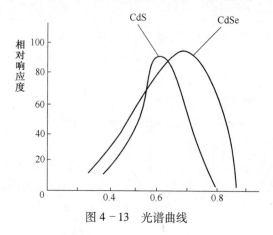

图 4-13 光谱曲线

2. 硫化铅(PbS)和硒化铅(PbSe)光敏电阻

这些器件多为多晶薄膜型,温度对光电导的影响也很大,薄膜所处的温度越高,热激发的载流子越多,这和光照的作用相似。由于光照以前热激发载流子已降低了势垒高度,被陷的载流子很少;光照后势垒降低再释放的载流子就少了,载流子的迁移率变化也小了,光电导率变化就小。反之,降低器件的使用温度,热激发的载流变少,对势垒高度下降不大。光照以后降低势垒高度释放载流子多,载流子迁移率变化大,光电导率变化也大,所以降低温度可以提高光敏电阻的响应度。

3. 锑化铟(InSb)和砷化铟(InAs)光敏电阻

锑化铟(InSb)光敏电阻为单晶半导体,光激发是本征型的。它主要用于探测大气第二个红外透过窗口,波长 3~5μm,常温下长波限可达 7.3μm;冷却到 77K 时,长波限为 4.4μm(主要是材料禁带宽度变宽)。通常工作于低温状态,它也能做成多元列阵。

砷化铟(InAs)光敏电阻在制冷到 196K 时,长波限能达到 4μm,峰值波长 3.2μm。峰值波长的 D^* 达 $3 \times 10^{11} [\text{cm} \cdot \text{Hz}^{1/2} \cdot \text{W}^{-1}]$。

4. 杂质光电导检测器

杂质光电导检测器是基于非本征光电导效应的光敏电阻。目前已制成许多锗、硅及锗硅金的杂质红外光电导器件。它们都工作于远红外区 8~40μm 波段。

由于杂质光电导器件中施主和受主的电离能 ΔE 一般比本征半导体禁带宽度 ΔE_g 小得多,所以响应波长比本征光电导器件要长。相比来说,杂质原子的浓度比材料本身原子的浓度要小很多,在温度较高时,热激发载流子的浓度很高,为使光照时在杂质能级上激发出较多的载流子,所以杂质光电导器件都必须工作于低温状态。

5. 多元系本征光电导检测器

大气的第三个窗口(8~14μm)透过率高。常温下许多物体的辐射光谱峰值都在 10μm 左右,这是红外遥感、红外军事侦察等仪器的主要工作波段,也是大功率 CO_2 激光器的工作波段。人们希望有工作于常温或不很低的低温,且 D^* 又高的本征型光电导器件。根据本征光电导工作原理,适合于 8~14μm 波段的本征半导体材料的禁带宽度应为 0.09~0.05eV,但是已知所有单晶和化合物半导体材料中都不具有这么小的禁带宽度。人们用多元化合物达到了这一目的。与单晶体结构相同而禁带宽度不同的二元化合物配制成适当组分的固溶体,如碲镉汞(HgCd)Te 和碲锡铅(PbSn)Te 就是这种本征光电导材料。

 ## 4.3.4　光敏电阻的探测电路

光敏电阻的符号和连接电路如图 4-14 所示。图(a)中的输出电压 V_0 与入射光通量的变化反相,图(b)中 V_0 与入射光通量变化成同相。在入射光通量变化范围一定的情况下,为了使输出电压 V_0 变化范围最大,一般取 $R_L = R_G$。

R_G 为光敏电阻变化的中间值,即

$$R_G = (R_{Gmax} + R_{Gmin})/2 \tag{4-36}$$

R_{Gmax} 和 R_{Gmin} 是指入射光通量 Φ 最大和最小时的光敏电阻值,可通过实验得到。同时,电源 E 也应满足 $E \leqslant (4P_{max}R_L)/2$,$P_{max}$ 为光敏电阻的最大允许功耗。

在图 4-15 中,当入射光通量变化时,会引起 l 和 V_0 的同时变化,使整个系统线性变坏,噪声增加。为了降低光敏电阻的噪声,可采取以下办法:

(1)采用光调制技术,一般调制频率为 800~1000Hz;

(2)制冷或恒温,使热噪声减少;

(3)采用合理的偏置,选择最佳的偏置电流,使信噪比达到最高。

恒流偏置电路如图 4-16 所示。图中,由于采用了稳压管 D,故 V_b 不变,使 I_b、I_c 不变,达到恒流的目的,这时,入射光通量的变化仅引起电压的变化。如图 4-16 所示为恒压偏置电路。图中,由于采用了稳压管 D,故 V_b 不变,使 V_e 不变,入射光通量的变化仅引起 I_c 的变化。可以证明,恒压偏置的最大特点是光敏电阻的灵敏度与光敏电阻的暗阻值无关,因而互换性好,调换光敏电阻时不影响仪器的精度。图 4-17 为桥式光电检测电路,可实现温度补偿。

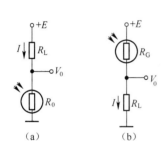

图 4-14　光敏电阻应用电路

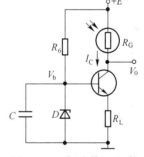

图 4-15　恒流偏置电路

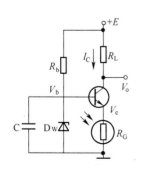

图 4-16　恒压偏置电路

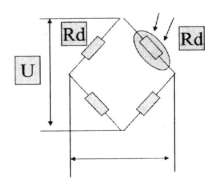

图 4-17　桥式光电检测电路

4.4 光伏检测器件

应用光生伏特效应制造出来的光敏器件称
为光伏检测器。可用来制造光伏器件的材料很多,如有硅、硒、锗等光伏器件。其中硅光伏器件
具有暗电流小、噪声低、受温度的影响较小,制造工艺简单等特点,所以已经成为目前应用最广泛
的光伏器件,如硅光电池、硅光电二极管、硅雪崩光电二极管、硅光电三极管及硅光电场效应管
等。下面介绍目前应用最广泛的硅光伏检测器。

4.4.1 硅光电池

光电池的主要功能是在不加偏置的情况下能将光信号转换成电信号。光电池按用途可分
为太阳能光电池和测量光电池两大类。太阳能光电池主要用作电源,由于它结构简单、体积
小、重量轻、可靠性高、寿命长、能直接将太阳能转换成电能,因而不仅成为航天工业上的重要
电源,还被广泛地应用于人们的日常生活中。测量光电池的主要功能是作为光电检测用,对它
的要求是线性范围宽、灵敏度高、光谱响应合适、稳定性好、寿命长,它被广泛地应用在光度、色
度、光学精密计量和测试中。

光电池是一个 P-N 结,根据制作 P-N 结材料的不同,光电池有硒光电池、硅光电池、砷
化稼光电池和锗光电池 4 种,本节主要介绍测量用硅光电池的工作原理、特性及应用。

按照基本材料不同,硅光电池可分为 2DR 型及 2CR 型两种。2DR 型光电池是以 P 型硅
为基片。基片上扩散磷形成 N 型薄膜,构成 P-N 结,受光面是 N 型层。2CR 型是在 N 型硅
片上扩散硼,形成薄 P 型层,构成 P-N 结,受光面为 P 型层。

1. 原理

从晶体管理论可知,当把 N 型半导体和 P 型半导体结合在一起时,N 型半导体中的电子
和 P 型半导体中的空穴就会互相扩散,见图 4-18(a),结果在 PN 区交界面附近形成一个很
薄的空间电荷区,产生如图 4-18(b)所示的内电场,方向由 N 区指向 P 区。当光线照射 P-N
结时,P-N 结将吸收入射光子。如果光子能量超过半导体材料的禁带宽度,则由半导体能带
理论可知,在 P-N 结附近会产生电子和空穴。在内电场的作用下,空穴移向 P 区,电子移向
N 区,移动的结果,在 N 区聚集大量的电子而带上负电,在 P 区聚集大量的空穴而带上正电。
于是在 P 区和 N 区之间产生了电势,成为光生电动势。如果用导线和电阻把 N 区和 P 区连接
起来,回路中就会有光电流 I 流过,电流方向是由 P 区流向 N 区,如图 4-18(c)所示,这就是
光电池受光照时产生光生电动势和光电流的基本原理。

光电池与后面将提到的光电二极管相比,其掺杂浓度高,电阻率低($0.1\sim0.01\Omega\cdot cm^{-1}$),
易于输出光电流。短路光电流与入射光功率成线性关系,开路光电压与入射光功率为对数关
系,如图 4-19 所示。当光电池外接负载电阻 R_L 后,负载电阻 R_L 上所得电压和电流如图
4-20所示。R_L 应选在特性曲线转弯点,这时电流和电压乘积最大,光电池输出功率为最大。

2. 特性

为了得到输出信号电压有较好的线性,由图 4-20 所示的伏安特性可以看出:负载电阻越
小,光电池工作越接近短路状态,线性就较好。

硅光电池可以使用运放来测量,测量的电路图如图 4-21 所示,其等效电路如图 4-22 所
示,等效电压源 $V_S=I_S R_S$ 和等效内阻 R_S,则运算放大器的输出电压 V_0 可以表示为

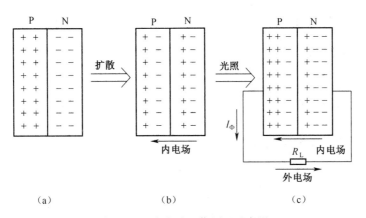

图 4-18　光电池工作原理示意图

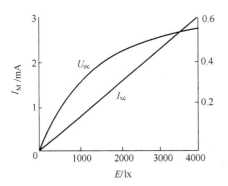

图 4-19　硅光电池光照特性

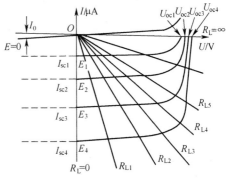

图 4-20　光电伏安特性

$$\frac{V_0}{V_S} = \frac{V_0}{I_S R_S} = -\frac{R_F}{R_S} \tag{4-37}$$

于是得 $V_0 = -I_S R_F$。

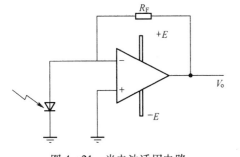

图 4-21　光电池适用电路

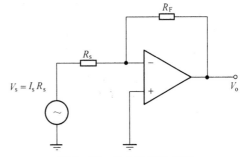

图 4-22　光电池等效电路

可以看出,输出电压与光电流成线性关系,也就是与入射光功率成线性关系。硅光电池的长波限由硅的禁带宽度决定,为 $1.15\mu m$,峰值波长约为 $0.8\mu m$。如果 P 型硅片上的 N 型扩散层做得很薄(小于 $0.5\mu m$),峰值波长可向着短波方向微移,对蓝紫光谱仍有响应。硅光电池响应时间较长,它由结电容和外接负载电阻的乘积决定。

4.4.2　硅光电二极管

硅光电二极管通常是用在反偏的光电导工作模式,它在无光照条件下,若给 P-N 结加一个适当的反向电压,则反向电压加强了内建电场,使 P - N 结空间电荷区拉宽,势垒增大。

当硅光电二极管被光照时,在结区产生的光生载流子将被加强了的内建电场拉开,光生电子被拉向 N 区,光生空穴被拉向 P 区,于是形成以少数载流子漂移运动为主的光电流。显然,光电流比无光照时的反向饱和电流大得多,如果光照越强,表示在同样条件下产生的光生载流子越多,光电流就越大。

当硅光电二极管与负载电阻 R_L 串联时,则在 R_L 的两端便可得到随光照度变化的电压信号,从而完成了将光信号转变成电信号的转换,如图 4 - 23 所示。

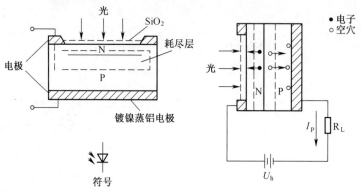

图 4 - 23　硅光电二级管原理图及符号

1. 工作特性

1) 光谱响应

硅光电二极管的光谱响应特性主要由硅材料决定,响应波长范围是 $0.4 \sim 1.15 \mu m$,峰值响应波长一般为 $0.8 \mu m$。硅光电二极管对砷化镓激光波长的探测最佳,对氦-氖激光及红宝石激光亦有较高的探测灵敏度。普通硅光电二极管的光谱响应特性曲线如图 4 - 24 所示。

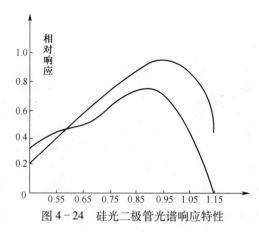

图 4 - 24　硅光二极管光谱响应特性

2) 伏安特性

硅光电二极管的伏安特性可表示为

$$\begin{cases} I_\phi = I_0 \left[\exp\left(\dfrac{eV}{kT}\right) - 1 \right] + I_p \\ I_p = S_d P \end{cases} \tag{4-38}$$

式中，I_ϕ 为流过硅光电二极管的总电流；I_p 为光电流；S_d 为电流灵敏度（A/W）；P 为入射光功率（W）。

由于硅光电二极管加的是反偏电压，所以其伏安曲线相当于向下平移了的普通二极管的伏安曲线。硅光电二极管电流灵敏度一般为 0.5A/W，S_d 是一常数。也就是说，在加一定反偏电压的情况下 I_ϕ 与入射光功率基本上呈线性关系，有很大的动态范围。

3）频率特性及噪声性能

硅光电二极管检测器的基本电路及其等效电路如图 4-25 所示。图（a）、（b）的差别就是输出电压是反向的。

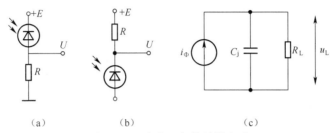

（a）   （b）   （c）

图 4-25 光电二级管等效电路

R_L 是 R 和后级电路输入阻抗的并联值。由此可见，为了得到较大的输出电压 U_L，除串接较大的 R 外，后级电路的输入阻抗应尽可能大些。在图 4-25（c）中，C_j 是结电容，一般较小，故在中频内可忽略，但在高频时不能忽略，C_j 直接影响光敏二极管的高频特性。现计算光敏二极管的上限频率。

因为 $U_{max} = I_\phi R_L$，当 $U = U_{max}/\sqrt{2}$ 时，而 $I_\phi = I_c + I_d = U(j\omega C_j + 1/R_L)$

所以 $U = \dfrac{I_\phi}{j\omega C_j + 1/R_L} = \dfrac{I_\phi R_L}{1 + j\omega C_j R_L} = \dfrac{U_{max}}{1 + j\omega C_j R_L} = \dfrac{U_{max}}{\sqrt{1 + (\omega C_j R_L)^2} \cdot e^{j\Phi}}$

令 $\sqrt{1 + (\omega C_j R_L)^2} = \sqrt{2}$，得

$$\omega C_j R_L = 2$$

$$f_H = \frac{1}{2\pi C_j R_L}$$

(4-39)

可以看出，减少负载电阻 R_L，可以使上限频率提高。这个结论对其他的光电信息转换器件也适用。

2. 几种特殊的光电二极管介绍

1）PIN 型光电二极管

PIN 型光电二极管又称快速光电二极管。它的结构分三层，即在 P 型半导体和 N 型半导体之间夹着较厚的本征半导体 I 层，如图 4-26 所示。它是用高阻 N 型硅片做 I 层，然后把它的二面抛光，再在两面分别作 N⁺ 和 P⁺ 杂质扩散，在两面制成欧姆接触而得到 PIN 光电二极管。

PIN 光电二极管因有较厚的 I 层，因此具有以下 4 个方面的优点。

（1）使 P-N 结的结间距离拉大，结电容变小。随着反偏电压的增大，结电容变得更小，从而提高了 PIN 光电二极管的频率响应。目前 PIN 光电二极管的结电容一般为零点几到几皮法，响应时间 $t_r = 1 \sim 3\text{ns}$，最高达 0.1ns。

（2）由于内建电场基本上全集中于 I 层中，使耗尽层厚度增加，增大了对光的吸收和光电

变换区域,提高了量子效率。

(3)增加了对长波的吸收,提高了长波灵敏度,其响应波长范围为 $0.4 \sim 1.1 \mu m$。

(4)可承受较高的反向偏压,使线性输出范围变宽。

2)光电位置传感器(PSD)

光电位置传感器是一种对入射到光敏面上的光点位置敏感的 PIN 型光电二极管,面积较大,其输出信号与光点在光敏面上的位置有关,一般称为 PSD。

PSD 的工作原理如图 4-27 所示,PSD 包含有 3 层,上面为 P 层,下面为 N 层,中间为 I 层,它们全被制作在同一硅片上,P 层既是光敏层,还是一个均匀的电阻层。当光照射到 PSD 的光敏面上时,在入射位置表面下就产生与光强成比例的电荷,此电荷通过 P 层向电极流动形成光电流。由于 P 层的电阻是均匀的,所以由两极输出的电流分别与光点到两电极的距离成反比。设两电极间的距离为 $2L$,经电极 1 和电极 2 输出的光电流分别为 I_1 和 I_2,则电极 3 上输出的总电流为 $I_0 = I_1 + I_2$。

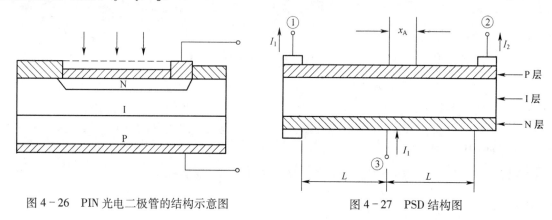

图 4-26 PIN 光电二极管的结构示意图   图 4-27 PSD 结构图

若以 PSD 的中心为原点建立坐标系或坐标轴,设光点离中心点的距离为 x_A,如图 4-27 所示,于是,

$$
\begin{cases}
I_1 = I_0 \dfrac{L - x_A}{2L} \\[2mm]
I_2 = I_0 \dfrac{L + x_A}{2L} \\[2mm]
x_A = \dfrac{I_2 - I_1}{I_2 + I_1} L
\end{cases}
\tag{4-40}
$$

利用上式即可确定光斑能量中心对于器件中心(原点)的位置 x_A。二维 PSD 的工作原理同上。

3)雪崩型硅光电二极管(APD)

雪崩型光电二极管是一种具有内增益的半导体光敏器件。处于反向偏置的 P-N 结,其势垒区内有很强的电场,当光照射到 P-N 结上时,便产生了光生载流子,光生载流子在这个强电场作用下,将加速运动。光生载流子在运动过程中,可能碰撞其他原子而产生大量新的二次电子—空穴对。它们在运动过程中也获得足够大的动能,又碰撞出大量新的二次电子—空穴对。这样下去像雪崩一样迅速地碰撞出大量电子和空穴,形成强大的电流,便形成倍增效果。

由于雪崩光电二极管需外加近百伏的反向偏压,这就要求材料掺杂均匀,并在 N⁺ 与 P(或

P^+ 与 N)区间扩散,轻掺杂 N(对 P^+ 与 N 之间扩散 P 层)层作为保护环,使 N^+P 结区变宽,呈现高阻区,可以减少表面漏电流,防止 N^+ 结的边缘局部过早击穿,如图 4-28(a)、(b)所示,或在 P 型衬底和重掺杂 N^+ 之间生成厚几百微米的本征层 I,可使雪崩管耐高的反向偏压,如图 4-28(c)所示。

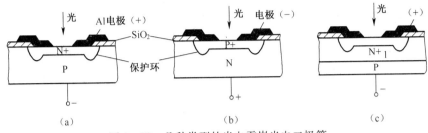

图 4-28　几种类型的光电雪崩光电二极管

　　图 4-29 是雪崩光电二极管的倍增电流、噪声与外加偏压的关系曲线。从图上可以看出:在偏置电压较低时的 A 点以左不发生雪崩过程;随着偏压的逐渐升高,倍增电流也逐渐增加,从 B 点到 C 点增加很快,属于雪崩倍增区;偏压再继续增大,将发生雪崩击穿,同时噪声也显著增加,如图中 C 点以右的区域。因此,最佳的偏压工作区是 C 点以左,否则进入雪崩击穿而烧毁管子。

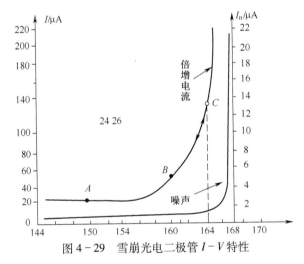

图 4-29　雪崩光电二极管 $I-V$ 特性

　　雪崩光电二极管具有电流增益大、灵敏度高、频率响应快、不需要后续庞大的放大电路等特点,因此它在微弱辐射信号的探测方面被广泛应用。其缺点是工艺要求高,稳定性差,受温度影响大。

4.4.3　光电三极管

　　光电三极管原理上相当于在晶体三极管的基极和集电极间并联一个光电二极管。因而它内增益大,并可输出较大电流(毫安级)。目前用得较多的是 NPN(3DU 型)和 PNP(3CU 型)两种平面硅光电三极管。

1. 光电三极管的工作原理

　　以图 4-30 所示 NPN 光电三极管说明,使用时光电三极管的发射极接电源负极,集电极接电源正极。

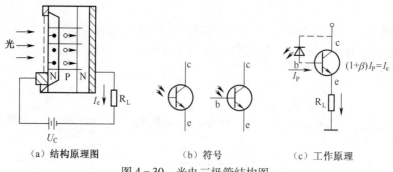

（a）结构原理图　　　　　（b）符号　　　　　（c）工作原理

图 4-30　光电三极管结构图

如果无光照射光电三极管时,相当于普通三极管基极开路的状态,集电结处于反向偏置,基极电流 $I_b = 0$,集电极电流 I_c 很小, I_c 为光电三极管的暗电流。

当光子入射到集电结时,就会被吸收而产生电子—空穴对,处于反向偏置的集电结内建电场使电子漂移到集电极,空穴漂移到基极,形成光生电压,基极电位升高。如同普通三极管的发射结加上了正向偏置, $I_b \neq 0$。当基极没有引线时,集电极电流 I_c 等于发射极电流 I_e,即

$$I_c = I_e = (1 + \beta) I_b \tag{4-41}$$

式中, β 为电流放大倍数; I_b 的大小与光照通量有关,光照越强 I_b 越大, I_c 也越大。

可见,光信号是在集电结进行光电变换后,再由集电极、基极和发射极构成的晶体三极管中放大而输出电信号。PNP 型光电三极管的原理与 NPN 的相同,只是 PNP 工作时集电极接电源负极,发射极接电源正极。

2. 光电三极管的特性

1）光照特性与光照灵敏度

光电三极管的输出光电流 I_c 与光强的关系如图 4-31 所示。可以看出,其线性度比光电二极管要差,光电流和灵敏度比光电二极管大几十倍,但在弱光时灵敏度低些,强光时出现饱和现象。这是由于电流放大倍数的 β 非线性所致,对弱信号的检测不利。

2）伏安特性

如图 4-32 所示,在零偏置时,光电三极管没有电流输出,而光电二极管有电流输出。原因是它们都能产生光生电动势,只因光电三极管的集电结在无反向偏压时没有放大作用,所以此时没有电流输出(或仅有很小的漏电流)。其二是工作电压较低时,输出光电流与入射光强的非线性关系。所以一般工作在电压较高或入射光强较大的场合,作控制系统的开关元件使用。

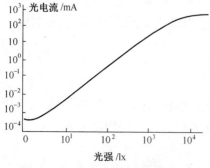

图 4-31　光电三极管的光照特性

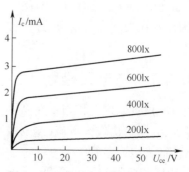

图 4-32　光电三极管的伏安特性

3）响应时间和频率特性

响应时间和频率特性是其重要的参数,影响光电三极管的频率特性和响应时间,除大的集电结势垒电容外,还取决于正向偏置时发射结势垒电容的充放电过程,这个过程一般在微秒级。此外,还与负载有关,负载越大,整体的截止频率越低。使用时常在外电路上采用高增益、低输入电抗的运算放大器,以改善其动态性能。

由于光电三极管的电流放大系数随温度升高而变大,使用时往往应考虑温度对其输出产生的影响。光电三极管适用于各种光电控制。因其线性范围小,一般不作辐射探测使用。

4) 应用电路

图 4-33 为常用的几种开关电路。

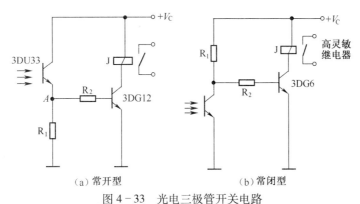

（a）常开型　　　（b）常闭型

图 4-33　光电三极管开关电路

4.4.4　光电位置传感器(PSD)

光电位置传感器是一种对入射光敏面上的光点位置敏感的光电器件,PSD 的位置输出只与入射光点的"重心"位置有关。它是一种基于横向光电效应的光电位置敏感探测器。除了具有光电二极管阵列和 ccd 的定位性能外,还具有灵敏度高、分辨率高、响应速度快和电路配置简单等特点。因而逐渐被人们所重视。psd 的发展趋势是高分辩率、高线性度、快响应速度及信号采集处理等多功能集成。

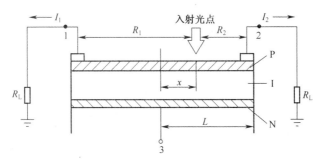

图 4-34　一维 PSD 等效电路图

1. 一维 PSD 工作原理

PSD 是一种在高电阻 N 层的表面设置高电阻 P 层,再在背面设置 N 层的结构。如图 4-34 为一维 PSD 的等效电路图,1、2 为接在 P 层两端的两个电极。当入射光照射在 PSD 表面时,就会发生光电效应,产生电子空穴对,载流子达到 P 层后按照入射光点位置与电极 1、2 距离成反比的关系进行分配。

如图 4-34,X 为入射光点距离 PSD 中点的距离,I 为入射光点照射在 PSD 表面时形成的光电流,在入射光的照射下,半导体内部产生载流子,它们在耗尽层内电场的作用下发生定向移动,空穴进入 P 层,电子进入 N 层形成光电流,光电流被电阻 R_1 和 R_2 分流,从电极输出,流入电极 1、2 的电流分别为 I_1、I_2。则有表达式:

$$I_1 = I(L - X)/2L \tag{4-42}$$

$$I_2 = I(L + X)/2L \tag{4-43}$$

$$X = L(I_2 - I_1)/(I_2 + I_1) \tag{4-44}$$

2. 二维 PSD 工作原理

二维分离改进型的 PSD 对 X、Y 两个方向上的感光层在同一个表面,具有暗电流小、响应时间快,易于偏置应用,环境噪音低等特点,其结构图如图 4-35 所示,入射光点为 E,流经 A、B 电极的电流之和相当于入射光点在 X 方向上一维 PSD 所产生的电流,流经 C、D 电极的电流之和相当于入射光点在 Y 方向上一维 PSD 所产生的电流,故可得到 X、Y 方向上的归一化方程:

$$X = (I_A - I_B)/(I_A + I_B) \tag{4-45}$$

$$Y = (I_C - I_D)/(I_C + I_D) \tag{4-46}$$

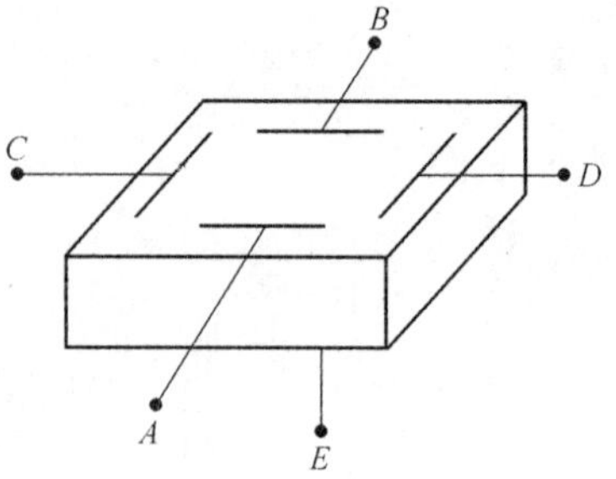

图 4-35 二维分离改进型 PSD 结构图

4.5 光电成像器件

光电成像器件是指能够输出图像信息的一类光电器件,按其工作方式可分为直视型和非直视型两类。直视型光电成像器件用于直接观察,就像人眼直接面对景物一样。这类器件本身具有图像的转换、增强以及显示等部分。它的工作方式是将入射辐射图像通过外光电效应转化为电子图像,再由电场或电磁场的聚焦加速作用进行能量增强,并由电场的二次发射作用进行电子倍增,经增强的电子图像激发荧光屏产生可见光图像,这类器件的应用领域很广。非直视型光电成像器件用于电视摄像和热成像系统中,这类器件的功能是将可见光或者辐射图像转换成视频信号,视频信号经过传输和处理后再由显像装置输出图像。其工作方式是接收光学图像或热图像,利用光敏面的光电效应或热导效应转变为电荷图像,而后通过电子束扫描或电荷耦合等转移方式产生视频信号。

🔊 4.5.1 像管

像管是直视型光电真空成像器件,像管包括变像管和图像增强管两大类。变像管是指把不可见光图像变为可见光图像的真空光电管;图像增强管是指能够把亮度很低的光学图像变为有足够亮度图像的真空光电管。

像管实现图像的光电转换和亮度增强是通过三个环节来实现的:光电阴极、电子光学部分和光电转换部分,如图 4-36 所示,它们被封装在高真空的管壳内。光电阴极把不可见光图像或亮度很低的光学图像,转换成光电子发射图像。电子光学部分有电聚焦和磁聚焦两种形式,它可以使光电阴极发射出来的光电子图像,在保持相对分布不变的情况下获得能量或数量的增加,并聚焦成像。光变换部分,即荧光屏,它的功能是使发射到它上面的电子图像变成可见的光学图像。

光电阴极进行图像转换的物理过程可以简要描述如下:能量为 hv 的辐射量子入射到光电

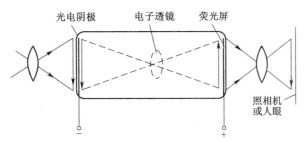

光电阴极　　　电子透镜　　荧光屏

照相机
或人眼

图 4 - 36　像管的结构和成像原理

发射体内,与体内电子产生非弹性碰撞而交换能量,当辐射量子的能量大于电子产生跃迁需要的能量时,电子被激发到受激态,这一低能量的电子图像在静电场或者电磁复合场的作用下得到加速并聚焦到荧光屏上。在到达像面时,高速运动的电子流,能量很大,由此完成了电子图像的能量增强。像管中特定设置的静电场或电磁复合场称为电子光学系统。由于它具有聚焦电子图像的作用,故又称为电子透镜。

通常采用荧光屏把电子图像转换成可见的光学图像。荧光屏是由发光材料的微晶颗粒沉积而成的薄层,介于绝缘体和半导体之间,因此当它受到高速电子轰击时,会积累负电荷,使得加在荧光屏上的电压难以提高,为此应在荧光屏上对着光敏面的内侧蒸镀一层铝膜,引起积累的负电荷,从而增加荧光面的光输出,同时可以防止光反馈到光阴极。

1. 变像管

红外变像管的光电阴极多为 S - 1 型 Ag - O - Cs 阴极,它可以使波长小于 $1.15\mu m$ 的红外光转变为光电子。对于波长大于 $1.15\mu m$ 的红外光,目前采用负电子亲和势光电阴极。红外变像管多应用于军事、公安等方面,供夜间侦察用。在民用方面,可用于暗室管理、物理实验、激光器校准和夜间观察生物活动等。另外,温度高于 400℃ 的物体都会发出大量的红外线,可通过红外变像管观察到它的像。如果与标准光源的亮度比较,即可求出它的强度,这就是夜视温度计的原理。

紫外变像管的窗口材料为石英玻璃,光电发射材料为 S - 11 型号的 Sb - Cs 阴极。它可以使波长大于 200nm 的紫外光变成光电子。紫外变像管与光学显微镜结合起来,可用于医学和生物学等方面的研究。

2. 图像增强管

对像管的亮度增益,整管的亮度增益为 50 ~ 100。如果像管后面是一个照相光学系统,考虑到透镜对光的吸收,这样小的亮度增益是不能使感光胶片产生清晰的图像的,因此管内必须有使亮度进一步增益的措施。常见的方法有级联式图像增强管和微通道板式图像增强管,它们主要用于环境亮度很低的情况下的可见光图像的拍摄。

 4.5.2　电荷耦合器(CCD)

电荷耦合器件,简称为 CCD,是 20 世纪 70 年代初开始发展起来的新型半导体器件。从 CCD 概念提出到商品化仅仅经历了 4 年。其所以发展迅速,主要原因是它的应用范围相当广泛。它在数字信息存储、模拟信号处理以及作为像传感器等方面都有广泛的应用。

电荷耦合器件与真空摄像器件相比,具有以下优点:体积小,重量轻,功耗低;耐冲击,可靠性高,寿命长;无像元烧伤、扭曲,不受电磁场干扰;像元尺寸精度优于 $1\mu m$,分辨力高;可进行非接触位移测量;基本上不保留残像(真空摄像管有 15% ~ 20% 的残像);视频信号与微机接口容易。

1. CCD 工作原理

CCD 的突出特点在于它是以电荷作为信号的,CCD 的基本功能是电荷的存储和电荷的转移。因此,CCD 的基本工作原理应是信号电荷的产生、存储、传输和检测。

1) 电荷存储

图 4-37(a)为金属-氧化物-半导体(MOS)结构图。在栅极未施加偏压时,P 型半导体中将有均匀的空穴(多数载流子)分布。如果在栅极上加正电压,空穴被推向远离栅极的一边。在绝缘体 SiO₂ 和半导体的界面附近形成一个缺乏空穴电荷的耗尽区,如图 4-37(b)所示。随着栅极上外加电压的提高,耗尽区将进一步向半导体内扩散。绝缘体 SiO₂ 和半导体界面上的电势(为表面势包)随之提高,以致于将耗尽区中的电子(少数载流子)吸引到表面,形成一层极薄(约 $10^{-2}\mu m$)而电荷浓度很高的反型层,如图 4-37(c)所示。反型层形成时的外加电压称为阈值电压 V_{th}。

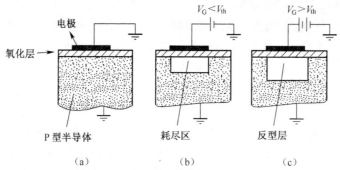

图 4-37 单个 CCD 栅极电压变化对耗尽区的影响

反型层的出现说明了栅压达到阈值时,在 SiO₂ 和 P 型半导体之间建立了导电沟。因为反型层电荷是负的,故常称为 N 型沟道 CCD。如果把 MOS 电容的衬底材料由 P 型换成 N 型,偏置电压也反一下方向,则反型层电荷由空穴组成,即为 P 型沟导 CCD。实际上因为材料中缺乏少数载流子,当外加栅压超过阈值时反型层不能立即形成;所以在这短暂时间内耗尽区就更向半导体内延伸,呈深度耗尽状态,深度耗尽状态是 CCD 的工作状态。这时 MOS 电容具有存储电荷的能力。同时,栅极和衬底之间的绝大部分电压降落在耗尽区。如果随后可以获得少数载流子,那么耗尽区将收缩,界面势下降,氧化层上的电压降增加。当提供足够的少数载流子时,就建立起新的平衡状态,界面势降低到材料费米能级 Φ_F 的 2 倍。对于掺杂为每立方厘米 10^{15} 个的 P 型硅半导体,其费米能级为 0.3V。这时耗尽区的压降为 0.6V,其余电压降在氧化层上。

图 4-38 为实际测得的表面势 Φ_S 与外加栅压的关系,此时反型层电荷为零。图 4-39 为出现反型层电荷时,表面势 Φ_S 与反型层电荷密度的关系。可以看出它们是成线性关系的。

根据上述 MOS 电容的工作原理,为了易于理解,可以用一个简单的液体模型去比拟电荷存储机构。当电压超过阈值时,就建立了耗尽层势阱,深度与外加电压有关。当出现反型层时,表面电位几乎呈线性下降,类似于液体倒入井中,液面到顶面的深度随之变浅。只是这种势阱不能充满,最后有 Φ_F 的深度,见图 4-40。

2) 电荷转移

为了理解在 CCD 势阱中电荷如何从一个位置移到另一个位置,我们观察如图 4-41 所示的结构。取 CCD 中 4 个彼此靠得很近的电极来观察,假定开始时有一些电荷存储在偏压为

10V 的第二个电极下面的深势阱里,其他电极上均加有大于阈值的电压(例如 2V)。设图 4-41(a)为零时刻(初始时刻),假设过 t_1 时刻后,各电极上的电压变为如图(b)所示,第二个电极仍保持为 10V,第三个电极上的电压由 2V 变为 10V。因这两个电极靠得很紧,它们各自的对应势阱将合并在一起,原来在第二个电极下的电荷变为这两个电极下势阱所共有。若此后电极上的电压变为如图(d)所示,第二个电极电压由 10V 变为 2V,第三个电极电压仍为 10V,则共有的电荷将转移到第三个电极下面的势阱中,如图(e)所示。可见深势阱及电荷包向右移动了一个位置。

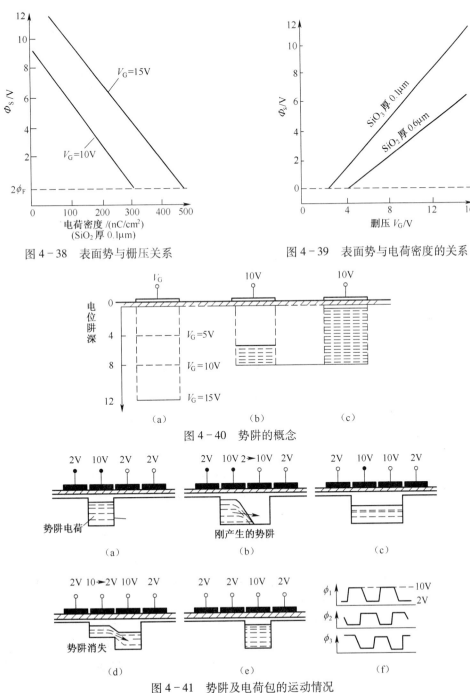

图 4-38 表面势与栅压关系

图 4-39 表面势与电荷密度的关系

图 4-40 势阱的概念

图 4-41 势阱及电荷包的运动情况

通过将一定规则变化的电压加到 CCD 各电极上,电极下的电荷包就能沿半导体表面按一定的方向移动。通常把 CCD 电极分为几组,每一组称为一相,并施加同样的时钟。CCD 的内部结构决定了使其正常工作所需的相数。另外,这里还必须强调指出,CCD 电极间隙必须很小,电荷才能不受阻碍地从一个电极转移到相邻电极。

3)电荷的注入和检测

(1)电荷的注入。在 CCD 中,电荷注入的方法有很多,归结起来,可分为光注入和电注入。

光注入方式是指,当光照射到 CCD 硅片上时,在栅极附近产生电子—空穴时,其多数载流子被栅极电压排开,少数载流子则被其收集在势阱中形成信号电荷。光注入方式又可分为正面照射式及背面照射式。CCD 摄像器件的光敏单元为光注入方式。

所谓电注入就是利用 CCD 的输入结构对信号电压或电流进行采样,将信号转换成电荷信号。电注入方式可以分成电流积分法和电压注入法。

① 电流积分法。如图 4 - 42(a)所示,由 N$^+$ 扩散区(称为源扩散区,记为 S)和 P 型衬底形成的二极管是反向偏置的,数字信号或模拟信号通过隔直电容加到 S 上,用以调制输入二极管的电位实现电荷注入。输入栅 IG 加直流偏置,对注入电荷起控制作用,在 ϕ_2 到来期间,在 IG 和 ϕ_2 下形成阶梯势阱,当 S 处于正偏时,信号电荷通过输入栅下的沟道,被注入到 ϕ_2 下的深势阱中。被注入到 ϕ_2 下的势阱中的电荷量 $Q_{信}$ 取决于源区 S 的电压 U_{ID}、输入栅 IC 下的电导以及注入时间 T_c(时钟脉冲周期之半)。如果将 N$^+$ 区看成 MOS 晶体管的源极,IG 为其栅极而 ϕ_2 为其漏极,当它工作在饱和区时,输入栅 IG 下沟道电流为

$$I_S = \mu \frac{Z}{L_{IG}} \cdot \frac{C_j}{2} (U_{IG} - U_{ID} - U_{IT})^2 \qquad (4-47)$$

经过 T_c 时间的注入后,ϕ_2 下势阱中的电荷量为

$$Q_{信} = \mu \frac{Z}{L_{IG}} \cdot \frac{C_j}{2} (U_{IG} - U_{ID} - U_{IT})^2 \cdot T_c \qquad (4-48)$$

式中,μ 是表面电子迁移率;Z 是沟道宽度;L_{IG} 是 IG 的长度;U_{IG} 是 IG 的阈值电压。

由上式可见,这种注入方式的信号电荷 $Q_{信}$ 不仅依赖于 U_{IG} 和 T_c,而且与输入二极管所加偏压的大小有关,因此,$Q_{信}$ 与 U_{ID} 的线性关系较差。另外,信号由输入栅引入时,二极管可以处于反偏也可以处于零偏。

② 电压注入法。与电流积分法类似,也是把信号加到源扩散区 S 上,如图 4 - 42(b)示。所不同的是输入栅 IG 电极上加与 ϕ_2 同相位的选通脉冲,其宽度小于的脉宽。在选通脉冲的作用下,电荷被注入到第一个转移栅 ϕ_2 下的势阱里,直到阱的电位与 N$^+$ 区的电相位等时,注入电荷才停止。ϕ_2 下势阱中的电荷向下一级转移之前,由于选通脉冲已经停止,输入栅下的势垒开始把 ϕ_2 下的势阱和 N$^+$ 的分开;同时,留在 IG 下的电荷被挤到 ϕ_2 和 N$^+$ 的势阱中。由此可引起的电荷起伏,不仅产生输入噪声,而且使 $Q_{信}$ 与 U_{ID} 的线性关系变坏。这种起伏可以通过减小 IG 电极的面积来克服。另外,选通脉冲的截止速度减慢也会减小这种起伏。电压注入法的电荷注入量 $Q_{信}$ 与时钟脉冲频率无关。

(2)电荷检测。在 CCD 中,有效地收集和检测电荷是一个重要问题。CCD 的重要特性之一是信号电荷在转移过程中与时钟脉冲没有任何电容耦合,但在输出端则不可避免。因此。选择适当的输出电路可以将时钟脉冲融入输出的程度尽可能地小。目前 CCD 的输出方式,主要是电流输出。

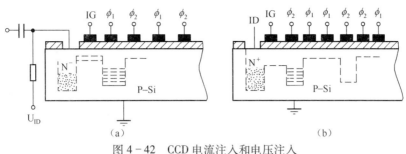

图 4 - 42　CCD 电流注入和电压注入

图 4 - 43 为电流输出方式,由反向偏置二极管收集信号电荷来控制 A 点电位的变化,直流偏置的输出栅 OG 用来使漏扩散和时钟脉冲之间退耦。由于二极管 R_D 反向偏置,形成一个深陷落信号电荷的势阱;转移到 ϕ_2 电极下的电荷包越过输出栅 OG、流入到深势阱中。若二极管输出电流为 I_D,则信号电荷 $Q_信$ 为

$$Q_信 = \int_0^{\Delta t} I_D \mathrm{d}t \qquad (4-49)$$

输出电流的线性和噪声只取决于输出二极管和芯片外放大器的有关电容。

2. CCD 类型

光束是通过透明电极或电极之间进入半导体的,所激发出来的光电子数与光强有关,也与积分时间长短有关,于是光强分布图就变成 CCD 势阱中光电子电荷分布图。积分完毕后,电极上的电压变成三相重叠的快速脉冲,把电荷包依次从输出端读出。在读出过程中,光依然照在 CCD 上,这就有新的光生电子掺入使读出数据失真。因此实际结构是把光敏的 CCD 和读出的移位寄存器分开,其具体形式有两种:单沟道线型和双沟道线型。

1)单沟道线型

如图 4 - 44 所示为单沟道线型 ICCD 的结构图。

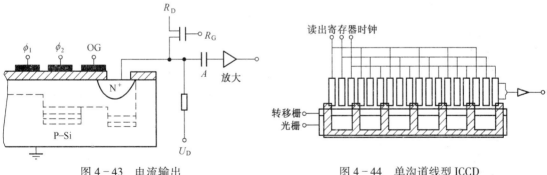

图 4 - 43　电流输出　　　　　　图 4 - 44　单沟道线型 ICCD

由图可见,其光敏阵列与转移区——移位寄存器是分开的,移位寄存器被遮挡。ICCD 也可用三相时钟脉冲驱动。这种器件在光积分周期 t_{INT} 里,光敏区在光的作用下产生光生电荷,存于由栅极直流电压形成的光敏 MOS 电容势阱中,当转移脉冲 ϕ_1 到来时,线阵光敏阵列势阱中的信号电荷并行转移到 CCD 移位寄存器中,最后在时钟脉冲的作用下,一位一位地移出器件,形成视频信号。这种结构的 CCD 的转移次数多,转移效率低,只适用于像敏单元较少的摄像器件。

2)双沟道线型

如图 4 - 45 所示为双沟道线型摄像器件,它具有两列 CCD 移位寄存器,分别在像敏阵列

的两边。当转移栅为高电位(对于 n 沟器件)时,光积分阵列的信号电荷包同时按箭头方向转移到对应的移位寄存器内,然后在驱动脉冲的作用下,分别向右转移,以视频信号输出。显然,同样像敏单元的双沟道线阵 ICCD 要比单沟道线阵 ICCD 的转移次数少近一半,它的总转移效率亦大大提高。故一般高于 512 位的线阵 ICCD 都设计成双沟道型的。

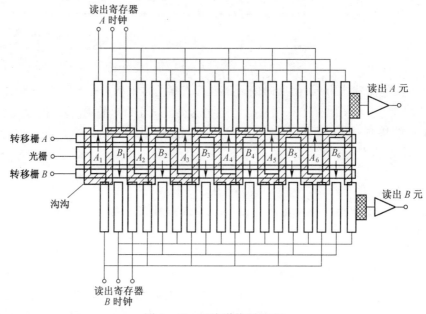

图 4-45　双沟道线型 ICCD

以上分析的为线阵 CCD,它只能对一维光强成像。同样可以把 CCD 作成面阵,就可以对二维光强成像,可以摄下一幅图像。

面阵 CCD 如图 4-46 所示。它可分成三个区域,即成像区、存储区和读出移位寄存区。

在成像区纵向方向作成几十行到 300 多行电荷耦合器(和线阵一样),行之间互不沟通,图中水平实线划出三相电极,它们由外电路提供三相驱动脉冲。存储区也与成像区有类似结构,只是有遮光材料使存储区对光屏蔽。它们的三组电极是沿垂直方向向上传输。读出移位寄存器的三相电极沿水平方向布置,电荷包沿水平方向传送,最后输出到外电路。

成像区摄像时,三相电极中的某一相处于合适电位,光生载流子的电荷就存储于这相电极之下的势阱中。积分到一定时间,在三相驱动脉冲作用下,把成像区的电荷包传送到(垂直往上),存储区,然后存储区逐行转移到读出寄存区。读出寄存器在三相脉冲作用下把像素的信号逐个输出。每读出一行以后,存储区再转移一行。如此重复,直到全部像素被输出。在存储区信号逐行输出的同时,成像区中另一电极工作于合适电压,对光强进行积分,这样隔行成像分辨率高。面阵 CCD 有足够像素与电视监视器配用,就成为固体摄像机。

3. CCD 摄像器件的基本性能

1) 分辨率

作为像敏感器件最重要的一个参数是空间分辨率。与可见光成像系统一样,可以输出调制传递函数(MTF)来评价。空间分辨率由像元尺寸和像元之间的间隔决定。

2) 暗电流

由热产生的少数载流子形成暗电流,在任何 CCD 都存在。在摄像 CCD 中,随着势阱对光生载流子的积分,热产生少数载流子也慢慢充满势阱,于是它往往影响到 CCD 的最低工作频

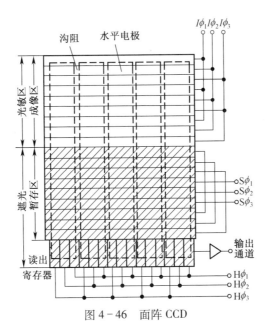

图 4 - 46　面阵 CCD

率。另外暗电流是随机噪声,对 CCD 列阵形成非均匀热噪声图像,个别单元出现高暗电流脉冲使势阱饱和。

3) 灵敏度与动态范围

理想的 CCD 摄像器件希望有高灵敏度和宽动态范围。灵敏度主要由器件响应度和各种噪声因素所决定。由于 CCD 机构较复杂,噪声源也较多,主要有光子噪声、暗电流噪声、快速表面捕获噪声、肥零噪声和输出电路噪声等。

这里所说动态范围是指对于有较大范围变化的光照时,仍能线性响应。它的上限是由电荷最大存储容量决定,下限仍是由噪声所限制。

4) 光谱响应

Si 材料光谱响应曲线如图 4 - 47 所示。红外 CCD 目前性能还较差。

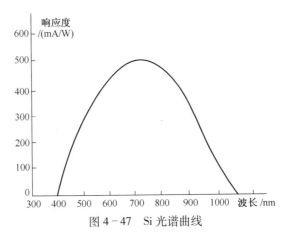

图 4 - 47　Si 光谱曲线

性能良好的 CCD 成像器件能够在 $(1.5 \sim 2.0) \times 10^{-2}$ lx 下成像,但在微光或夜间条件下成像质量很差或不能成像。因此出现了微光电荷耦合成像器件,它采用光子型或电子型的增强措施,即增强入射到 CCD 上的光,或以高速电子轰击 CCD,由此出现像增强型 CCD 及电子轰击型 CCD,还有在输出积累上采用延时积累输出系统,以提高微光下成像的能力,一般在照度为 1×10^{-3} lx 条件下可得到清晰的图像。

可见光 CCD 不能直接用于红外成像,这主要是因为热目标的周围背景辐射一般较强,且目标与背景的对比度太低,因此必须采用专门的红外电荷耦合成像器件。红外 CCD 为实现红外摄像的小型化、高性能、低功耗、低成本开辟了新道路,所以红外 CCD 器件以及普通可见光 CCD 器件都得到迅速发展,无论是民用还是军用方面都有广泛的应用前景。

4.6 热电检测器件

热电检测器件可以分为温差电偶、热敏电阻和热释电器件等多种。历史上人们对热电检测器件的研究比光子检测器件开展得更早,并最早得到应用。与光子检测器不同,热电检测器件是基于光辐射与物质相互作用的热效应制成的器件。热电检测器件工作的物理过程是:器件吸收入射辐射功率产生温升,温升引起材料某种有赖于温度的参量变化,检测该变化,可以探知辐射的存在和强弱。一般热电检测器件的响应时间很慢,为毫秒级。热电检测器件是利用热敏材料吸收入射辐射的总功率产生温升来工作的,而不是利用某一部分光子的能量,所以各种波长的辐射对于响应都有贡献。此外,工作时无需制冷是其另一特点。热电检测器件的主要缺点是灵敏度较低,响应时间较长。热释电检测器的灵敏度和响应速度比传统热电检测器件有了很大的提高。

➡ 4.6.1 温差电偶

温差电偶也叫热电偶,是最早出现的一种热电检测器件。其工作原理是利用热能和电能相互转换的温差电效应。

如图 4-48(a)所示的由两种不同的导体或半导体材料构成的闭合回路中,如果两个结点的温度不同,则在两个结点间产生温差电动势,这个电动势的大小和方向与该结点处两种不同的导体材料的性质和两结点处的温差有关。如果把这两种不同的导体材料接成回路,当两个接头处温度不同时,回路中即产生电流,这种现象称为温差电效应或塞贝克效应。产生热电流的电动势称为温差电动势或塞贝克电动势。通常用一个结点作测量端或热端,用于吸收光辐射而升温;另一结点为参考端或冷端,维持恒温(例如冰点或室温)。为了提高吸收系数,一般在热端都装有涂黑的金箔。如图 4-48(b)所示,是多个温差电偶串联起来构成的温差电堆。

构成温差电偶的材料,可以是金属,也可以是半导体。在结构上可以是线、条状的实体,也可以是利用真空沉积技术或光刻技术制成的薄膜。实体型的温差电偶多用于测温,薄膜型的温差电堆(由许多个温差电偶串联而成)多用于测量辐射。如图 4-49 所示是半导体材料制成的温差热电偶工作原理图。其热端接收辐射产生温升,半导体中载流子动能增加。因此多数载流子要从热端向冷端扩散,结果 P 型材料因缺少多数载流子空穴而热端带负电,冷端带正电;而 N 型材料的情况则正好相反。当冷端开路时,开路电压为

$$U_{OC} = \alpha\Delta T \qquad\qquad (4-50)$$

式中,α 为比例系数,称为塞贝克常数,也称温差电势率,单位为 V/℃;ΔT 为温度增量。

因热导 G 与材料性质和周边环境有关,所以为了使 G 较小,从而提高检测灵敏度,并使工作稳定,常把温差电偶或温差电堆放在真空外壳里,使得热交换主要以辐射的方式进行。

要使温差电偶的灵敏度提高,应选用温差电动势大的材料,并增大吸收系数。同时,内阻、

热导也要小。在交变辐射入射的情况下,调制频率低比调制频率高时的响应度高。减小调制频率 ω 和减小时间常数 τ_T 都有利于提高响应度,可是 ω 与 τ_T 是矛盾的,所以,响应度与带宽之积为一常数的结论,对于温差电偶也同样成立。温差电偶的时间常数多为毫秒量级,带宽较窄。因此温差电偶多用于测量恒定的辐射或低频辐射,只有少数时间常数小的器件才适用于测量中、高频辐射。

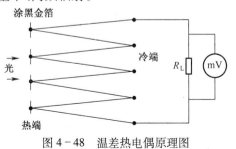

图 4 - 48　温差热电偶原理图

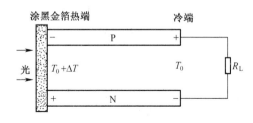

图 4 - 49　温差电势形成的物理过程

4.6.2　热敏电阻

　　热敏电阻是由电阻温度系数大的导体或半导体材料制成的电阻元件。热敏电阻有金属的和半导体的两种。制作热敏电阻的材料多为金、镍、铜等金属薄膜以及氧化锰、氧化镍、氧化钴等半导体金属氧化物。它们的主要区别是:金属热敏电阻的电阻温度系数多为正的,绝对值比半导体的小,其电阻与温度的关系多为线性的,耐高温能力较强,所以多用于温度的模拟测量;而半导体热敏电阻的电阻温度系数多为负的,绝对值比金属的大十多倍,其电阻与温度的关系是非线性的,耐高温能力较差,所以多用于辐射探测。

　　热敏电阻的物理过程是吸收辐射,产生温升,从而引起材料电阻的变化,其机理很复杂,但对于由半导体材料制成的热敏电阻可定性地解释为,吸收辐射后,材料中电子的动能和晶格的振动能都有所增加。因此,其中部分电子能够从价带跃迁到导带成为自由电子,从而使电阻减小,因而电阻温度系数是负的。对于由金属材料制成的热敏电阻,因其内部有大量的自由电子,在能带结构上无禁带,吸收辐射产生温升后,自由电子浓度的增加是微不足道的。相反,晶格振动的加剧却妨碍了电子的自由运动,从而电阻温度系数是正的,而且其绝对值比半导体的要小。

　　热敏电阻工作时受环境的温度影响比较大,所以一般工作时都加上补偿,将不受光照和受光照的热敏电阻共同接在电桥中,如图 4 - 50 所示为桥路形式。

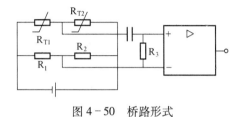

图 4 - 50　桥路形式

R_{T1}—接收元件;R_{T2}—补偿元件;R_1,R_2,R_3—普通电阻。

4.6.3　热释电检测器

　　热释电器件是一种利用某些晶体材料的自发极化强度随温度变化而产生的热释电效应制

成的新型热检测器件,它相当于一个以热电晶体为电介质的平板电容器。热电晶体具有自发极化性质,自发极化矢量能够随着温度变化,所以入射辐射可引起电容器电容的变化,因此可利用这一特性来检测变化的辐射。

1. 热释电效应

热敏晶体是压电晶体的一种,具有非中心对称的晶体结构。自然状态下,极性晶体内的分子在某个方向上的正负电荷中心不重合,从而在晶体表面存在着一定量的极化电荷。当晶体的温度变化时,可引起晶体的正负电荷中心发生位移,因此表面上的极化电荷即随之变化,这就是热释电效应,如图 4 - 51 所示。

温度恒定时,因晶体表面吸附有来自周围空气中的异性自由电荷,因而观察不到它的自发极化现象。自由电荷中和极化电荷的时间,根据环境中自由电荷的来源为数秒到数小时。如果晶体的温度在极化电荷被中和掉之前因吸收辐射而变化,则晶体表面的极化电荷亦随之变化,它周围的吸附电荷因跟不上它的变化,而使晶体表面失去电平衡,这时即显现出晶体的自发极化现象。这一过程的平均作用时间为 $\tau = \varepsilon / \sigma$,$\varepsilon$ 为晶体的介电系数,σ 为晶体的电导率。自发极化的弛豫时间很短,约为 10^{-12} s。所以,当入射辐射变化时,且仅当辐射的调制频率 $f > 1/\tau$ 时,才有热释电信号输出,即热释电检测器是工作于交变辐射下的非平衡器件。

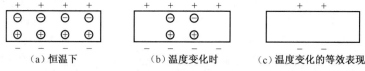

(a) 恒温下　　　　　(b) 温度变化时　　　　(c) 温度变化的等效表现

图 4 - 51　热敏晶体在温度变化时显示的热释电效应

设晶体的自发极化矢量为 P_s,P_s 的方向垂直于电容器的极板平面。接收辐射的极板和另一极板的重合部分面积为 A,辐射引起的晶体温度变化为 ΔT。由此,引起表面极化电荷的变化为

$$\Delta Q = A \Delta P_s \tag{4-51}$$

若使上式改变一下形式,则为

$$\Delta Q = A (\Delta P_s / \Delta T) \Delta T = A \lambda \Delta T \tag{4-52}$$

式中,$\lambda = \Delta P_s / \Delta T$ 为热释电系数。

2. 热释电器件的特性

按热释电器件的基本结构,其等效电路可表示为如图 4 - 52 所示的恒流源 I_s,图中 Rs 和 Cs 为晶体内部介电损耗的等效阻性和容性负载,R_L 和 C_L 为外接负载电阻和电容。

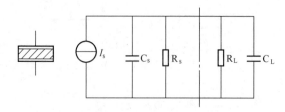

(a) 图形符号　　　　　　　(b) 等效电路

图 4 - 52　热释电器件的图形符号和等效电路

$$I_s = A \lambda \eta \Phi \omega / (G^2 + \omega^2 C_H^2)^{1/2} \tag{4-53}$$

输出电压为

$$U_s = \frac{A\lambda\eta\varPhi\omega R}{G\left(1+\omega^2\tau_T^2\right)^{1/2}\left(1+\omega^2\tau_e^2\right)^{1/2}} \tag{4-54}$$

式中，τ_T 为热时间常数，$\tau_T = C_H/G$；τ_e 为电路时间常数，$\tau_e = CR$，$R = R_s /\!/ R_L$，$C = C_s + C_L$；τ_T、τ_e 的数量级为 $0.1 \sim 10s$；A 为光敏面的面积；α 为吸收系数；λ 为入射辐射的波长；ω 入射辐射的调制频率。

由式（4-54）可得热释电器件的电压灵敏为

$$R_v = \frac{A\alpha\lambda\varPhi\omega R}{G\left(1+\omega^2\tau_T^2\right)^{1/2}\left(1+\omega^2\tau_e^2\right)^{1/2}} \tag{4-55}$$

该式表明，在低频段，当（$\omega \ll 1/\tau_T$ 或 $\omega \ll 1/\tau_e$）时，R_v 与 ω 成正比；当 $\omega = 0$ 时，$R_v = 0$；$\tau_T \neq \tau_e$ 时，设 $\tau_T > \tau_e$，在 $\omega = 1/\tau_T \sim 1/\tau_e$ 范围内，R_v 与 ω 无关，为一常数；高频段（$\omega \gg 1/\tau_T$ 和 $\omega \gg 1/\tau_e$）时，R_v 随 ω^{-1} 变化，即灵敏度与信号的调制频率成反比。图 4-53 给出了不同负载电阻 R_L 下的灵敏度频率特性，由图可见，增大 R_L 可提高灵敏度，但可用的频带变得很窄。

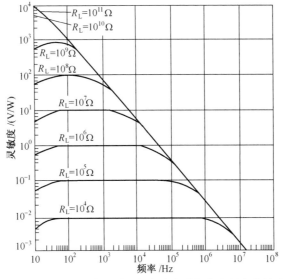

图 4-53　热释电检测器的频率响应随负载电阻变化关系

制作热释电器件的常用材料有硫酸三苷肽（TGS）晶体、钽酸锂（LiTaO₃）晶体、锆钛酸铅（PZT）类陶瓷、聚氟乙烯（PVF）和聚二氟乙烯（PVF₂）聚合物薄膜等。但无论哪种材料，都有一个特定温度，称为居里温度。当温度高于居里温度后，自发极化矢量减小为零，只有低于居里温度时，材料才有自发极化性质。所以正常使用时，都要使器件工作于离居里温度稍远一点的温度区。

在使用温差热电偶、热敏电阻和热释电器件时，应注意如下几点：

热电器件的共同特点是，光谱响应范围宽，对于从紫外到毫米量级的电磁辐射几乎都有相同的响应。而且响应灵敏度都很高，但响应速度较低。因此，具体选用器件时，要扬长避短，综合考虑。

（1）由半导体材料制成的温差电堆，响应灵敏度很高，但机械强度较差，使用时必须十分当心。它的功耗很小，测量辐射时，应对所测的辐射强度范围有所估计，不要因电流过大烧毁热端的黑化金箔。保存时，输出端不能短路，要防止电磁感应。

（2）热敏电阻的响应灵敏度也很高，对灵敏面采取制冷措施后，灵敏度会进一步提高。它的机械强度也较差，容易破碎，所以使用时要小心。与它相接的放大器要有很高的输入阻抗，流过它的偏置电流不能大，以免电流产生的焦耳热影响灵敏面的温度。

（3）热释电器件是一种比较理想的热检测器，其机械强度、响应灵敏度、响应速度都很高。根据它的工作原理，它只能测量变化的辐射，入射辐射的脉冲宽度必须小于自发极化矢量的平均作用时间。辐射恒定时无输出。利用它来测量辐射体温度时，它的直接输出是背景与热辐射体的温差，而不是热辐射体的实际温度。所以，要确定热辐射体实际温度时，必须另设一个辅助检测器，先测出背景温度，然后再将背景温度与热辐射体的温差相加，即得被测物的实际温度。另外，因各种热释电材料都存在一个居里温度，所以它只能在低于居里温度的范围内使用。

4.7 光电器件的选择和应用的注意事项

在光电器件的选择与应用时，应注意如下几点：

1. 光谱匹配

光电器件必须和辐射信号源以及光学系统在光谱特性上相匹配。

2. 动态响应

选择响应时间短或者上限频率高的器件，以保证输出波形具有良好的时间响应和没有频率失真。

3. 灵敏度

对于微弱光信号，器件需要噪声低、灵敏度高，以保证一定的信噪比和足够强的输出电信号。

4. 线性范围

使入射辐射通量的变化中心处于光电器件的线性范围内，以获得良好的线性检测。

5. 空间对准

光电器件的光敏面要与入射辐射在空间上匹配好。

6. 电特性匹配

光电器件还需和后续电路在电特性上相匹配，以保证最大的转换系数、线性范围、信噪比及快速的动态响应。

7. 长期工作的稳定性

注意选好器件的规格和使用的环境条件，保证在低于最大限额状态下正常工作。

4.8 光电检测电路

大多数的光电器件都需要经过检测与转换电路才能实现光电信号的变换，通常的光电检测电路由光电检测器件、输入电路和前置放大器组成。其中，光电检测器件是实现光电转换的核心器件，是沟通光学量和电子系统的接口环节。为了实现对光电器件输出信号的精确检测，前置放大及耦合电路是电信号必须经过的一个重要环节。输入电路是连接光电器件和前置放大及耦合电路的中间环节，它不仅为光电器件提供正常的电路工作条件，并且同时完成与前置放大及耦合电路的电路匹配。

为了保证光电检测系统处于最佳的工作状态,光电检测电路应满足以下技术要求:

（1）光电转换能力强。将光信号转变为适合的电信号,是实现光电检测的先决条件。所以,光电转换能力的高、低对整个光电检测系统具有至关重要的影响和作用。因此,具备较强的光电转换能力,是对光电检测电路的最基本要求。表示光电转换能力强、弱的参数,通常采用光电灵敏度（或称传输系数、转换系数、比率等）,即单位输入光信号的变化量所引起的输出电信号的变化量。一般而言,希望给定的输入光信号在允许的非线性失真条件下有最佳的信号传输系数,即光电特性的线性范围宽,斜率大,从而可以得到最大的功率、电压或电流输出。

（2）动态响应速度快。随着对检测系统与器件的要求不断提高,对检测系统每个环节动态响应的要求也随之提高。特别是在诸如光通信等领域,对光电器件以及光电检测电路的动态响应速度的要求甚至是第一位的。一般情况下,光电检测电路应满足信号通道所要求的频率选择性或对瞬变信号的快速响应。

（3）信号检测能力强。信号检测能力,主要是指光电检测电路输出信号中有用信号成分的多少,常用信噪比、功率等参数表征。通常要求光电检测电路具有可靠检测所必需的信噪比或最小可检测信号功率。

（4）稳定性、可靠性好。光电检测电路在长期工作的情况下应该稳定、可靠,特别是在一些特殊场合下,对稳定性、可靠性的要求会更高。

4.8.1　光电检测电路的带宽

电子系统的带宽 Δf 在低噪声前置放大及耦合电路的设计中是一个重要的参数,它与系统的性能有密切的关系。由于探测系统所接收的信号光功率占有的频谱范围都是有限的,而噪声频谱的范围可认为是无限的。所以,在保证信号有效带宽的前提下,限制电子系统的通频带可以有效地抑制噪声。

通常电路带宽的选择是以保持信号频谱中绝大部分能量通过而削掉部分频谱能量较低的高频分量为原则,对信噪比和信号失真折中考虑。例如,要检出正弦调幅信号,则带宽只要能通过中心频率加边频分量就够了。对于调频信号则可近似取为

$$\Delta f_m = 2(M_F+1)\Delta f \qquad (4-56)$$

式中,Δf_m 为所需带宽;M_F 是 F_M 调制系数;Δf 是负载波引起的频移。

对于脉冲信号,其主要频谱能量集中在 $\Delta f = 0 \sim 1/\tau$ 以内（τ 为脉冲宽度）。在实际系统中,从提高信噪比的角度考虑,并不要求保持脉冲信号的形状。所以通常按实际需要牺牲高频分量,保持必要的脉冲特性。也有少数系统要求保持脉冲形状不失真或失真很小,这就要求能通过较多的高频分量。

放大器对矩形脉冲的响应特性与放大器带宽有关,如图 4-54 所示,说明了所需保持的脉冲波形与电路的 3dB 带宽 Δf 之间的关系,其中,τ 为输入脉冲宽度。矩形脉冲的脉宽越窄,要求放大器的带宽就越宽。否则矩形脉冲将会被展宽,其幅度也随之下降。如图中 $\Delta f\tau = 0.25$ 的曲线所示。随着 Δf 加宽,输出信号与带宽平方成正。此峰值功率上升,响应时间缩短,如 $\Delta f\tau = 0.5$ 的曲线所示。当带宽再增加时,响应时间减小,输出信号的峰值功率很快达到常数且与带宽无关。由于输出噪声功率随带宽线性增加,因而,有一个最佳带宽,脉冲峰值功率和噪声功率之比为最大。对于矩形脉冲,当 $\Delta f\tau = 0.5$ 时出现最大值;对于其他各种形状的脉冲来说,获得信噪比最佳的带宽都在 $\Delta f\tau = 0.25 \sim 0.75$ 的范围内。

当要求保持脉冲的形状时,带宽要求更宽些。对于矩形脉冲,取 $\Delta f\tau = 4$ 时,才能准确保持脉冲形状。而在 $\Delta f\tau > 0.5$ 以后输出的峰值幅度已经基本不变。所以从信噪比的要求 $\Delta f\tau$ 不必超过 0.5。

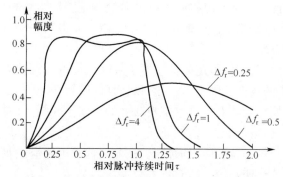

图 4-54 带宽对矩形脉冲波形和峰值的影响

4.8.2 光电检测电路的频率特性

1. 光电检测电路的高频特性

大多数光电检测器对检测电路的影响突出表现在对高频光信号响应的衰减上。因此,我们首先讨论光电检测电路的高频特性。现以图 4-55(a)所示的反向偏置的光敏二极管交流检测电路为例。图 4-55(b)给出了该电路的微变等效电路图。这里忽略了耦合电容 C 的影响,因为对于高频信号 C 可以认为是短路的。该电路的电路方程为

$$\begin{cases} i_L + i_g + i_j + i_b = S_E e \\ \dfrac{i_g}{g} = \dfrac{i_j}{j\omega C_j} = \dfrac{i_L}{G_L} = \dfrac{i_b}{G_b} = u_L \end{cases} \tag{4-57}$$

式中,S_E 为光电灵敏度;e 是入射光照度 $(e = E_0 + E_m \sin\omega t)$;$S_E e$ 是输入光电流;i_L 是负载电流;i_b 是偏置电流;i_j 是结电容电流;i_j 是光敏二极管反向漏电流。式中各光电量均是复数值。

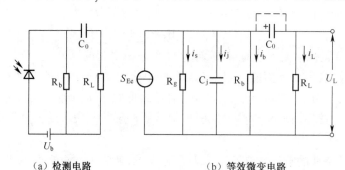

(a) 检测电路   (b) 等效微变电路

图 4-55 反向偏置光敏二级管交流检测电路及微变等效电路

求解式 (4-57)可得

$$\begin{cases} u_L = \dfrac{S_E e}{g + G_L + G_b + j\omega C_j} \\[2mm] i_L = \dfrac{u_L}{R_L} \end{cases} \tag{4-58}$$

式 (4-58)可以改写成下述形式：

$$u_{\rm L}=\frac{\dfrac{S_{\rm E}e}{g+G_{\rm L}+G_{\rm b}}}{1+{\rm j}\omega\left(\dfrac{C_{\rm j}}{g+G_{\rm L}+G_{\rm b}}\right)}=\frac{\dfrac{S_{\rm E}e}{g+G_{\rm L}+G_{\rm b}}}{1+{\rm j}\omega\tau_0} \qquad (4-59)$$

式中，$\tau_0=C_{\rm j}/g+G_{\rm L}+G_{\rm b}$，称为检测电路的时间常数。

由式 (4-59)可见，检测电路的频率特性不仅与光敏二极管参数 $C_{\rm j}$ 和 g 有关，而且还取决于放大电路的参数 $G_{\rm L}$ 和 $G_{\rm b}$。

对应检测电路的不同工作状态，频率特性式 (4-59)可有不同的简化形式。

（1）给定输入光照度，在负载上取得最大功率输出时，要求满足 $R_{\rm L}=R_{\rm b}$ 和 $g\ll G_{\rm b}$，此时

$$u_{\rm L}=\frac{S_{\rm E}\,eR_{\rm L}/2}{1+{\rm j}\omega\tau} \qquad (4-60)$$

时间常数和上限频率分别为 $\tau_0=R_{\rm L}C_{\rm j}/2$ 和 $f_{\rm H}=\dfrac{1}{2\pi\tau}=\dfrac{1}{\pi R_{\rm L}C_{\rm j}}$。

（2）电压放大时，希望在负载上获得最大电压输出，要求满足 $R_{\rm L}\gg R_{\rm b}(R_{\rm L}>10R_{\rm b})$ 和 $g\ll G_{\rm b}$，此时

$$u_{\rm L}=\frac{S_{\rm E}\,eR_{\rm L}}{1+{\rm j}\omega\tau} \qquad (4-61)$$

时间常数和上限频率分别为 $\tau_0=R_{\rm L}C_{\rm j}$ 和 $f_{\rm H}=\dfrac{1}{2\pi R_{\rm L}C_{\rm j}}$。

（3）电流放大时希望在负载上获取最大电流，要求满足 $R_{\rm L}\ll R_{\rm b}$ 且 g 很小，此时

$$u_{\rm L}=\frac{S_{\rm E}\,eR_{\rm L}}{1+{\rm j}\omega\tau} \qquad (4-62)$$

时间常数和上限频率分别为 $\tau_0=R_{\rm L}C_{\rm j}$ 和 $f_{\rm H}=\dfrac{1}{2\pi R_{\rm L}C_{\rm j}}$。

由式 (4-60)~式 (4-62)可以看出，为了从光敏二极管中得到足够的信号功率和电压，负载电阻 $R_{\rm L}$ 和 $R_{\rm b}$ 不能很小。但阻值过大又会使高频截止频率下降，降低了通频带宽度，因此负载电阻的选择要根据增益和带宽的要求综合考虑。只有在交流放大的情况下才允许 $R_{\rm L}$ 取得很小，并通过后级放大得到足够的信号增益。因此，常常采用低输入阻抗高增益的电流放大器使检测器件工作在电流放大状态，以提高频率响应。而放大器的高增益可在不改变信号通频带的前提下提高信号的输出电压。

2. 光电检测电路的综合频率特性

前面的讨论中为了强调说明负载电阻对频率特性的影响，忽略了电路中直流电容和分布电容等的影响，而这些参数又是确定电路通频带的重要因素。因此应研究光电检测电路的综合频率特性。

图 4-56(a)所示是一个光电输入电路，图 4-56(b)是它的等效电路。图中 C_0 是电路的布线电容，$C_{\rm i}$ 是放大器的输入电容，$C_{\rm c}$ 是级间耦合电容。输入电路的频率特性可表示为

$$W({\rm j}\omega)=\frac{U_{\rm L}({\rm j}\omega)}{E({\rm j}\omega)}=\frac{KT_0{\rm j}\omega}{(1+{\rm j}T_1\omega)(1+{\rm j}T_2\omega)} \qquad (4-63)$$

式中，$K=\dfrac{S_E R_g R_b}{R_g+R_b}$，当 $R_g\gg R_b$ 时，有 $K=S_E R_b$；$T_1=1/\omega_1$，ω_1 为下限截止频率；$T_2=1/\omega_2$，ω_2 为上限截止频率；$T_0=C_0 R_L$，$KT_0\approx S_E R_b R_L C_0$，输入电路的振幅频率特性可表示为

$$|W(j\omega)|=\frac{KT_0\omega}{\sqrt{(1+T_1\omega)^2(1+T_2\omega)^2}} \qquad (4-64)$$

将式（4-64）用对数表示，可得对数频率特性为

$$20\lg|W(j\omega)|=20\lg KT_0\omega-20\lg T_1\omega-20\lg T_2\omega \qquad (4-65)$$

式（4-65）的图解表示在图4-56（c）中，图中的虚线表示实际的对数特性，折线是规整化的特性。

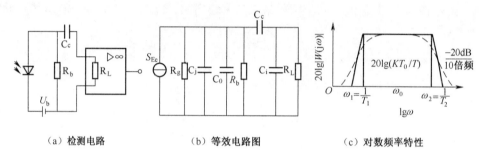

（a）检测电路　　　　　　　（b）等效电路图　　　　　　（c）对数频率特性

图4-56　光敏二极管交流检测电路及等效电路和对数频率特性

从图中可以看出，综合频率特性可以分为三个频段。

（1）低频段（$\omega<\omega_1=1/T_1$）：此频段内的频率特性可简化为

$$W_L(j\omega)=\frac{KT_0 j\omega}{1+j T_1\omega} \qquad (4-66)$$

相应的对数频率特性曲线以 20dB/（10 倍频）的斜率上升，在 $\omega=\omega_1=1/T_1$ 处曲线变平，曲线数值比中频段下降 3dB，称作下限截止频率，这是检测电路可能检测的低频信号的极限。

（2）中频段（$\omega_1<\omega<\omega_2$）：此频段的中心频率为 ω_0，频段满足 $\omega T_1\gg1$ 和 $\omega T_2\ll1$，相应的频率特性为

$$W_M(j\omega)=KT_0/T_1 \qquad (4-67)$$

这表明在中频范围内输入电路可以看作是理想的比例环节。通常将 $\omega_1=1/T_1$ 到 $\omega_2=1/T_2$ 之间的频率区间看成为电路的通频带，它的传递系数为 KT_0/T_1。

（3）高频段（$\omega>\omega_2=1/T_2$）：在此频段内，频率特性可简化为

$$W_H(j\omega)=\frac{KT_0/T_1}{1+j T_2\omega} \qquad (4-68)$$

对应的对数频率特性以 -20dB/（10 倍频）的斜率下降，在 $\omega=\omega_2=1/T_2$ 处下降为 3dB，该频率称作上限截止频率。

3. 光电检测电路频率特性的设计

在保证所需检测灵敏度的前提下获得最好的线性不失真和频率不失真，是光电检测电路设计的两个基本要求，前者属于静态设计的基本内容，后者是检测电路频率特性设计需要解决的问题。通常，快速变化的复杂信号可以看作是若干不同谐波分量的叠加，对于确定的环节，描述它对不同谐波输入信号的响应能力的频率特性是唯一确定的，对于多数检测系统，可以用其组成单元的频率特性间的简单计算得到系统的综合频率特性，有利于复杂系统的综合分析。

　　信号的频率失真会使某些谐波分量的幅度和相位发生变化导致合成波形的畸变。因此，为避免频率失真,保证信号的全部频谱分量不产生非均匀的幅度衰减和附加的相位变化,检测电路的通频带应以足够的宽裕度覆盖住光信号的频谱分布。

　　检测电路频率特性的设计大致包括以下三个基本内容：

　　（1）对输入光信号进行傅里叶频谱分析,确定信号的频率分布;

　　（2）确定多数光电检测电路的允许通频带宽和上限截止频率;

　　（3）根据级联系统的带宽计算方法,确定单级检测电路的阻容参数。

　　下面通过一个实例具体介绍频率特性的设计方法。

　　用 2DU1 型光敏二极管和两级相同的放大器组成光电检测电路。被测光信号的波形如图 $4-57(a)$ 所示,脉冲重复频率 $f = 200\text{kHz}$,脉宽 $t_0 = 0.5\mu\text{s}$,脉冲幅度 1V,设光敏二极管的结电容 $C_j = 3\text{pF}$,输入电路的分布电容 $C_0 = 5\text{pF}$,请设计该电路的阻容参数。

　　解：（1）分析输入光信号的频谱,确定检测电路的总频带宽度。

　　根据傅里叶变换函数表,对应图 $4-57(a)$ 的时序信号波形,可以得到如图 $4-57(b)$ 所示的频谱分布图,周期为 $T = 1/f$ 的方波脉冲时序信号,其频谱是离散的,谱线的频率间隔为 $\Delta f = 1/T = 200\text{kHz}$,频谱包络线零值点的分布间隔为 $F = 1/t_0 = 2\text{MHz}$。

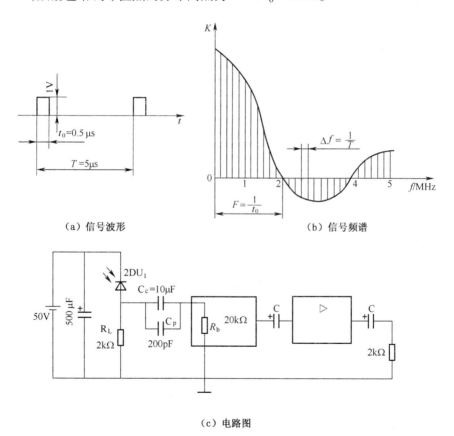

（a）信号波形　　　　　　　　　　（b）信号频谱

（c）电路图

图 $4-57$　光敏二极管检测电路

　　选取频谱包络线的第二峰值作为信号的高频截止频率,如图所示对应第二波峰包含 15 个谐波成分,高频截止频率 f_{HC} 取为

$$f_{HC} = 200\text{kHz}\times15 = 3\text{MHz}$$

此时可以认为是不失真传输。

取低频截止频率为200Hz,则检测放大器的总频带宽为$f_H = 3MHz$,$f_L = 200Hz$,带宽近似为$\Delta f = 3MHz$。

(2) 确定级联各级电路的频带宽度。

根据设计要求,检测电路由输入电路和两级相同的放大器级联组成,设三级带宽相同,根据电子学中系统频带宽度的计算公式,相同n级级联放大器的高频截止频率f_{nHC}为

$$f_{nHC} = f_{HC}\sqrt{2^{(1/n)} - 1} \qquad (4-69)$$

式中,f_{HC}是单级高频截止频率。

将$f_{nHC} = 3MHz$和$n = 3$代入上式,可算出单级高频截止频率f_{HC}为$f_{HC} = \dfrac{f_{nHC}}{\sqrt{2^{(1/n)} - 1}} = 6MHz$,

类似地,单级低频截止频率和多级低频截止频率之间有下列关系:

$$f_{nLC} = \dfrac{f_{LC}}{\sqrt{2^{(1/n)} - 1}} \qquad (4-70)$$

对于$f_{nLC} = 200Hz$,可计算出$f_{LC} = 102Hz$。

(3) 计算输入电路参数。

带宽为6MHz的输入电路应采用电流放大方式,此时利用上述有关公式可得

$$R_L = \frac{1}{2\pi f_{HC}(C_j + C_0)} = \frac{1}{2\pi \times 6\times 10^6 \times 8\times 10^{-12}}\Omega \approx 3.3k\Omega$$

选为2kΩ,此处为后级放大器的输入阻抗,为保证$R_L \ll R_b$,取$R_b = (10 \sim 20)R_L$,即$R_b = 10R_L = 20k\Omega$。耦合电容C值是由低频截止频率决定的,$f_{LC} = \dfrac{1}{2\pi(R_L + R_b)C}$,将$f_{LC} = 102Hz$代入上式,计算$C$值为$C = \dfrac{1}{6.28 \times 22 \times 10^3 \times 102}F \approx 0.07\mu F$,取$C = 1\mu F$,对于第一级耦合电容可适当增大10倍,取电容值为$10\mu F$。

(4) 选择放大电路。

选用二级通用的宽带运算放大器,放大器输入阻抗小于2kΩ,放大器通频带要求为6MHz,取为10MHz。

按上述估算得到的检测电路如图4-57(c)所示。图中,输入电路的直流电源电压50V,低于2DU1型光敏二极管的最大反向电压。并联的500μF电容用以滤除电源的波动。为减少C_c电解电容寄生电感的影响,并联了$C_p = 200pF$的电容。

4.8.3 光电检测电路应用实例

利用各种光电器件可以构成许多实用的光电检测电路,由红外光发生器和远距离放置的检测器实现遥控作用等,下面结合实际给出几种实用的光电检测电路。

1. 遮光报警电路

图4-58所示为一个遮光报警电路,图中CLM4为光敏电阻,它对照射光线的极微量变化有极高的灵敏度。通常,街道照明灯透过窗户照来的光线就能提供足够的环境照度。在本设备3.1m之内如有偷窥者活动,则光线减弱,光敏电阻阻值增大,引起晶闸管SCR的控制级脉冲幅度增加,于是晶闸管开始再生放大,从而使继电器吸合,声音报警器报警。

本电路的晶闸管不是作为开关元件使用,电位器 R_4 用来控制灵敏度,调节 R_4,使晶闸管能接收到来自交流电源线的正脉冲,但其脉冲幅度又不致使晶闸管产生再生效应。如果 S_2 断开,报警器在光线不发生变化时即停止报警。如果 S_2 闭合,报警器处于自锁状态,只有切断 S_1 才能使报警器不再发声。

2. 红外线防盗报警电路

如图 4–59 所示为一个红外线防盗报警电路,由发射电路(图 4–59(a))和接收电路(图 4–59(b))组成。其特点是灵敏可靠抗干扰,可在强光下工作。在发射电路中,由 F_1、F_2 和 R_1、C_1 组成多谐振荡器,产生 1~15kHz 的高频信号,经 VT 放大后驱动红外发光二极管 VL 发出高频红外光(IR)信号。

在接收电路中,当发射头前方有人阻挡或通过时,由发射机发出的高频 IR 信号被人体反射回来一部分,光敏二极管 VD 收到这一信号后,经 VT_1、VT_2、VT_3 及阻容元件组成的放大电路放大 IR 信号,然后送入音频译码器 LM567 进行识别译码,在 IC_1 的 8 号管脚产生一低电位,使 VT_4 截止。电源经 R_9、VD 向 C_7 充电,IC_2、TW8778 立即导通,使音响电路发出报警声。这时,即使人已通过"禁区",光敏二极管 VD 无信号接收,使 VT_4 导通,VD 截止,但由于 C_7 的放电作用,仍可在 10s 时间内维持 IC_2 导通,实现报警的记忆。

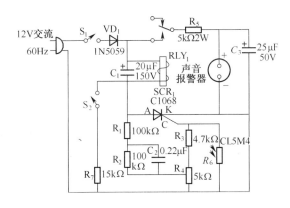

图 4–58 光电避光报警电路

3. 光控定时路灯电路

图 4–60 表示照明灯在傍晚工作若干小时后自动熄灭的光控定时灯的电路图,天黑后,在光电开关作用下,VT_4 导通,IC_1 等构成的振荡电路启振,IC_1 第 3 脚有脉冲不断输出。由于 C_3 的充电时间常数较大,且振荡电路的振荡周期 $T \ll R_7 C_3$,故刚开始工作时 C_3 上的电压等于 $1/3U_{cc}$,IC_2 的第 3 脚输出为高电压,触发双向晶闸管 SCR 导通,灯泡 ZD 两端发光。此后,C_3 在充电脉冲作用下,只要振荡电路满足充电时间 T_1 大于放电时间 T_2,且 $T_2 + T_1 \ll R_7 C_3$,即可使电容 C_3 上的电压在充、放电的过程中逐步上升,且上升速度可通过适当调整 T_2、T_1 时间常数和 R_7、C_3 的参数得到改变。当 C_3 上的电压升到大于 $1/3U_{cc}$ 时,IC_2 等构成的触发电路即会翻转,当输出由高电平转为低电平时,SCR 失去触发电压而阻断,电灯熄灭。

习题

4–1 光电子发射、光电导器件和光生伏特器件的工作原理有何不同?

4–2 光电倍增管的特点是什么? 为什么?

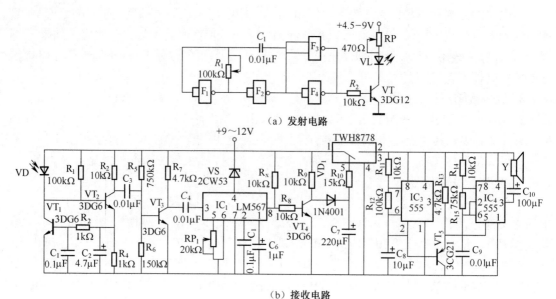

（a）发射电路

（b）接收电路

图 4-59　红外线防盗报警电路

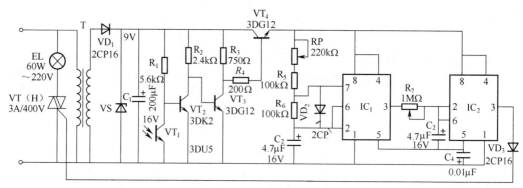

图 4-60　光控定时路灯电路

4-3　光电二极管主要的工作特性有哪些？使用时应注意哪些问题？

4-4　PIN 型光电二极管中 I 区起什么作用？

4-5　雪崩型光电二极管与普通光电二极管在工作原理上有什么区别？

4-6　光电二极管和光电三极管有什么区别？为什么光电三极管比光电二极管的输出电流可以大很多倍？

4-7　CCD 的重要参数有哪些？其物理意义是什么？

第5章

光电检测方法

本章主要讨论光直接检测、光外差检测和弱光信号的检测方法。

5.1 光直接检测方法

在光电检测系统中，根据光波对信息信号的携带方式，可分为直接检测系统和光外差检测系统。直接检测方式都是利用光源出射光束的强度去携带信息，光电检测器直接把接收到的光强度变化转换为电信号变化，最后用解调电路检出所携带的信息。直接检测是一种简单而又实用的方法，现有的各种光检测器都可使用这种检测方法。

5.1.1 光直接检测系统的基本原理

所谓光电直接检测是将待测光信号直接入射到光检检测器的光敏面上，光检测器响应于光辐射强度（幅度）而输出相应的电流或电压。一种典型的直接检测系统模型方框如图 5-1 所示。

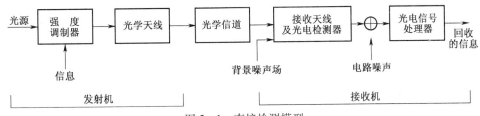

图 5-1 直接检测模型

检测系统可经光学天线或直接由检测器接收光信号，在其前端还可经过频率滤波（如滤光片）和空间滤波（如光阑）等处理。接收到的光信号入射到光检测器的光敏面上（若无光学天线，则仅以光检测器光敏面接收光场）；同时，光学天线也接收到背景辐射，并与信号一起入射到检测器光敏面上。

假定入射的信号光电场为 $E_s(t) = A\cos\omega t$，式中 A 是信号光电场振幅，ω 是信号光的频率，平均光功率为

$$P_s = \overline{E_s^2(t)} = A^2/2 \tag{5-1}$$

光检测器输出的电流为

$$I_s = \alpha P_s = \frac{e\eta}{h\nu}\overline{E_s^2(t)} = \frac{e\eta}{2h\nu}A^2 \tag{5-2}$$

式中,$\overline{E_s^2(t)}$ 表示 $E_s^2(t)$ 的时间平均值;α 为光电变换比例常数,且有

$$\alpha = \frac{e\eta}{h\nu} \tag{5-3}$$

若光检测器的负载电阻为 R_L,则光检测器输出电功率为

$$P_o = I_s^2 R_L = \left(\frac{e\eta}{h\nu}\right)^2 P_s^2 R_L \tag{5-4}$$

式(5-4)说明,光检测器输出的电功率正比于入射光功率的平方。这又被称为光检测器的平方律特性,即光电流正比于光电场振幅的平方,电输出功率正比于入射光功率的平方。如果入射光是调幅波,即 $E_s(t) = A[1+d(t)]\cos\omega t$,式中 $d(t)$ 为调制信号。仿照式(5-2)的推导可得

$$i_s = \frac{1}{2}(\alpha A^2 + \alpha A^2 d(t)) \tag{5-5}$$

式中第一项为直流项。若光检测器输出端有隔直流电容,则输出光电流只包含第二项,这就是包络检测的意思。

5.1.2 光直接检测系统的基本特性

1. 直接检测系统的信噪比

众所周知,任何系统都需一个重要指标——信噪比,来衡量其质量的好坏,其灵敏度的高低与此密切相关。模拟系统的灵敏度可以用信噪比表示。

设入射到光检测器的信号光功率为 P_s,噪声功率为 P_n,光检测器输出的信号电功率为 P_o,输出的噪声功率为 P_{no},由式(5-4)可知

$$P_o + P_{no} = (e\eta/h\nu)^2 \cdot R_L \cdot (P_s + P_n)^2 = (e\eta/h\nu)^2 \cdot R_L \cdot (P_s^2 + 2P_sP_n + P_n^2) \tag{5-6}$$

考虑到信号和噪声的独立性,则有

$$P_o = (e\eta/h\nu)^2 \cdot R_L \cdot P_s^2, P_{no} = (e\eta/h\nu)^2 \cdot R_L \cdot (2P_sP_n + P_n^2)$$

根据信噪比的定义,则输出功率的信噪比为

$$(SNR)_P \frac{P_o}{P_{no}} = \frac{P_s^2}{2P_sP_n + P_n^2} = \frac{(P_s/P_n)^2}{1 + 2(P_s/P_n)} \tag{5-7}$$

从上式可以看出:

1 若 $P_s/P_n \ll 1$,则有

$$(SNR)_P \approx \left(\frac{P_s}{P_n}\right)^2 \tag{5-8}$$

这说明输出信噪比等于输入信噪比的平方。由此可见,直接检测系统不适用于输入信噪比小于1或者微弱光信号的检测。

(2) 若 $P_s/P_n \gg 1$,则有

$$(SNR)_P \approx \frac{1}{2}\frac{P_s}{P_n} \tag{5-9}$$

这时输出信噪比等于输入信噪比的 1/2,即经光电转换后信噪比损失了 3dB,这在实际应用中还是可以接受的。

2. 直接检测系统的视场角

视场角亦是直接检测系统的性能指标之一,它表示系统能"观察"到的空间范围。对于检测系统,被测物看作是在无穷远处,且物方与像方两侧的介质相同。在此条件下,检测器位于焦平面上时,其半视场角(图 5-2)为

$$\omega = \frac{d}{2f}\ ,\text{或视场角立体角}\ \Omega\ \text{为}\ \Omega = \frac{A_\mathrm{d}}{f^2} \tag{5-10}$$

式中,d 为检测器直径;A_d 为检测器面积;f 为焦距。

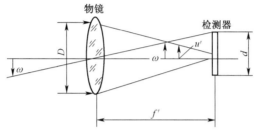

图 5-2　直接检测系统视场角

从观察范围而言,即从发现目标的观点考虑,希望视场角越大越好。但由式(5-10)可看出,增大视场角 Ω 时,可增大检测器面积或减小光学系统的焦距。这两方面对检测系统的影响都不利:①增加检测器的面积意味着增大系统的噪声。因为对大多数检测器而言,其噪声功率和面积的平方根成正比。②减小焦距使系统的相对孔径加大,这也是不允许的。另一方面视场角加大后,引入系统的背景辐射也增加,使系统灵敏度下降。因此,在设计系统的视场角时要全面权衡这些利弊,在保证检测到信号的基础上尽可能减小系统的视场角。

5.2　光外差检测方法

光外差检测在激光通信、雷达、测长、测速、测振和光谱学等方面都很有用途。其检测原理与微波及无线电外差检测原理相似。光外差检测与光直接检测比较,其测量精度要高 7~8 个数量级。它的灵敏度达到了量子噪声限,其 NEP 值可达 10^{-20} W。可以检测单个光子,进行光子计数。用外差检测目标或外差通信的作用距离比直接检测远得多。但是外差检测要求相干性极好的光波。

5.2.1　光外差检测的基本原理

光外差检测原理方框图示于图 5-3。图中 f_s 为信号光波,f_L 为本机振荡(本振)光波,这两束平面平行的相干光,经过分光镜和可变光阑入射到检测器表面进行混频,形成相干光场。经检测器变换后,输出信号中包含 $f_\mathrm{c}=f_\mathrm{s}-f_\mathrm{L}$ 的差频信号,故又称相干检测。

下面用经典理论来分析两光束外差后的结果。设入射到检测器上的信号光场为

$$f_\mathrm{s}(t) = A_\mathrm{s}\cos(\omega_\mathrm{s}t+\varphi_\mathrm{s}) \tag{5-11}$$

本机振荡光场为

$$f_\mathrm{L}(t) = A_\mathrm{L}\cos(\omega_\mathrm{L}t+\varphi_\mathrm{L}) \tag{5-12}$$

那么,入射到检测器上的总光场为

$$f(t) = A_s\cos(\omega_s t + \varphi_s) + A_L\cos(\omega_L t + \varphi_L) \qquad (5-13)$$

由于光检测器的响应与光电场的平方成正比,所以光检测器的光电流为

$$i_p(t) \propto \overline{f^2(t)} = \overline{[f_s(t) + f_L(t)]^2}$$

式中,横线表示在几个光频周期上的平均。将上式展开,则有

$$i_p(t) = \alpha \overline{f^2(t)} = \alpha \overline{[f_s(t) + f_L(t)]^2} = \alpha \{ A_s^2 \overline{\cos^2(\omega_s t + \varphi_s)} + A_L^2 \overline{\cos^2(\omega_L t + \varphi_L)}$$

$$+ A_s A_L \overline{\cos[(\omega_L + \omega_s)t + (\varphi_L + \varphi_s)]} + A_s A_L \overline{\cos[(\omega_L - \omega_s)t + (\varphi_L - \varphi_s)]} \} \qquad (5-14)$$

式中,$\alpha = e\eta/h\nu$ 为光电变换比例常数;η 为量子效率;$h\nu$ 为光子能量;$\omega_c = \omega_L - \omega_s$ 称为差频。

上式中第一、二项为余弦函数平方的平均值,等于 $1/2$。第三项(和频项)频率太高,光混频器不响应。而第四项(差频项)相对光频而言,频率要低得多。当差频 $(\omega_L - \omega_s)/2\pi = \omega_c/2\pi$ 低于光检测器的截止频率时,光检测器就有频率为 $\omega_c/2\pi$ 的光电流输出。

如果把信号的测量限制在差频的通频范围内,则可得到通过以 ω_c 为中心频率的带通滤波器的瞬时中频电流为

$$i_c(t) = \alpha A_s A_L \cos[(\omega_L - \omega_s)t + (\varphi_L - \varphi_s)]$$

$$(5-15)$$

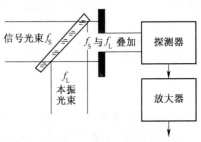

图 5-3 外差检测原理示意图

从上式可以看出,中频信号电流的振幅 $\alpha A_s A_L$、频率 $(\omega_L - \omega_s)$ 和相位 $(\varphi_L - \varphi_s)$ 都随信号光波的振幅、频率和相位成比例地变化。在中频滤波器输出端,瞬时中频信号电压为

$$V_c = \alpha A_s A_L R_L \cos[(\omega_L - \omega_s)t + (\varphi_L - \varphi_s)] \qquad (5-16)$$

式中,R_L 为负载电阻。

中频输出有效信号功率就是瞬时中频功率在中频周期内的平均值,即

$$P_c = \frac{\overline{V_c^2}}{R_L} = 2\left(\frac{e\eta}{h\nu}\right)^2 P_s P_L R_L \qquad (5-17)$$

式中,$P_s = A_s^2/2$ 为信号光的平均功率;$P_L = A_L^2/2$ 为本振光的平均功率。

当 $\omega_L = \omega_s$,即信号光频率等于本振光频率时,则瞬时中频电流为

$$i_c(t) = \alpha A_s A_L \cos(\varphi_L - \varphi_s) \qquad (5-18)$$

这就是外差检测的一种特殊情况,通常称为零差检测。

5.2.2 光外差检测特性

从上面的讨论可以看出,光外差检测具有以下几个特点。

(1) 光外差检测可获得全部信息。光外差检测中,光检测器输出的电流不仅与信号光和本振光的光波振幅成正比,而且输出电流的频率、相位还与合成光振动频率、相相位等。因此,外差检测不仅可检测振幅和强度调制的光信号,还可检测频率调制及相位调制的光信号。这种在光检测器输出电流中包含有信号光的振幅、频率和相位的全部信息,是直接检测所不可能有的。

(2) 光外差检测转换增益高。由式(5-17)可知,光外差检测中频输出有效信号功率为

$P_c = 2\left(\dfrac{e\eta}{h\nu}\right)^2 P_s P_L R_L$，在直接检测中，检测器输出的电功率为 $P_o = \left(\dfrac{e\eta}{h\nu}\right)^2 P_s^2 R_L$，在两种情况下，都假定负载电阻为 R_L。在同样信号光功率 P_s 下，这两种方法所得到的信号功率比 G 为

$$G = \frac{P_c}{P_o} = \frac{2P_L}{P_s} \qquad\qquad (5-19)$$

式中，G 称为转换增益。由于在外差检测中，本机振荡光功率 P_L 比信号光功率大几个数量级是容易达到的，所以外差转换增益可以高达 $10^7 \sim 10^8$。

　　应当指出，入射到光检测器上的信号光功率通常是比较小的（尤其在远距离上应用），因而，在直接检测中光检测器输出的信号也是很微弱的。在外差检测过程中，尽管信号光功率非常小，但是只要本振光功率 P_L 足够大，仍能得到可观的中频输出。这就是光外差检测对微弱信号的检测特别有利的原因。

　　（3）良好的滤波性能。在直接检测过程中，光检测器除接受信号光以外，杂散背景光也同时入射到光检测器上。在光外差检测过程中，只有落在中频带宽以内的杂散背景光才能进入检测系统。因而，杂散背景光不会在原来信号光和本振光所产生的相干项上产生附加的相干项。因此，对于光外差检测来说，杂散背景光的影响可以略去不计。由此可见，光外差检测方法具有良好的滤波性能。

　　（4）信噪比损失小。如果入射到检测器上的光场不仅存在信号光波 $f_S(t)$，还存在背景光波 $f_B(t)$，可由式（5-15）推理得出检测器的输出电流为 $I_C = 2\alpha\sqrt{(P_S + P_B)P_L}$，输出信噪比为

$$\frac{I_s}{I_n} = \frac{2\alpha\sqrt{P_S P_L}}{2\alpha\sqrt{P_B P_L}} = \sqrt{\frac{P_S}{P_B}} = \frac{A_S}{A_B} \qquad\qquad (5-20)$$

　　上式说明，外差检测的输出信噪比等于信号光波和背景光波振幅的比值，输入信噪比等于输出信噪比，因此，输出信噪比没有任何损失。式（5-20）中噪声仅包含输入背景噪声，没有考虑检测器本身的噪声的影响。

　　图 5-4 是一种典型的外差检测的实验装置，光源是经过稳频的 CO_2 激光器。由分束镜把入射光分成两路，一路经过投射和反射的作为本振光波，其频率为 f_L；另一路经过反射和透射为信号光束。转镜转动相当于目标沿光波方向有一运动速度，光的回波就产生了多普勒频移，其频率为 f_S。可变光阑用来限制两光束射向光电检测器的空间方向。线栅偏振器用来使两束光变为偏振方向相同的相干光，然后两束光垂直投射到检测器上。

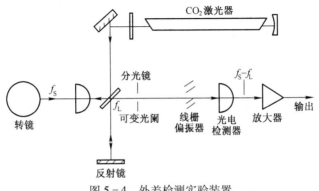

图 5-4　外差检测实验装置

5.2.3　光外差检测的条件要求

影响外差检测灵敏度的因素很多,如本振场的频率稳定度、噪声、信号光波和本振光波的空间调准及场匹配、光源的多模、传输通道的干扰以及电子噪声等都影响检测灵敏度。在这里只考虑光外差检测的空间条件和频率条件。

1. 光外差检测的空间条件

在前面的讨论中,假定信号光束和本振光束平行并垂直入射到光电检测器表面上,即信号光和本振光的波前在光检测器光敏面上保持相同的相位关系,据此导出了式(5-15)。由于光的波长比光检测器光敏面积小得多,实质上混频作用是在一个个小面积元上产生的,即总的中频电流等于光敏面上每一微分面积元所产生的微分中频电流之和。显然,只有当这些微分中频电流保持恒定的相位关系时,总的中频电流才会达到最大值。这就要求信号光和本振光的波前必须重合。也就是说,必须保持信号光和本振光在空间上的角准直。

为了研究两光束波前不重合对光外差检测的影响,假设信号光和本振光都是平面波,现在考虑信号光束和本振光束之间的夹角为 θ,且信号光束的波阵面平行于光敏面(图5-5)的情况。

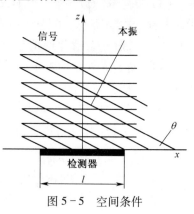

图5-5　空间条件

设信号光束 $f_S(t) = A_S e^{j(\omega_S t + \varphi_S)}$,本振光束 $f_L(t) = A_L e^{j(\omega_L t + \varphi_L)}$,由于本振光与信号光波前有一失配角 θ,故本振光束到达光敏面时,在不同点 x 处有着不同的波前,即有不同的相位差 $\Delta\varphi$。相位差等于光程差波矢之乘积,即 $\Delta\varphi = \dfrac{2\pi}{\lambda_L} x\sin\theta = \beta x$,式中,$\beta = \dfrac{2\pi}{\lambda_L}\sin\theta$,并认为折射率为1。

于是,本振光波可表示为 $f_L(t) = A_L \exp[j(\omega_L t + \varphi_L - \beta x)]$,上述两束光投射到检测器上时,根据检测器的输出特性,其 x 点的相应电流为 $di = \alpha A_s A_L \cos[\omega_c t + (\varphi_s - \varphi_L) + \beta x]dx$,整个光敏面总相应电流为

$$i = \int_{A_d} \alpha A_s A_L \cos[\omega_c t + (\varphi_s - \varphi_L) + \beta x]dxdy$$

$$= \alpha' A_s A_L \cos\left\{[\omega_c t + (\varphi_s - \varphi_L)]\frac{\sin\beta\dfrac{l}{2}}{\dfrac{\beta l}{2}}\right\} \tag{5-21}$$

式中,A_d 为检测器的面积;l 为 x 方向的长度。

由上式可知,当 $\dfrac{\sin\beta l/2}{\beta l/2} = 1$ 时,即 $\sin\beta l/2 = \beta l/2$ 时,中频电流 i 最大。显然,为满足此关系,必须使 $\beta l/2 > 0 \to 0$。而 $\beta = \dfrac{2\pi}{\lambda_L}\sin\theta$,代入得

$$\sin\theta \ll \frac{\lambda_L}{\pi l} \tag{5-22}$$

上式即为外差检测的空间相位条件,即要求本振光和信号光波阵面的相位 $\theta \ll \arcsin\dfrac{\lambda_L}{\pi l}$。显然,失配角 θ 与 λ_L 成正比,与检测器尺寸 l 成反比,即波长越长,光检测器的口径越小,则所

允许的失配角就越大。

　　例如，当 $\lambda_L = 10^{-4} cm$，检测器光敏面 $l = 0.1 cm$ 时，则 $\sin\theta \ll 3.2 \times 10^{-4}$，$\theta \ll 3.2 \times 10^{-4} rad$。实验证明，用稳频的 $10.6 \mu m$ 的 CO_2 激光器作外差检测实验，只有当 $\theta < 2.6 mrad$ 时，才能看到清晰的差频信号。

　　由此可见，光外差检测的空间准直要求是十分严格的。要形成强的差频信号，必须使信号光束和本振光束在空间准直得很好。而背景杂散光总是来自四面八方，各个方向都有，绝大部分背景光不与本振光准直，也就不能产生明显的差频信号。因此，外差检测在空间上能很好地抑制背景噪声，具有很好的空间滤波性能。但外差检测要求严格的空间条件也带来了不便，即调准两个光束困难。

2. 光外差检测的频率条件

　　光外差检测除了要求信号光和本振光必须保持空间准直以外，还要求信号光和本振光具有高度的单色性和频率稳定度。

　　从物理光学的观点来看，光外差检测是两束光波叠加后产生干涉的结果。显然，这种干涉取决于信号光束和本振光束的单色性。所谓光的单色性是指这种光只包含一种频率或光谱线极窄的光。激光的重要特点之一就是具有高度的单色性。由于原子激发态总有一定的能级宽度，激光谱线总有一定的宽度 Δv。一般来说 Δv 越窄，光的单色性就越好。

　　信号光和本振光的频率漂移如不能限制在一定范围内，则光外差检测系统的性能就会变坏。这是因为，如果信号光和本振光的频率相对漂移很大，两者频率之差就有可能大大超过中频滤波器带宽。因此，光混频器之后的前置放大和中频放大电路对中频信号不能正常地加以放大。所以，在光外差检测中，需要采用专门措施稳定信号光和本振光的频率，这也是光外差检测方法比直接检测方法更为复杂的一个重要原因。

5.2.4　光外差检测系统对检测器性能的要求

　　光外差检测系统的性能，在很大程度上取决于检测器的性能。因此，外差检测对检测器的要求一般比直接检测对检测器的要求高得多。其主要要求如下：

　　(1) 响应频带宽。外差检测是利用运动目标与检测仪器之间因相对运动而产生的多普勒频移来实现其测距、测速和跟踪的。被检测的目标不同，其产生的多普勒回波特性也将不同，即使同一目标，它的运动速度也是在不断变化的。这样，多普勒频移的变化范围就很宽，所以要求检测器的响应范围要相当宽，甚至达上千兆赫兹。

　　(2) 均匀性好。在外差检测中检测器即为混频器，信号光束和本机振荡光束直接在检测器上发生相干而产生差频信号。为了使信号光和本机振荡光在光敏面上的每一处都得到相同的外差效果，必须保证检测器的光电性能在整个光敏面上都是一致的。

　　(3) 工作温度高。用于实验室工作时，因对设备的复杂性及体积大小没有苛刻要求，可选用工作温度低的检测器，如 GeCu 工作在 4.2K 是可行的。但如果在室外工作，特别是在空间应用时，不允许有庞大的设备装置，则需选工作温度高的检测器。如 HgCdTe，一般温度工作在 77K，并能在 $105 \sim 195K$ 范围内工作。

5.2.5　光外差检测系统举例

　　光外差通信、干涉测量技术和多普勒测速都是光外差检测的典型应用，这里着重介绍光外差通信。

光外差通信基本上都是采用 CO_2 激光器做光源。因为 CO_2 激光器的发射波长为 $10.6\mu m$,这一波长恰好位于大气窗口之内,衰减系数较小。另外,CO_2 激光波长容易实现外差接收。

如图 5-6 所示为 CO_2 激光外差通信原理框图,它由光发射系统及接收系统两大部分组成。CO_2 激光发射系统由光学发射天线、CO_2 激光器及稳频回路组成。光学发射天线用反射式望远系统。

激光谐振腔由工作物质及两块反射镜组成,其中一块是全反射镜,另一块反射镜的反射率为 98%,激光就从这块反射镜上输出。全反射镜通过压电陶瓷与腔体连接,改变压电陶瓷的轴向长度就改变了谐振腔长,从而控制 CO_2 激光波长。

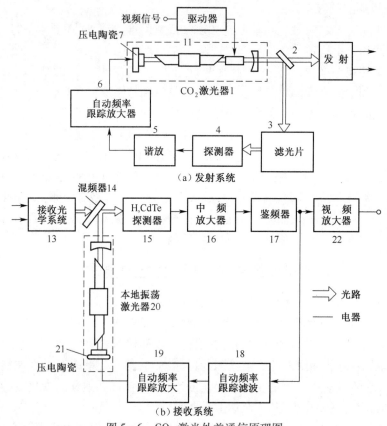

图 5-6 CO_2 激光外差通信原理图

其稳频原理如下:输出的激光经选择性反射镜 2 把一小部分能量反射到标准滤光片 3 上,此滤光片的滤光曲线如图 5-7 所示。为控制激光频率,$10.6\mu m$ 不在峰值处,而在曲线的上升段。当波长偏离 $10.6\mu m$ 时,输出光通量发生相应的变化,经光电检测器 4(可用热释电器件)把此波长的变化转换成相应的电信号的变化,经谐振放大器 5 放大后送到频率跟踪电路 6 去控制压电陶瓷的伸缩率(压电陶瓷的伸缩与加在它上面的电压值成比例)。由滤波曲线可知,当发射波长增加时,光通量亦增加,经光电转换及谐振放大器输出的电压也增大,加在压电陶瓷器后使腔长缩短,发

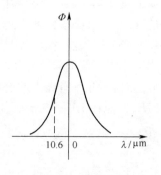

图 5-7   滤光曲线

射频率提高,波长减短;反之,则波长加长。因而将发射频率控制在 $10.6\mu m$ 处。

被传送的信息(视频信号)经驱动电路 11 加到 CdS 电光调制器上(为提高调制效率,调制器放在激光谐振腔体内),被传送的信息携载到 CO_2 激光波长上发送到空间。

在接收端,由光学系统(接收天线 13)把载有信息的 CO_2 激光能量收集在混频器 14 上,同时本地振荡 CO_2 激光器 20 发出的光也投射在混频器上。经混频后的光投射在 HgCdTe 检测器上输出电信号。此电信号经滤波后只保存了差频信号,这一差值通常设计在 30MHz 的中频段。再经中频放大、鉴频后还原出被传送的视频信号。

为得到稳定的差频信号,本机振荡光也需稳频,否则被传输信息的失真度加大。稳频过程与激光发射稳频过程类似,不过,稳频控制信号取自于视频信号。当激发频率发生偏离时,鉴频器 17 输出信号也产生了变化,经频率跟踪滤波器 18 滤波放大后,控制压电陶瓷,改变谐振腔腔长,使激光频率稳定。

HgCdTe 检测器在接收 $10.6\mu m$ 激光波长时,需在液氮 77K 下制冷工作。CO_2 激光通信用于地面时,由于大气湍流的影响,通信效果不佳,但用于卫星之间及卫星与地面站之间的数据传递则大有发展前途。

5.3　弱光信号检测方法

在光电检测中,常常遇到待测信号被噪声淹没的情况,即弱光信号。例如。对于空间物体的检测,常常伴随着强烈的背景辐射;在光谱测量中特别是吸收光谱的弱谱线,更容易被环境辐射或检测器件的内部噪声所淹没。这样就使得通过光电检测器转换后得到的光电信号的信噪比(SNR)很小,仅有一个低噪声的前置放大及耦合电路是不够的,还要设法将淹没信号的噪声尽量地减小,以便从噪声中将信号或信号所携带的信息提取出来,这就需要采取一些特殊的从噪声中提取、恢复和增强被测信号的技术措施。

通常的噪声(闪烁噪声和热噪声等)在时间和幅度变化上都是随机发生的,分布在很宽的频谱范围内,而信号所占的频带比较集中,噪声的频谱分布和信号频谱大部分不相重叠,也没有同步关系。因此,降低噪声、改善信噪比的基本方法可以采用压缩检测通道带宽的方法。当噪声是随机白噪声时,检测通道的输出噪声正比于频带宽的平方根,只要压缩的带宽不影响信号输出就能大幅降低噪声输出。

但是对于淹没在噪声中的弱光信号,相应比较好的检测方法有锁相放大器、取样积分器和光子计数器。下面逐个讨论这些方法的工作原理和应用。

5.3.1　锁相放大器

锁相放大器是一种对交流信号进行相敏检波的放大器。它不仅利用信号的频率特性,同时还抓住信号的相位特点,即"锁定"信号的频率和相位。这样,噪声的频率既要落在信号通带之内,又要和信号的相位相同才能有响应,而这样的几率是非常小的,因此,能大幅度抑制无用噪声,改善信噪比。此外,锁相放大器有很高的检测灵敏度,信号处理比较简单,因此是弱光信号检测的一种有效方法。利用锁相放大器可以检测出噪声比信号大 $10^4 \sim 10^6$ 倍的微弱光电信号。

1. 锁相放大原理

图 5-8 给出了锁相放大器的基本组成,它由信号通道、参考通道和相敏检波组成。信号

通道对混有噪声的初始信号进行选频放大,对噪声作初步的窄带滤波;参考通道通过锁相和移相提供一个与被测信号同频同相的参考电压;相敏检波由混频乘法器和低通滤波器组成,输入信号 U_s 与参考信号 U_r 在相敏检波器中混频,得到一个与频差有关的输出信号 U_o,U_o 经过低通滤波器后得到一个与输入信号幅度成比例的直流输出分量 U_o'。

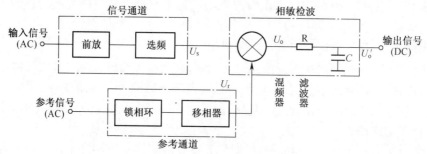

图 5-8　锁相放大器的组成框图

设乘法器的输入信号 U_s 和参考信号 U_r 分别有下列形式:

$$U_s = U_{sm}\cos\left[(\omega_0 + \Delta\omega)t + \theta\right] \tag{5-23}$$

$$U_r = U_{rm}\cos\omega_0 t \tag{5-24}$$

则混频器输出信号 U_o 为

$$U_o = U_s U_r = \frac{1}{2}U_{sm}U_{rm}\{\cos(\theta + \Delta\omega t) + \cos[(2\omega_0 + \Delta\omega)t + \theta]\} \tag{5-25}$$

式中,$\Delta\omega$ 是 U_s 和 U_r 的频率差;θ 为相位差。

由上式可见,通过输入信号和参考信号的相关运算后,输出信号的频谱由 ω_0 变换到差频 $\Delta\omega$ 与和频 $2\omega_0$ 的频段上。这种频谱变换的意义在于可以利用低通滤波器得到窄带的差频信号。同时,和频信号 $2\omega_0$ 分量被低通滤波器滤除,于是,输出信号 U_o' 变为

$$U_o' = \frac{1}{2}U_{sm}U_{rm}\cos(\theta + \Delta\omega t) \tag{5-26}$$

式(5-26)表明:输入信号中只有那些与参考电压同频率的分量才使差频信号 $\Delta\omega = 0$。此时,输出信号是直流信号,它的幅值取决于输入信号幅值并与参考信号和输入信号相位差有关,且有

$$U_o' = \frac{1}{2}U_{sm}U_{rm}\cos\theta \tag{5-27}$$

当 $\theta = 0$ 时,$U_o' = \frac{1}{2}U_{sm}U_{rm}$;当 $\theta = \frac{\pi}{2}$ 时,$U_o' = 0$。也就是说,在输入信号中,由于只有被测信号本身和参考信号有同频锁相关系,因此能得到最大的直流输出。其他的噪声和干扰信号或者由于频率不同,造成 $\Delta\omega \neq 0$ 的交流分量,被后接的低通滤波器滤除;或者由于相位不同而被相敏检波器截止。虽然那些与参考信号同频率同相位的噪声分量也能够输出直流信号并与被测信号相叠加,但是几率很小,这种信号只占白噪声的极小部分。因此,锁相放大能以极高的信噪比从噪声中提取出有用信号来。

2. 相敏检波电路

为使相敏检波器工作稳定、开关效率高,参考信号采用间隔相等的双极性方波信号,中心频率锁定在被测信号频率上。这种相敏检波器也称为开关混频器。检波后的低通滤波器用来滤除差频信号。原则上,滤波器的带宽与被测信号的频率无关,因为在频率跟踪的情况下,差

频很小,所以带宽可以做得很窄。采用一阶 RC 滤波器,其传递函数为

$$K = \frac{1}{\sqrt{1+\omega^2 R^2 C^2}} \tag{5-28}$$

对应的等效噪声带宽为

$$\Delta f_e = \int_0^\infty K^2 \mathrm{d}f = \int_0^\infty \frac{\mathrm{d}f}{1+\omega^2 R^2 C^2} = \frac{1}{4RC} \tag{5-29}$$

取 $\tau_0 = RC = 30\mathrm{s}$,有 $\Delta f_e = 0.008\mathrm{Hz}$。对于这种带宽很小的噪声,似乎可以用窄带滤波器加以消除。但是带通滤波器的频率不稳定限制了滤波器的带宽 $\Delta f_e = f_r/2Q$ 值(式中 Q 为品质因数,f_r 为中心频率),使可能达到的 Q 值最大限值只有 100。因此,实际上单纯依靠压缩带宽来抑制噪声是有限度的。但是,由于锁相放大器的同步检相作用,只允许和参考信号同频同相的信号通过,所以它本身就是一个带通滤波器。它的 Q 值可达 10^8,通频带宽可达 $0.01\mathrm{Hz}$。因此锁相放大器有良好的改善信噪比的能力。对于一定的噪声,噪声电压正比于噪声带宽的平方根。因此,信噪比的改善可表示为

$$\frac{(\mathrm{SNR})_o}{(\mathrm{SNR})_i} = \frac{\sqrt{\Delta f_i}}{\sqrt{\Delta f_o}} \tag{5-30}$$

式中,$(\mathrm{SNR})_o$ 和 $(\mathrm{SNR})_i$ 是锁相放大器的输出、输入信噪比;Δf_i 和 Δf_o 是对应的噪声带宽。

例如,当 $\Delta f_i = 10\mathrm{kHz}$ 和 $\tau_0 = 1\mathrm{s}$ 时,有 $\Delta f_o = 0.25\mathrm{Hz}$,则信噪比的改善为 200 倍(46dB)。目前锁相放大器的可测频率从十分之几赫兹到 1MHz,电压灵敏度达 $10^{-9}\mathrm{V}$,信噪比改善可达 1000 倍以上。

综上所述,锁相放大技术包括下列四个基本环节:

(1)通过调制或斩光,将被测信号由零频范围转移到设定的高频范围内,检测系统变成交流系统;

(2)在调制频率上对有用信号进行选频放大;

(3)在相敏检波器中对信号解调,同步调制作用截断了非同步噪声信号,使输出信号的带宽限制在极窄的范围内;

(4)通过低通滤波器对检波信号进行低通滤波。

锁相放大器的特点:

(1)要求对入射光束进行斩光或光源调制,适用于调幅光信号的检测;

(2)是极窄带高增益放大器,增益可高速 10^{11}(220dB),滤波器带宽可窄到 0.0004Hz,品质因数 Q 值达 10^8 或更大;

(3)是交流信号—直流信号变换器,相敏输出正比于输入信号的幅度和与参考电压的相位差;

(4)可以补偿光检测中的背景辐射噪声和前置放大器的固有噪声,信噪比改善可高达 1000 倍。

3. 锁相放大器的应用

将光通量测量方法和锁相放大器相结合,能组成各种类型的弱光检测系统。图 5-9(a)给出了采用锁相放大器的补偿法双通道测光装置的示意图。该系统具有自动补偿辐射光源强度波动的补偿能力,称作零值平衡系统。锁相放大器输出波形如图 5-9(b)所示,输出直流电压控制伺服电机带动可变衰减器运动。当系统平衡时,读出可变衰减器的透过率就相当于被测样品的透射率。

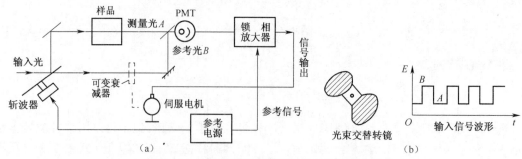

图 5-9　补偿法双通道测光装置的锁相放大器

图 5-10 所示为锁相放大器应用于一种双光束系统测量样品透光率。该系统采用双频斩光器,它具有二排光孔的调制盘,在转动过程中给出两种不同频率的光通量,分别经过测量通道和参考通道后由同一光电检测器件接收。光电倍增管的输出含有两种频率的信号,采用两个锁相放大器,分别采用不同频率的参考电压,这样测得测量光束和参考光束光通量的数值,再用比例计算得到两束光束的比值,得到了归一化的被测样品透过率值。该系统的测量结果与输入光强度的变化无关,能同时补偿照明光源和检测器灵敏度的波动。

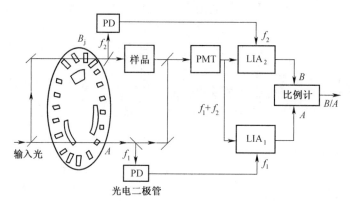

图 5-10　采用两个锁相放大器的双频双光束系统测量样品透光率

5.3.2　取样积分器

1. 取样积分器原理

取样积分器(boxcar),也是一种微弱信号检测系统。它利用周期性信号的重复特性,在每个周期的同一相位处多次采集波形上某点的数值,其算术平均的结果与该点处的瞬时值成比例,于是各个周期内取样平均信号的总体便展现了待测信号的真实波形,而噪声多次重复的统计平均值为零,所以可大大提高信噪比,再现被噪声淹没的信号波形。

人们生活中也常用类似的原理解决问题。例如,打电话时对方听不清,可以多次重复原话,逐渐能听清,就是用积累的方法提高了信噪比。它是利用信号的前后关联性,经多次重复能够有效地积累,而噪声前后不相关,积累效果就差,从而可获得“干净”的无噪声的信号。

取样积分器抑制噪声的基础是取样平均原理。设输入信号 $F(t)$ 由有用信号 $S(t)$ 和噪声 $N(t)$ 组成,其中 $S(t)$ 为周期重复信号,即

$$F(t) = S(t) + N(t) \tag{5-31}$$

$$S(t) = S(t+nT) \quad (n=1,2,\cdots) \tag{5-32}$$

式中, T 为信号重复周期; 噪声 $N(t)$ 为随机量, 其大小均方值给出, 即

$$N(t) = \sqrt{\overline{N^2(t)}} \qquad (5-33)$$

如对输入信号 $F(t)$ 进行 m 次采样并叠加, 总累积值将为

$$F_0 = \sum_{n=1}^{m} F(t + nT) = \sum_{n=1}^{m} S(t + nT) + \sum_{n=1}^{m} N(t + nT) = mS(t) + \sqrt{m}\, N(t) \quad (5-34)$$

其中对 $N(t+nT)$ 的求和为二级统计求和, 即

$$\sum_{n=1}^{m} N(t + nT) = \sqrt{\overline{N^2(t+T)} + \overline{N^2(t+2T)} + \cdots} = \sqrt{m\,\overline{N^2(t)}} = \sqrt{m}\, N(t) \quad (5-35)$$

计算信噪改善比

$$\frac{(\text{SNR})_o}{(\text{SNR})_i} = \frac{mS(t)}{\sqrt{m}\, N(t)} \frac{N(t)}{S(t)} = \sqrt{m} \qquad (5-36)$$

式中, $(\text{SNR})_i$ 和 $(\text{SNR})_o$ 分别为输入和输出信号的信噪比。

可见输出端信噪比已经得到了改善, 其改善程度与取样平均次数的平方根 (即 $\sqrt{m}$) 成比例。显然, 取样点数越多 (测量次数越多), 信噪比改善越明显, 信号恢复越精确, 但需要平均积累的时间也越长。

取样积分器就是根据上述原理设计的, 它以窄脉冲取样门对伴有噪声的周期信号逐点移动取样, 并对每一点的取样平均值作积分平均, 就可以检测输入信号中特定点的瞬时值。当取样点足够时, 可使信号得到精确恢复。

2. 测量方式

取样积分器根据被测信号的形式可以分为两种基本的工作方式: 测量连续光脉冲信号幅度的稳态测量方式和测量信号时序波形的扫描测量方式。

1) 稳态测量方式

图 5-11 给出了稳态测量的取样积分器示意框图。输入信号经前级放大输入到取样开关, 开关的动作由触发信号控制, 它是由调制辐射光通量的调制信号形成的。触发输入经延时电路按指定时间延时, 控制脉宽控制器产生确定宽度的门脉冲加在取样开关上。在开关接通时间内, 输入信号通过电阻 R 向存储电容 C 上充电, 得到信号积分值。由取样开关和 RC 积分电路组成的门积分器是取样积分器的核心。

设积分器的充电时间常数 $\tau_0 = RC$, 则经过 N 次取样后, 电容 C 上的电压值 U_c 为

$$\tau_0 = RCU_c = U_s\left[1 - \exp\left(-\frac{t_g}{\tau_0} N \right) \right] \qquad (5-37)$$

式中, U_s 为信号电压; t_g 是开关接通的时间。

当 $t_g N \gg \tau_0$ 时, 电容 C 上的电压能跟踪输入信号的波形, 得到 $U_c = U_s$ 的结果。门脉冲宽度 t_g 决定输出信号的时间分辨率, t_g 越小, 分辨率越高, 比 t_g 更窄的信号波形将难以分辨。在这种极限情况下, t_g 和输入噪声等效带宽 Δf_{ei} 之间有下列关系:

$$t_g = 1/(2\Delta f_{ei}) \qquad (5-38)$$

或

$$\Delta f_{ei} = 1/(2t_g) \qquad (5-39)$$

门积分器输出的噪声等效带宽等于低通滤波器的噪声带宽, 即 $\Delta f_{eo} = 1/4RC$, 所以对于单次取样的积分器, 其信噪比改善为

$$\frac{(\text{SNR})_o}{(\text{SNR})_i} = \frac{\sqrt{\Delta f_{ei}}}{\sqrt{\Delta f_{eo}}} = \sqrt{\frac{2RC}{t_g}} \qquad (5-40)$$

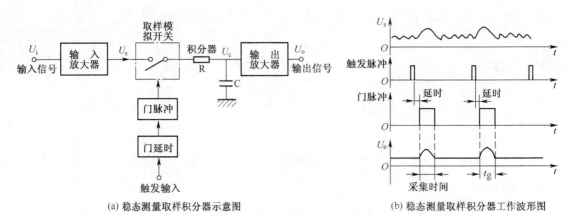

(a) 稳态测量取样积分器示意图   (b) 稳态测量取样积分器工作波形图

图 5-11 稳态测量取样积分器及工作波形

式中,$(\mathrm{SNR})_i$ 和 $(\mathrm{SNR})_o$ 分别为输入和输出信号的信噪比。

对于 N 次取样平均器,积分电容上的取样信号连续叠加 N 次,这时,信号取样是线性相加的,而随机噪声是矢量相加的。因此,信噪比得到改善。若单次取样信噪比为 SNR_1,则多次取样的信噪比 SNR_N 为

$$\mathrm{SNR}_N = \sqrt{N}\,\mathrm{SNR}_1 \qquad\qquad (5-41)$$

即信噪比改善随 N 增大而提高。

2) 扫描测量方式

在上述测量方式中,取样脉冲在连续周期性信号的同一位置采集信号,积分器工作于稳态方式或称为定点方式。扫描测量方式与稳态测量方式的一个区别是,若门延迟的时间借助慢扫描电压缓慢而连续地改变,使取样脉冲和相应触发脉冲之间的延时依次增加,于是对每一个新的触发脉冲,取样脉冲缓慢移动,扫描整个输入信号的过程。这种情况下积分器的输出变成信号波形的复制,称作扫描测量取样积分器。图 5-12 给出了这种积分器的装置示意图和工作波形,图中触发脉冲同时控制门延时电路,产生延时间隔随时间线性增加的取样脉冲串,另一个区别是在每次取样之后要用开关将放电电容 C 短路,使积分器复原,准备下一个数据的采集。扫描测量方式的工作波形表示在图 5-12(b) 中。图 5-13 给出了一个扫描取样积分器的取样积累过程。

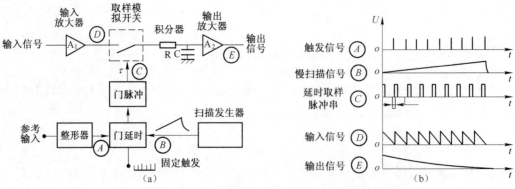

图 5-12 扫描测量取样积分器及工作波形

综上所述,用取样积分器检测弱光电信号包括以下几个测量步骤:

(1) 用低噪声光电检测器对调制后的周期性的弱光信号或脉冲进行光电变换;

（2）利用产生光脉冲的激励源取得和输入光脉冲同步的触发电信号；

（3）取样积分器设置门延迟和门脉冲宽度控制单元，以便形成与触发脉冲具有恒定延时或延时与时间成线性关系的可调脉宽取样脉冲串；

（4）取样脉冲控制取样开关，对连续的周期性变化信号进行定点取样或扫描取样；

（5）积分器对取样信号进行多次线性累加或重复采集，经滤波后获得输出信号。

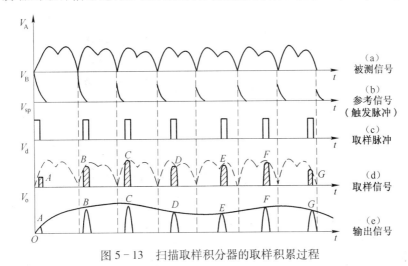

图 5-13　扫描取样积分器的取样积累过程

用取样积分器测量弱光电信号具有以下特点：

（1）适用于由脉冲光源产生的连续周期性变化的信号波形测量或单个光脉冲的幅度测量，需要与光脉冲同步而与噪声不同步的激励信号；

（2）取样积分器在每个信号脉冲周期内只取一个输入信号值，可以对输入波形的确定位置进行重复测量，也可以通过自动扫描再现出整个波形；

（3）在多次取样过程申，门积分器对被测信号的多次取样值进行线性叠加，而对随机噪声是矢量相加的，所以，对信号有恢复和提取的作用；

（4）在测量占空比小于 50% 的窄脉冲光强度的情况下，要比锁相放大器有更好的信噪比；

（5）用扫描方式测量信号波形时能得到 100ns 的时间分辨力。

3. 取样积分器的应用

新研制的数字式取样积分器中，RC 平均化单元的作用由数字处理代替，可以进行随机寻址存储，并且能长时间保存。这些装置在对激光器光脉冲、磷光效应、荧光寿命、发光二极管余辉等的测试中得到应用。图 5-14 表示利用取样积分器组成的测量发光二极管余辉的装置示意图。图中采用脉冲发生器作激励源，驱动发光二极管工作。用光电倍增管或其他检测器接收，进而用取样积分器测量。脉冲发生器给出的参考信号，同时控制积分器的取样时间。

图 5-15 给出一种激光分光器原理图，它用来测量超导螺线管中的样品透过率随磁场变化的函数。图中脉冲激光器用脉冲发生器触发，同时提供一个触发信号给取样积分器。当激光器工作时，激光光束通过单色器改善光束单色性。为了消除激光能量起伏的影响，选用双通道测量。激光束分束后一束由 B 检测器直接接收，另一束透过置于超导螺旋管中的样品，由 A 检测器接收。A、B 通道信号由双通道取样积分器检测后，给比例器输出，可得到相对于激光强度的归一化样品透射率。

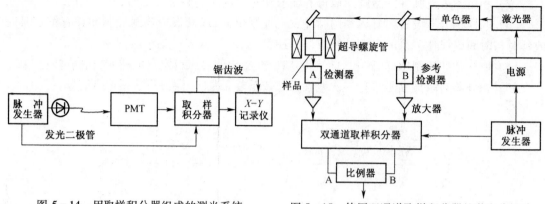

图 5-14　用取样积分器组成的测光系统　　　图 5-15　使用双通道取样积分器的激光分析计

5.3.3　光子计数器

弱光检测中,当光微弱到一定程度时,光的量子特征便开始突出。光子计数器是利用光电倍增管检测单个光子能量,通过光电子计数的方法测量极微弱光脉冲信号的装置。

高质量光电倍增管的特点是有较高的增益、较宽的通频带(响应速度)、低噪声和高量子效率,当可见光的辐射功率低于 10^{-12} W,即光子速率限制在 $10^9/s$ 以下时,光电倍增管光电阴极发射出的光电子就不再是连续的。因此,在倍增管的输出端会产生有光电子形式的离散信号脉冲。可借助电子计数的方法检测到入射光子数,实现极弱光强或通量的测量。根据对外部扰动的补偿方式不同,光子计数器分为基本型、辐射源补偿型和背景补偿型。

1. 基本型

图 5-16 给出了基本的光子计数器示意图。入射到光电倍增管阴极上的光子引起输出信号脉冲,经放大器输送到一个脉冲高度鉴别器上。由放大器输出的信号中,除有用光子脉冲之外还包括器件噪声和多光子脉冲,后者是由时间上不能分辨的连续光子集合而成的大幅度脉冲。峰值鉴别器的作用是从中分离出单光子脉冲,再用计数器计数光子脉冲数。计算出在一定时间间隔内的计数值,以数字和模拟形式输出。比例计用于给出正比于计数脉冲速率的连续模拟信号。

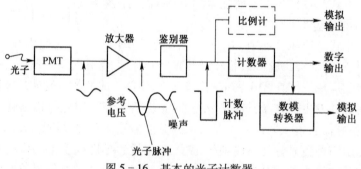

图 5-16　基本的光子计数器

实际上,除了单光子激励产生的信号脉冲外,光电倍增管还输出热发射、倍增级电子热发射和多光子发射以及宇宙线和荧光发射引起的噪声脉冲(图 5-17)。其中,多光子脉冲幅值最大,其他脉冲的高度相对要小些。因此,为了鉴别出各种不同性质的脉冲,可采用脉冲峰值鉴别器。简单的单电平鉴别器具有一个阈值电平 V_{s1},调整阈值位置可以除掉各种非光子脉冲而只对光子信号形成计数脉冲。对于多光子大脉冲,可以采用有两个阈值电平的双电平鉴别器(又称窗鉴别器)。它仅仅使落在两电平间的光子脉冲产生输出信号,而对高于第一阈值 V_{s1} 的热噪声和低于第二阈值 V_{s2} 的多光子脉冲没有反应。脉冲幅度的鉴别作用抑制了大部分的噪声脉冲,减少了光电倍增管由于增益随时间和温度漂移而造成的有害影响。

光子脉冲由计数器累加计数。图5-18给出简单计数器的原理示意图,它由计数器 A 和定时器 B 组成。利用手动或自动启动脉冲,使计数器 A 开始累加从鉴别器来的信号脉冲,计数器 C 同时开始计由时钟脉冲源来的计时脉冲。这是一个可预置的减法计数器。事先由预置开关置入计数值 N。设时钟脉冲频率为 f_c,则计时器预置的计数时间是

$$t = N/f_c \tag{5-42}$$

于是在预置的时间 t 内,计数器 A 的累加计数值可计算为

$$A = f_A t = \frac{f_A}{f_c} N \tag{5-43}$$

式中,f_A 是平均光脉冲计数率。上式给出了待测光子数的实测值。

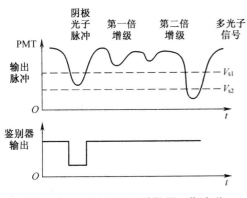

图5-17 基本型光子计数器工作波形

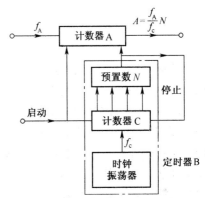

图5-18 计数器原理示意图

2. 辐射源补偿型

为了补偿辐射源的起伏影响,采用如图5-19所示的双通道系统,在测量通道中放置被测样品,光子计数 R_A 随样品透过率和照明辐射源的波动而改变。参考通道中用同样的放大鉴别器测量辐射源的光强,输出计数 R_c 只由光源起伏决定。若计数器中用源输出 R_A 去除信号输出 R_c,将得到源补偿信号 R_A/R_c。则

$$A = R_A \cdot t = R_A \cdot N/R_c = \frac{R_A}{R_c} \cdot N$$

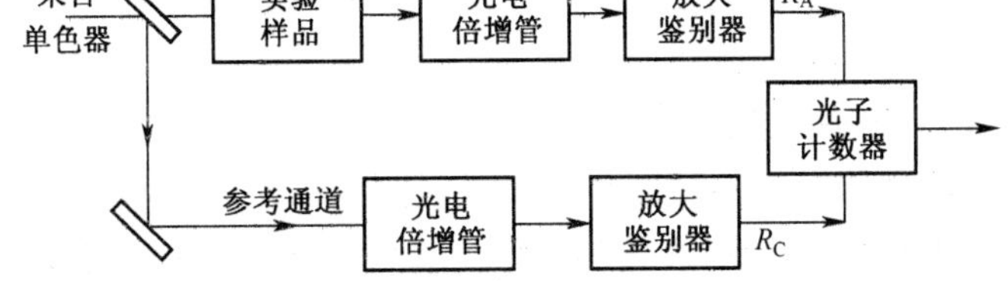

图5-19 辐射源补偿型

3. 背景补偿型

在光子计数器中,光电倍增管受杂散光或温度的影响,引起背景计数比较大的变化,应该

把背景计数由每次测量中扣除。为此采用如图 5 - 20 所示背景补偿光子计数器,这是一种斩光器或同步计数方式。斩光器用来通断光束,产生交替的"信号+背景"和"背景"的光子计数,同时,为光子计数器 A、B 提供选通信号。当斩光器叶片挡住输入光线时,放大鉴别器输出的是背景噪声 N,这些噪声脉冲在定时电路的作用下由计数器 B 收集。当斩光器叶片允许入射光通向倍增管时,鉴别器的输出包含了信号脉冲和背景噪声$(S+N)$,它们被计数器 A 收集。这样在一定的测量时间内,经多次斩光后计算电路给出了两个输出量,即信号脉冲 $A-B=(S+N)-N=S$。

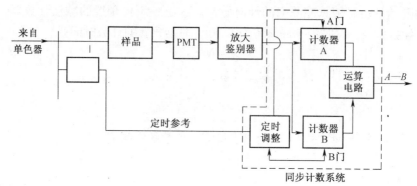

图 5 - 20　背景补偿

根据前述说明,光子计数技术的基本过程可归纳如下:

(1) 用光电倍增管检测弱光的光子流,形成包括噪声信号在内的输出光脉冲;

(2) 利用脉冲幅度鉴别器鉴别噪声脉冲和多光子脉冲,只允许单光子脉冲通过;

(3) 利用光子脉冲计数器检测光子数,根据测量目的,折算出被测参量;

(4) 为补偿辐射源或背景噪声的影响,可采用双通道测量方法。

光子计数方法的特点是:

(1) 只适合于极弱光的测量,光子的速率限制在$10^9/s$ 左右,相当于 1nW 的功率,不能测量包含许多光子的短脉冲强度;

(2) 不论是连续的、斩光的、脉冲的光信号都可以使用,能取得良好的信噪比;

(3) 为了得到最佳性能,必须选择光电倍增管和装备带制冷器的外罩;

(4) 不用数模转换即可提供数字输出,可方便地与计算机连接。

目前,单光子计数技术已用于散射光的测量、高分辨率光谱测量、大气测污、对月测距和天文测光等多方面。

 习题

5 - 1　举例说明什么是直接探测,适用于什么场合?

5 - 2　试述光外差探测的原理和特点。

5 - 3　光外差探测需要满足哪些条件要求?

5 - 4　什么是弱光信号? 有哪些检测方法? 各适用于什么场合?

5 - 5　锁相放大器去除噪声改善检测信噪比的原理是什么? 请叙述采用两个锁相放大器的双频双光束测量样品透光率应用例子的工作过程。

5 - 6　说明取样积分器的大大提高信噪比再现被噪声淹没的信号波形的原理(不需要信噪比推导公式,只需要文字描述即可)。

下篇(应用技术篇)

第6章

基于光强度调制的检测系统

基于光强调制原理所建立的检测系统称为光强度调制检测系统。根据检测对象、任务要求和检测精度等指标不同,可分成多种光强度调制检测系统。下面介绍基于光强度调制的检测系统原理、设计与应用。

6.1 光电开关与光电转速计

光电转速计与光电开关是最简单的光强度调制检测系统,它们具有结构简单、工作可靠、响应速度快和寿命长等优点,现已得到广泛应用。

6.1.1 光电开关

传统接触式行程开关存在响应速度低、精度差、接触检测容易损坏被检测物及寿命短等缺点,而电容接近开关的作用距离短,不能直接检测非金属材料。光电开关则克服了它们的上述缺点,而且具有体积小、功能多、寿命长、精度高、响应速度快、检测距离远以及抗光、电、磁干扰能力强等特点。光电开关分为主动型和被动型光电开关。主动型光电开关由 LED 管和光电二极管、光电三极管或光电达林顿管组成。被动型光电开关主要有光敏电阻、光电二极管等组成。

1. 透射分离型主动开关

用发光管和接收管分别相对安装形成光的通路,当有物体挡光通路时开关就断开,如图6-1(a)所示。图6-1(b)、(c)为许多对光电开关所组成的一个阵列,它可用于计算机的键盘输入开关。此外,透射型开关也用于工业自动控制、门动报警及一些引爆、燃烧等封闭室内的室外点火等控制。

2. 反射型主动开关

反射型主动开关如图6-2(a)所示。光电开关的一对管子平行安装(或略有倾角,图6-2(b))。当光源发出的光遇到障碍时,障碍物反射回来的光被接收管接收从而触发开关。这种开关可应用于各种机械运行的位置传感、行程限制和汽车的紧急制动等。图6-2(c)所示为液面自动探测的光电开关。发光管发出的光经斜面框架反射后到达接收管,形成光的通路。

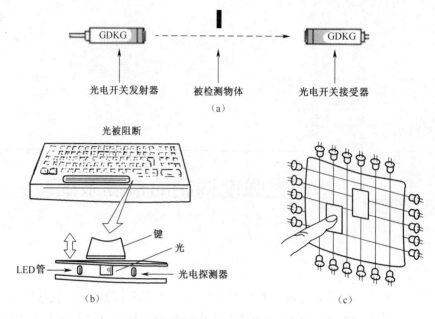

图 6-1　透射分离型主动光电开关原理图及键盘中的光电开关

当液面上升后,没有足够光能量从液体内透射到接收管上,从而使得通路受阻,开关断开。图 6-2(d)所示为用光纤光电开关,可用于狭窄区域内作开关用。

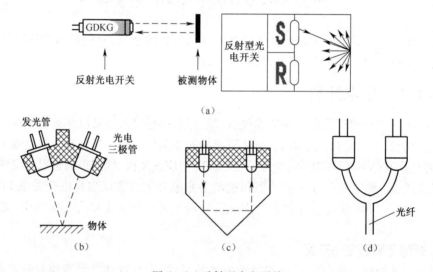

图 6-2　反射型光电开关

3. 光电耦合器

光电耦合器是以光为媒介的电—光—电转换器件。它由发光源和受光器两部分组成,把发光源和受光器组装在同一密闭的壳体内,彼此间用透明绝缘体隔离。在光电耦合器输入端加电信号使发光源发光,光的强度取决于激励电流的大小,此光照射到封装在一起的受光器上后,因光电效应而产生了光电流,由受光器输出端引出,这样就实现了一光一电的转换。

如图 6-3 所示。发光管和接收管用耐高压的塑料封结一起,可形成光电耦合器,把发光器接在低压电路中,把光电接收器接在高压电路中,可实现低压控制高压。光电耦合器成为一个隔离开关。适当设计也能起到变压器作用。若把光电接收管这一边接入可控硅电路,光电耦合器可形成固体继电器。它还可在过载保护电路中作为开关。

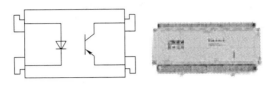

图 6-3　光电耦合器

4. 编码计数型主动开关

根据光电开关状态可把其变成计数状态或编码状态。图 6-4 所示为照相机快门动作时间测量原理图。发光管发出频率确定的光脉冲,快门打开前计数器预先归零。快门打开时,光电转换后的电脉冲使计数器计数,快门关闭时,计数器停止。计数器与脉冲周期之乘积就是快门开启时间。用于工业自动线上产品计数或医用液滴计数上的开关也是同样原理。

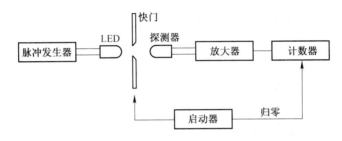

图 6-4　照相机快门动作时间测量

5. 被动开关

被动开关一般检测自然光源。自然光源多为物体自发辐射,其能量多在红外光谱范围内,所以组成开关的接收器是热电器件、红外光敏电阻或红外光电二极管。图 6-5 所示为热释电器件构成的被动开关,它用于自动开门或报警系统的控制。热释电检测器有两个特点,一是只响应突变的或交变的辐射,二是响应光谱无选择性。它对静止的环境辐射无反应,而能探测人的活动,其过程如图 6-6 所示。图中,光电脉冲经放大器和带通滤波器后激发定时器,定时器可人为设定时间,在设定的时间内,由控制信号输出控制报警器发声(或控制自动门开门),定时完毕后开关断开。

此外,火焰报警、火车车轮轴故障的自动报警等装置也是类似的被动开关。只是这些目标的温度更高、辐射光谱的峰值波长更短,需要外加适当的光谱滤光片以区别其他运动目标。在电路上响应频率范围也要适应于目标而抑制外界干扰。

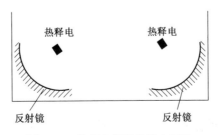

图 6-5　热释电器件作光电开关

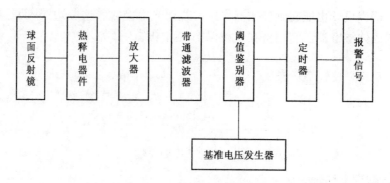

图 6-6　被动报警原理图

目前,光电开关已被用作物位检测、产品计数、宽度判别、速度检测、定长剪切、孔洞识别、信号延时、自动门传感、色标检出、冲床和剪切机以及安全防护等诸多领域。此外,利用红外线的隐蔽性,还可在银行、仓库、商店、办公室以及其他需要的场合作为防盗警戒之用。

6.1.2　光电转速计

传统的机械式转速计测量范围小,精度不高,测量时与被测对象刚性连接,给对象带来额外负荷。这些缺点光电转速计可完全避免,而且容易使测量自动化和数字化,因而广泛应用于电动机、内燃机、水轮机及各种机床的转速测量中。

1. 光电转速计原理

光电转速计原理如图 6-7 所示。图 6-7(a)中,1 为带孔的盘;图 6-7(b)中,1 为带齿的盘;图 6-7(c)中,1 为黑白相间的盘,它们具有不同的反射率。为了寿命长、体积小、功耗少和提高可靠性,光电检测器件多采用光电池、光电二极管或光电三极管,光源采用发光二极管。每分钟的转速 n 与频率 f 的关系如下:

$$n = \frac{60f}{m} \tag{6-1}$$

式中,m 为孔数或齿数或黑白块的数目。因而只要测出频率就能决定转速或角速度。下面对计数测频法和周期测量法做一简要介绍。

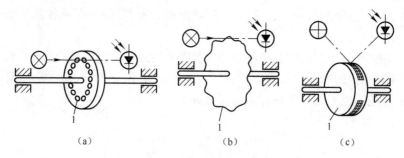

| (a) | (b) | (c) |

图 6-7　光电转速计测量装置

2. 频率测量

1) 计数测频法

计数测频法的基本思想就是在某一选定的时间间隔内对被测信号进行计数,然后将计数值除以时间间隔(时基)就得到所测频率。

图 6-8 所示为采用计数法测量频率的基本原理。被测信号 1 通过脉冲形成电路转变成脉冲 2（或方波），其重复频率等于被测频率 f_x，然后将它加到闸门的一个输入端。闸门由门控信号 4 来控制其时间，只有在闸门开通时间 T 内，被计数的脉冲 5 才能通过闸门，被送到十进制电子计数器进行计数，从而实现频率测量。门控信号的作用时间 T 是非常准确的，以它作为时间基准（时基），它由时基信号发生器提供。时基信号发生器由 10 个高稳定的石英振荡器和一系列数字分频器组成，由它输出的标准时间脉冲（时标）去控制门控电路形成门控信号。

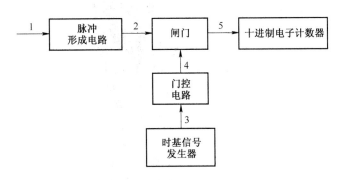

图 6-8 计数测频法原理图

对高频测量，计数测频法有较高的精度，随着被测频率的降低，其相对误差逐渐增大，故此，适用于高频信号的频率测量。

2）周期测量法

在周期测量法中，采用固定频率很高的参考脉冲作为计数器的脉冲源，而让被测信号经整形后，再经过一个门控电路去控制闸门，其电路原理图如图 6-9 所示。在门控电路输入的两个下降沿之间，门控电路输出高电平使闸门打开，计数器对 f_s 进行计数，从而实现闸门开启时间的测量。闸门开启的时间就是被测信号的周期，周期的倒数即为频率。

对低频测量，周期法有较高的精度，随着被测频率的增高，其相对误差逐渐增大，因此，适用于低频信号的频率测量。

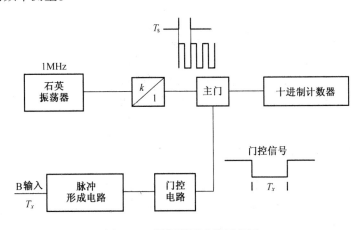

图 6-9 周期测量法的原理图

6.2 光电编码器

将直线运动和转角变换成数字信号的方法有光电式、电磁式等。光电编码器是用光电方法将转角和位移转换为各种代码形式的数字脉冲传感器，图6-10所示是按其构造和数字脉冲的性质进行的分类。

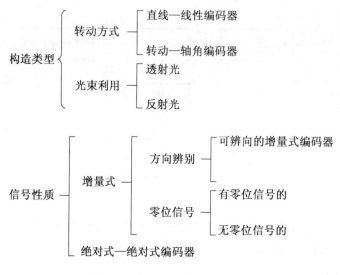

图6-10 光电编码器的分类

增量式编码器图案均匀，其光信号脉冲一样，因而可把任意位置作为基准点。从该点开始将位移或转角按一定的量化单位检测，计量脉冲数即可折算为位移或转角。这种方法由于没有确定的测量点，一旦停电则失掉当前的位置。此外在高速移动时，高频脉冲使计数装置不能实时地跟踪，由于噪声的影响造成计数误差会逐渐积累。但是它的零点可以任意预置，并且测量范围仅受计数器容量限制而与光学器件无关。

绝对式编码器图案不均匀，其光信号脉冲不一样，它是在可运动的光学元件各位置坐标上刻制出，表示相应坐标代码形式的绝对地址，在元件运动过程中读取这些代码，能够实时测得坐标的变化。这种方法的优点是：和带读数刻线尺的目视测量一样，坐标是固定的，与测量以前的状态无关，因此，不需要起动时的位置重合；抗干扰能力强；没有误差的积累；长期工作可靠性高，再现性好；切断电源时信号虽消失，通电后能恢复原来状态；信号是并行传送的。绝对式的缺点是结构复杂、价格高。

6.2.1 编码器的光电开关

最常见的光电开关由红外发光二极管和光电三极管组成，按结构不同，光电开关可分为透过型和反射型两种，如图6-11所示。如将反射型光电开关靠近旋转着的电机，利用电机转轴上的反射小片，使发光管的发射光不断反射到光敏光电管上，通过计数显示可直观地记录下马达的运转速率。采用透光型光电开关可制成圆盘光栅式读数装置。

光电开关作为转速测量装置能检测出转动物体的转速和转动方向，这在液面控制和电子秤中也同样应用。这种用法在被测物体上要事先设置如图6-12(a)所示的光孔板，并且至少

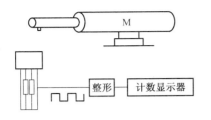
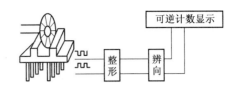

(a)反射式光电开关测量转速示意图   (b)光栅式读数装置

图 6‑11   编码器的光电开关

采用两组工作特性相近的光电开关,以便判断转动方向。如图 6‑12(b)中所示两开关 A、B 布置相隔 90° 电相移,如图 6‑12(c)所示,得到二组脉冲输出。A、B 信号组成的逻辑辨向电路可指示出转动方向。用计数器计数脉冲数目和速率可以测量出瞬时转角和转速。

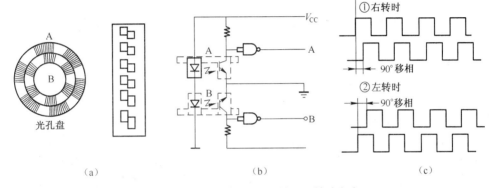

图 6‑12   用光电开关测量转速和转动方向

逻辑辨向电路能根据两路信号的一定相位关系来判断出运动(转动和位移)的方向。最常用的辨向电路称作电位—脉冲辨向器。图 6‑13 所示为正反向两种运动时,两路相差 90° 相位 A、B 信号波形。研究发现,首先可以看到在正向运动时 A 波形超前于 B 波形,其次只有当 A 为高电平之后才发生 B 波形的正向跳变,反转时具有类似的规律。设 A、B 分别表示两信号的高电平,以及 $a = \mathrm{d}A/\mathrm{d}t$,$b = \mathrm{d}B/\mathrm{d}t$ 表示与方波正跳变对应的微分脉冲,则产生正向计数脉冲 m^+ 和反向计数脉冲 m^- 的条件分别是 $m^+ = A * b$,$m^- = B * a$;据此组成逻辑电路,则可形成与转动方向有对应关系的计数脉冲,图 6‑14 表示了该电路的原理图。图中用"与"门 1 和 2 分别在正反转时形成计数脉冲 m^+ 和 m^-,可以单独用两个计数器作正反转计数,但通常采用一个可逆

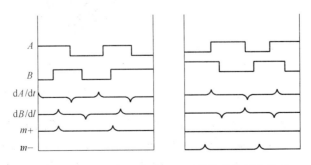

图 6‑13   正、反向运动时 A、B 两路信号的相位关系

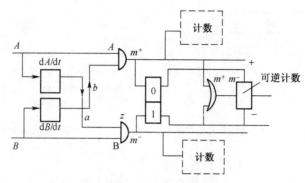

图 6-14 电位-脉冲辨向电路

计数器来累积正反运动的结果。此时用"或"门累加 m^+ 和 m^- 作为计数脉冲,同时用 m^+ 和 m^- 脉冲控制方向触发器产生控制可逆计数器加减运算的控制电平。

6.2.2 增量式光电编码器(见 6.3 莫尔条纹测量部分)

6.2.3 绝对式光电编码器

绝对式光电编码器分光电轴角编码器与光电直线编码器两类。

1. 绝对式光电轴角编码器

图 6-15 所示是光电轴角编码器的结构示意图。来自光源 1 的光束通过透镜 2 变成平行光束照射到编码盘 3 上,通过透光板 4 上确定位置的若干光孔输出一条窄细的光束被几个光电元件 5 接收。根据码盘的不同位置,各光束分别编码转换为电信号后,由解码器 6 和输出电路 7 输出表示角度位置的数字信号。

码盘上根据检测精度需要的位数 N,光刻加工出相应的 N 条码道,用透光和不透光的方法表示各位置处代码的"1"和"0"状态。图 6-16(a)所示是自然二进制码盘的图案(表 6-1 中的 B 表示了它们的编码规律),在图中黑点的位置上装置光电读数头,码盘内侧表示高位。在图中码道 $N=4$,最高位数为 $2^4=16$ 个角度位置。

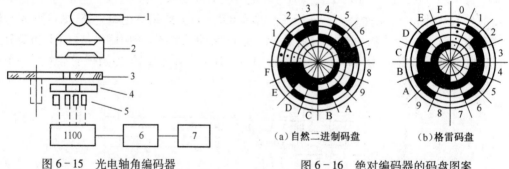

图 6-15 光电轴角编码器

（a）自然二进制码盘 （b）格雷码盘

图 6-16 绝对编码器的码盘图案

自然二进制码虽然简单,但存在着使用上的问题,这就是由于图案转换点处位置不分明而引起的粗大误差。例如,在由 7 转换到 8 的位置时光束要通过码盘 0111 和 1000 的交界处(或称渡越区)。因为码盘的工艺和光敏元件安装的误差,有可能使读数头的最内圈(高位)定位位置上的光电元件比其余的超前或落后一点,这将导致可能出现两种极端的读数值,即 1111

或 0000,从而引起读数的粗大误差,这种误差是绝对不能允许的。

为了避免这种误差,采用了格雷码(Gray code)图案的码盘(图 6 - 16(b)),表 6 - 1 给出了格雷码和自然二进制码的比较。

表 6 - 1　自然二进制码和格雷码的比较

D（十进制）	B（二进制）	R（格雷码）	D（十进制）	B（二进制）	R（格雷码）
0	0000	0000	8	1000	1100
1	0001	0001	9	1001	1101
2	0010	0011	A(10)	1010	1111
3	0011	0010	B(11)	1011	1110
4	0100	0110	C(12)	1100	1010
5	0101	0111	D(6)	1101	1011
6	0110	0101	E(14)	1110	1001
7	0111	0100	F(15)	1111	1000

由表中可以看出,格雷码具有代码从任何值转换到相邻值时,字节各位数中仅有一位发生状态变化的特点。而自然二进制则不同,代码经常有 2~3 位甚至 4 位数值同时变化的情况。这样,采用格雷码的方法即使发生前述的错移,由于它在进位时相邻界面图案的转换仅仅发生一个最小量化单位(最小分辨率)的改变,因而不会产生粗大误差。这种编码方法称作单位距离性码(unit distance code),是实用中常采用的方法。

2. 绝对式光电直线编码器

若在直线尺上采用绝对编码的图案则构成直线绝对编码器,它是轴角编码器的推广,图 6 - 17 表示该装置的结构示意图。在 6mm 厚的微晶玻璃上真空镀铬膜,光刻格雷码图案。通过 2mm 厚的钢板与被测物体相连接,作为补偿调整用。钢板上刻有毫米尺的刻度。玻璃尺长 0.3~1.5m,代码间距为 0.5mm。读取代码的光电头由 GaAs 发光二极管作光源,由光电三极管等作接收元件,横跨在玻璃尺上安装,接收到的 12bit(500mm 以下)~14bit(2000mm 以下)的位置输出信号,通过 20 芯电缆通向译码器。在这里,将格雷码变换成 8 - 4 - 2 - 1BCD 码,并通过显示器表示出绝对位置。也可经过数字比较器,在预先给定的位置上产生比较信号,指示出当前位置是否等于、大于或小于给定位置。

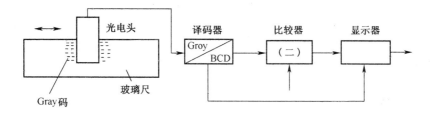

图 6 - 17　直线绝对编码器

6.2.4　条形码(bar code)光电编码器

条形码是由美国的 N. T. Woodland 在 1949 年提出的,是一种以黑白条纹(或称条纹)和间隔表示的特殊的信息代码,利用光电转换能将条形码图形信息转换成计算机能处理的二值化数值,从而为计算机识别。

近年来,随着计算机应用的不断普及,条码的应用得到了很大的发展。条码可以标出商品的生产国、制造厂家、商品名称、生产日期、图书分类号、邮件起止地点、类别、日期等信息,因而在商品流通、图书管理、邮电管理、银行系统、仓库和工业自动线等许多领域都得到了广泛的应用。

条码是由宽度不同、反射率不同的条和空,按照一定的编码规则(码制)编制成的,用以表达一组数字或字母符号信息的图形标识符,即条码是一组粗细不同、按照一定的规则安排间距的平行线条图形。常见的条码是由反射率相差很大的黑条(简称条)和白条(简称空)组成的。如图 6 - 18 所示。

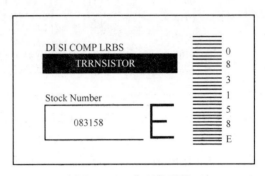

图 6 - 18　典型条形码

为了阅读出条码所代表的信息,需要一套条码识别系统,它由条码扫描器、放大整形电路、译码接口电路和计算机系统等部分组成。由于不同颜色的物体,其反射的可见光的波长不同,白色物体能反射各种波长的可见光,黑色物体则吸收各种波长的可见光,所以当条码扫描器光源发出的光经光阑及凸透镜后,照射到黑白相间的条码上时,反射光经凸透镜聚焦后,照射到光电转换器上,于是光电转换器接收到与白条和黑条相应的强弱不同的反射光信号,并转换成相应的电信号输出到放大整形电路。白条、黑条的宽度不同,相应的电信号持续时间长短也不同。为了避免由条码中的疵点和污点导致错误信号,在放大电路后需加一整形电路,把模拟信号转换成数字电信号,以便计算机系统能准确判读。

6.3　莫尔条纹测长仪

莫尔条纹测长仪是一种增量式光电编码器。本节首先讨论莫尔条纹相关基础,然后介绍莫尔条纹测长仪的系统设计问题。

6.3.1　莫尔条纹

莫尔条纹是 18 世纪法国研究人员莫尔首先发现的一种光学现象。从技术角度上讲,莫尔条纹是两条线或两个物体之间以恒定的角度和频率发生干涉的视觉结果,当人眼无法分辨这两条线或两个物体时,只能看到干涉的花纹,这种光学现象就是莫尔条纹。

在实际中,常用两个光栅叠合在一起,形成莫尔条纹。广义上说,光栅是具有周期性空间结构或光学性能(如透射率、反射率)的光学元件,如图 6 - 19 所示。其中 a 为刻线宽度,b 为刻线间距,$P=a+b$ 为光栅间距。若光栅的空间周期 $P \sim \lambda$ 称为计量光栅,被用作精密测量中的测量元件,分为长光栅和圆光栅两种,测量线位移时,采用长光栅(或称直光栅),在测量角位移时,采用圆光栅(又称为辐射光栅或光栅度盘)。

若 $P \approx \lambda$ 则为衍射光栅,用于光谱仪器中的分光元件。通常 $a=b=P/2$。常用的计量光栅,每毫米刻有 $20\sim250$ 条线。圆光栅上的每条刻线都通过圆的中心,故又称为辐射光栅。还有切向圆光栅,一般 $a=b=P/2$,通常在整个圆周上刻有 2700、5400、10800、21600 条线。制造方法分为刻划、照相和复印。

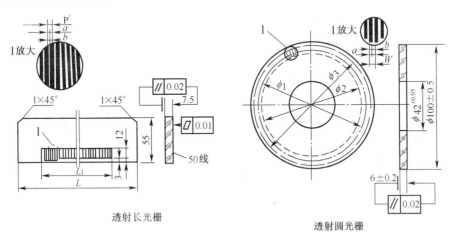

透射长光栅　　透射圆光栅

图 6-19　长光栅和圆光栅及其放大图

1. 长光栅莫尔条纹

如图 6-20 所示,将两个光栅叠合到一起,并将栅线交成很小的夹角,黑色是由一系列的交叉线构成的不透光部分,白色为透光部分。长光栅莫尔条纹分为:横向($P_1=P_2$,且夹角不为零)、纵向(P_1 与 P_2 相近但不等,且夹角为零)和斜向莫尔条纹((P_1 与 P_2 相近但不等,且夹角不为零)。

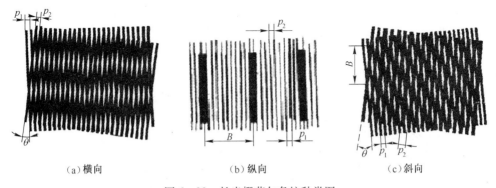

(a)横向　　　　　　(b)纵向　　　　　　(c)斜向

图 6-20　长光栅莫尔条纹种类图

下面来分析莫尔条纹放大规律。

设光栅对的栅线交角为 θ ,由图 6-21 长光栅莫尔条纹位移放大规律图中的 ΔADC 可知

$$B = AD = \frac{P/2}{\tan\theta/2} = \frac{P}{2\tan\theta/2} \qquad (6-1)$$

由于一般 θ 很小,则有

$$B = \frac{P}{\theta} \qquad (6-2)$$

其中,夹角 θ 的单位为(rad),栅距 P 和条纹宽度 B 的单位为 mm。移动一个栅距 P,莫尔条纹移动一个条纹宽度 B,则放大倍数为 $= \frac{B}{P} = \frac{P/\theta}{P} = \frac{1}{\theta}$。可见,莫尔条纹有放大作用,这样就便于安装光电测量头进行测量。

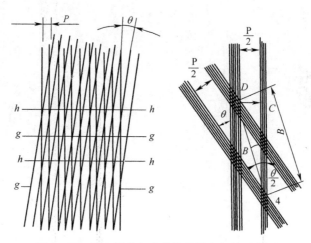

图 6-21　长光栅莫尔条纹位移放大规律示意图

2. 圆光栅莫尔条纹

除了两块长光栅重叠在一起可以形成莫尔条纹外,两块圆形光栅重叠在一起也可形成莫尔条纹,圆光栅莫尔条纹可以直接进行角度测量。圆光栅可分为径向圆光栅和切向圆光栅。径向圆光栅的刻线都从圆心向外辐射,切向圆光栅的刻线都相切于一个小圆。

径向光栅莫尔条纹是由两块节距相同的径向光栅保持一个较小的偏心量 e,叠合形成圆弧莫尔条纹。其径向光栅莫尔条纹图案见图 6-22(a)。两块光栅的中心分别为 O_1 和 O_2,其中心偏移量为 e,节距角为 θ。在沿着偏心的方向上,产生近似平行于栅线的纵向莫尔条纹;位于与偏心方向垂直的位置上产生近似垂直于栅线的莫尔条纹;其他方向为斜向莫尔条纹。

切向光栅所形成的莫尔条纹如图 6-22(b)所示。它是两块刻线数相同、切向方向相反切线圆半径分别为 r_1、r_2 的切向圆光栅,同心叠合得到的莫尔条纹。莫尔条纹是圆的,于是把它称作圆环莫尔条纹。圆环莫尔条纹主要用于检查圆光栅的分度误差及高精测角。

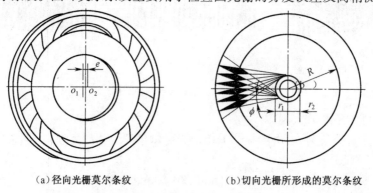

(a)径向光栅莫尔条纹　　　　　　　　(b)切向光栅所形成的莫尔条纹

图 6-22　圆光栅莫尔条纹

6.3.2　莫尔条纹测长原理

从莫尔条纹分析中已经看到,若两条光栅互相重叠成一夹角,就形成了莫尔条纹。当长光栅固定,指示光栅相对移动一个节距,莫尔条纹就变化一个周期。一般情况下指示光栅与工作台固定在一起。工作台前后移动的距离由指示光栅和长光栅形成的莫尔条纹进行计数得到。工作台移动进行长度测量时,指示光栅移动的距离为 x:

$$x = NP + \delta \tag{6-3}$$

式中,P 是光栅节距;N 是指示光栅移动距离中包含的光栅线对数;δ 是小于 1 个光栅节距的小数部分。

在莫尔条纹测长仪中,最简单的形式是对指示光栅移过的光栅线对数 N 进行直接计数。但实际系统并不单纯计数,而是利用电子细分方法将莫尔条纹的一个周期细分,于是可读出小数部分,使系统的分辨能力提高。目前电子细分可分到几十到百分之一。如果单纯从光栅方面去提高分辨率,光栅节距再做小几十倍,工艺上是难以达到的。

6.3.3　细分判向原理

电子细分方式用于莫尔条纹测长中有好几种,四倍频细分是用得最普遍的一种,结构如图 6-23 所示。在光栅一侧用光源照明两光栅,在光栅的另一侧用 4 个聚光镜接收光栅透过的光能量,这 4 个聚光镜布置在莫尔条纹一个周期 B 的宽度内,它们的位置互相差 1/4 个莫尔条纹周期。在各聚光镜的焦点上各放一个光电二极管,进行光电转换用。

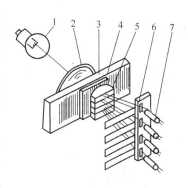

图 6-23　四细分透镜读数
1—灯泡;2—聚光镜;3—长光栅;
4—指示光栅;5—4 个聚光镜;
6—狭缝;7—4 个光电二极管。

当指示光栅移动一个节距时,莫尔条纹变化一个周期,4 个光电二极管输出 4 个相相位差 90°的近似于正弦的信号 $A\sin\omega t$、$A\cos\omega t$、$-A\sin\omega t$ 和 $-A\cos\omega t$。把它输入到如图 6-24 所示的信号处理电路中去,4 个正弦信号经整形电路以后输出为相位互差 90°的方波脉冲信号,便于计数器对信号脉冲进行计数。于是莫尔条纹变化一个周期,在计数器中就得到 4 个脉冲。每一个脉冲就反映 1/4 莫尔条纹周期的长度,

使系统的分辨率提高了 4 倍。计数器采用可逆计数器是为了判断指示光栅运动的方向。当工作台前进时,可逆计数器进行加法运算,后退时进行减法运算。整形、细分、判向电路的组成图如图 6-24 所示。

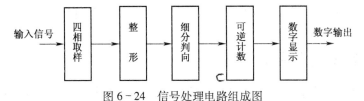

图 6-24　信号处理电路组成图

取样信号是包含直流分量的电信号,其表达式为

$$\begin{cases} U_1 = U_0 + U_A\sin(\omega t + 0) = U_0 + U_A\sin\omega t \\ U_2 = U_0 + U_A\sin(\omega t + \dfrac{\pi}{2}) = U_0 + U_1\cos\omega t \\ U_3 = U_0 + U_A\sin(\omega t + \pi) = U_0 - U_1\sin\omega t \\ U_4 = U_0 + U_A\sin(\omega t + \dfrac{3\pi}{2}) = U_0 - U_1\cos\omega t \end{cases} \quad (6-4)$$

放大后滤去直流分量得到：

$$\begin{cases} U_{1,3} = U_1 - U_3 = 2U_A\sin\omega t \rightarrow \sin\omega t \\ U_{2,4} = U_2 - U_4 = 2U_A\cos\omega t \rightarrow \cos\omega t \\ U_{3,1} = U_3 - U_1 = -2U_A\sin\omega t \rightarrow -\sin\omega t \\ U_{4,2} = U_4 - U_2 = -2U_A\cos\omega t \rightarrow -\cos\omega t \end{cases} \quad (6-5)$$

鉴零器的作用是把正弦变成方波，使它工作于开关状态，输入的正弦波每过零一次，鉴零器就翻转一次。它为后面的数字电路提供判向信号(t_i)，同时它还经过微分电路微分后输出尖脉冲提供计数的信号(G_i)，波形如图 6-25 所示。

8 个"与"门和两个"或"门加触发器构成判向电路，由触发器输出"0"或"1"，控制可逆计数器"加"或"减"。若令与门输出信号为 q，则逻辑表达式为

$$q = t \cdot G$$

即逻辑乘。当输入都是高电平"1"时，与门输出为高电平"1"，否则为"0"。

$$\begin{cases} q = t \cdot G = 11 = 1 \\ p = t \cdot \overline{G} = t \cdot \overline{G} = 0 \end{cases} \quad (6-6)$$

或门的逻辑是加法运算为

$$Q = q_1 + q_2 + q_3 + q_4$$

于是"或"门输出为

$$\begin{cases} Q_+ = t_1G_4 + t_2G_1 + t_3G_2 + t_4G_3 \\ Q_- = t_1G_2 + t_2G_3 + t_3G_4 + t_4G_1 \end{cases} \quad (6-7)$$

由图 6-26 所示的细分判向电路波形图可知，Q_+、Q_-控制触发器的输出电平，该电平信号加到可逆计数器的加减控制端。Q_+和 Q_-经或门再经单稳整形后输出到可逆计数器的计数时钟端进行计数，最后由数字显示器显示。更详细的四倍整形细分判向电路组成图如图 6-27 所示。

莫尔条纹信号的细分电路还可以由其他形式的电路实现，也可由单片机实现。细分程度与波形的规则程度有关。要求信号最好是严格的正弦波，谐波成分少，否则细分的精度也不可能提高。目前一般测长精度是 $1\mu m$。

📣 6.3.4 置零信号的产生

要知道测长的绝对数值，必须从测长的起始点给计数器置零，这样计数器最后的指示值就反映了绝对测量值。这个起始信号一般是在指示光栅和长光栅上面另加一组零位光栅，单独加光电转换系统和电子线路给出计数器的置零信号。考虑到光电二极管能得到足够的能量，一般零位光栅不采用单缝而采用一组非等宽的黑白条纹，如图 6-28 所示。当另一对零位光栅重叠时，就能给出单个尖三角脉冲，如图 6-29 所示。此尖脉冲作为测长计数器的置零信号。

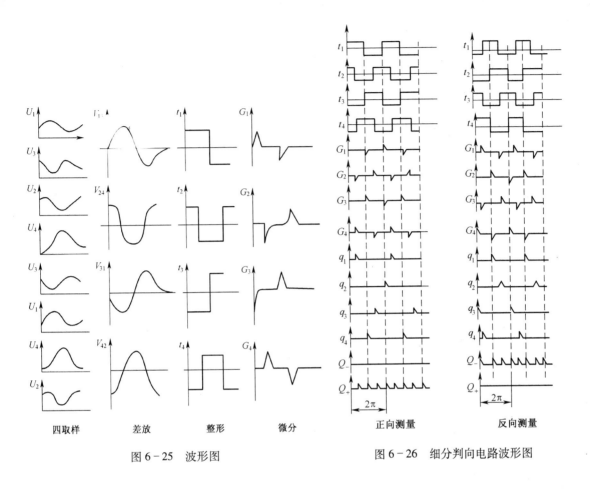

图 6-25　波形图

图 6-26　细分判向电路波形图

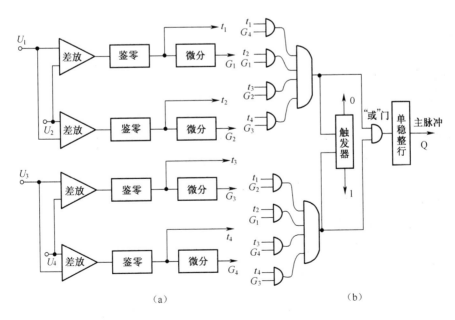

（a）

（b）

图 6-27　四倍整形细分判向电路组成图

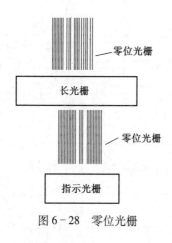

图 6 - 28　零位光栅

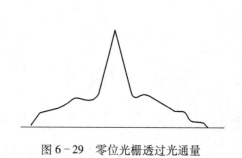

图 6 - 29　零位光栅透过光通量

如果工作台可沿 x、y、z 三个坐标方向运动,在其 x、y、z 三个坐标方向安置三对莫尔光栅尺,配合电子线路后就形成了三坐标测量仪,可自动精读工作台三维运动的长度,或者自动测出工作台上工件的三维尺寸。

6.4　激光测距仪

激光测距无论在军事应用方面还是在民用方面都起着重要作用。由于激光方向性好、亮度高、波长单一,故测程远、测量精度高。目前激光对月测距的误差仅为几厘米。且激光测距仪结构小巧、携带方便,是目前高精度、远距离测距最理想的仪器。激光测距仪根据原理分为脉冲测距仪和相位测距仪。

6.4.1　脉冲激光测距仪

脉冲激光测距仪在军事、气象研究和人造卫星的运动研究方面有重要的地位,与雷达测距相比,其主要缺点是在近地面使用时受气象条件的影响较大。

1. 测距原理

脉冲激光测距仪的测距原理是由激光器对被测目标发射一个光脉冲,然后接收目标反射回来的光脉冲,通过测量光脉冲往返所经过的时间来计算出目标的距离。

光在空气中传播的速度 $c \approx 3 \times 10^8 \mathrm{m/s}$。设目标的距离为 L,光脉冲往返所走过的距离即为 $2L$。若光脉冲往返经过的时间为 t,则 $t = 2L/c$,即

$$L = c \times t/2 \qquad\qquad (6-8)$$

测距仪即按式(6-8)算出所测的距离。

2. 脉冲测距仪工作过程

脉冲激光测距仪的原理和组成见图 6-30,它由激光发射系统、接收系统、门控电路、时钟脉冲振荡器及计数器等组成。

1) 工作过程

其工作过程为,当按动启动按钮 10 时,复原电路 9 给出复原信号使整机复原,准备进行测量;同时触发脉冲激光器 1 产生激光脉冲,见图 6-30(a)、(b),该激光脉冲除一小部分能量由取样器 2 直接送到接收器外作为参考信号,绝大部分激光能量射向被测目标,由被测目标把激

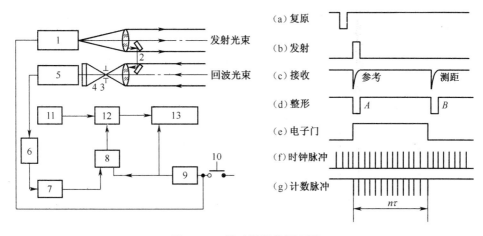

图 6-30　脉冲测距仪原理图

1—激光器;2—取样器;3—小孔光阑;4—干涉滤光片;5—光电检测器;6—放大电路;

7—整形电路;8—控制电路;9—复原电路;10—启动按钮;11—时钟振荡器;12—电子门;13—计数器。

光能量反射回到接收系统得到回波信号,如图 6-30(c)所示。参考信号及回波信号先后经小孔光阑 3 和干涉滤光片 4 聚焦到光电检测器 5 上,变换成电脉冲信号。小孔光阑 3 的作用是限制视场角,阻挡杂光进入系统。干涉滤光片 4 一般只允许本激光频率信号进入系统,阻止背景光进入,从而有效地降低背景噪声,提高信噪比。由光电检测器件 5 得到的电脉冲,经放大电路 6 和整形电路 7,输出一定形状的负脉冲到控制电路 8。由参考信号产生的负脉冲 A(见图 6-30(d)),经控制电路 8 打开电子门 12(见图-30(e))。这时振荡频率一定的时钟振荡器 11 产生的时钟脉冲,通过电子门 12 进入计数显示电路 13,开始计时(见图 6-30(f))。当反射回来经整形后的测距信号 B 到来时,关闭电子门 12,计时停止。计数和显示的脉冲数如图 6-30(g)所示。设计数器在参考脉冲和回波脉冲接收到 n 个时钟脉冲,时钟脉冲的重复周期为 τ,被测距离为 $L=\frac{1}{2}cn\tau$,则时钟振荡频率取得越高,测量分辨率越高。但是最小分辨距离并不由计数系统单独可以提高,它主要取决于激光脉冲的上升时间。脉冲激光测距仪结构较简单,测程远;缺点是测距精度较低。

2) 发射系统

发射系统一般由激光器、电源和发射望远系统组成。激光器输出的光脉冲峰值功率极高,峰值功率在兆瓦量级,脉冲宽度在几十毫微秒量级。一般输出激光发散角在 $10^{-2}\sim10^{-3}$rad 范围以内,单位立体角的光能量得到提高,目标所得到的照度也相应提高,有利于提高作用距离。

目前,已有的许多种脉冲激光测距仪,它们主要是发射系统有较大的差别。例如,用半导体激光器作为发射系统的测距仪有作用距离近、体积小、轻便的特点,宜于近距离(2km 以内)使用。用固体调 Q 激光器作发射系统的测距仪使用最为广泛。铁玻璃和钇铝石榴石作激光工作物质的固体激光器,发射波长为 1.06μm,是近红外光,人眼不敏感,隐蔽性好,广泛用于军事方面。红宝石作为工作物质的固体激光器工作波长为 0.6943μm,为可见光,适合于气象研究等。这种器件功率可以做得大,已经用它实现了对月测距(不过测距时,不是接收月球的漫反射光,而是月球上放置一个角反射镜,它可以把接收到的激光按原方向反射回去)。CO_2 激光器工作波长为 10.6μm,是远红外光,在大气中传播损失最小,因此受大气影响最小,功率也大,最适合于军事领域。

3）接收系统

一般来说,光电检测器应位于光学系统的后焦面上,系统的口径越大,收集光能量越多。它的尺寸经常受到结构上的限制。光电检测器不仅应有较高的探测度,而且应有较小的响应时间。同时,光电检测器后面的放大器要求是低噪声的宽带放大器。因为远离目标的回波光脉冲是极弱的,放大器自身噪声必须尽可能低,而通频带带宽却要很宽。通常激光脉冲是钟形脉冲 $f(t)$,如图 6-31 所示。

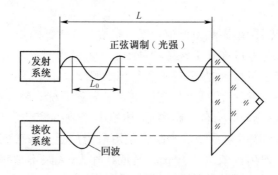

图 6-31 激光脉冲波形

$$f(t) = Ae^{-(\frac{t}{\tau})^2} \tag{6-9}$$

其傅里叶变换的频谱函数为

$$G(\omega) = \sqrt{\pi}A\tau e^{\frac{(t\omega)^2}{4}} \tag{6-10}$$

通过计算知道,信号能量的 90% 在频带宽为 $\Delta f = 0.27/\tau$ 之中。若激光脉冲的半峰值点之间的宽度为 40ns,则信号带宽为 11MHz,也就是放大器带宽必须有 11MHz。若带宽较窄,则信号畸变大。

6.4.2 相位激光测距仪

相位测距法比脉冲测距法有更高的测距精度,但是它必须加合作目标,适合于民用测量,如建筑测量、地震测量等。

1. 相位测距原理

如图 6-32 所示,测距仪由光源发出光强按某一频率 f_0 变化的正弦调制光波。光波的强度变化规律与光源的驱动电源变化完全同相,出射的光波到达被测目标。通常被测物上放有一块反射棱镜作为被测合作目标,这块棱镜能把入射光束反射回去,而且保证反射光的方向与入射光方向完全一致。接收系统获得调制光波的回波,经光电转换后得到与接收到的光波调制波频率相位完全相同的电信号。此电信号经放大后与光源的驱动电压相比较,测得两个正弦电压的相位差,根据所测相位差就可算得所测距离。

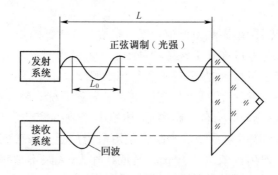

图 6-32 合作目标

假设正弦调制光波往返后相位延迟一个 φ 角,激光调制频率为 ω_0,则光波在被测距离上往返一次所需时间 t 为: $t = \dfrac{\varphi}{\omega_0}$, $L = \dfrac{1}{2}c\dfrac{\varphi}{\omega_0}$,而 $\varphi = N2\pi + \Delta\varphi$,所以被测距离 L 为

$$L = \frac{1}{2}c\frac{N2\pi + \Delta\varphi}{\omega_0} = L_0(N + \frac{\Delta\varphi}{2\pi}) = L_0(N + \Delta N) \qquad (6-11)$$

式中，$L_0 = c/2f_0$，称为"光尺"；$\Delta N = \Delta\varphi/2\pi$。

显然，只要能够测量出发射和接收光波之间的相位差就可确定出距离 L 的数值。但目前任何测量交变信号相位的方法都不能确定出相位的整周期数 N，只能测定小于 2π 的尾数 $\Delta\varphi$。由于 N 值不确定，距离 L 就成为多值解。

既然相位测量可确定被测量的尾数，利用多种"光尺"同时测量同一个量可解决多值问题。例如用两把精度都是 1‰的光尺，其中一把光尺 $L_{01} = 10\text{m}$，另一把光尺 $L_{02} = 1000\text{m}$，分别测量同一距离，然后把测得的结果相互组合起来即可。又如，有一段距离为 386.47m，用光尺 L_{01} 测量得到不足 10m 的尾数 6.47m，用 L_{02} 光尺测量得到不足 1000m 尾数为 386m，即

以上用两把"量程"不同的尺子，经两次测量后得到被测长度。当测尺增多，但测尺的相对精度不变时，就可以扩大测程范围及提高测量精度。一般为了获得可靠的测量结果，相邻两把测尺的测量值需要一位重合。比如，上例中一把大测尺的尾数为 6m，另一把相邻小测尺的首数也是 6m。

2. 相位检测原理

相位测距仪中相位检测的方法很多，不过为了提高测量精度，要求尽可能提高调制频率。而一般情况下相位计都工作在低频状态，为解决此困难，采用差频测相原理。差频测相原理框图如图 6-33 所示。

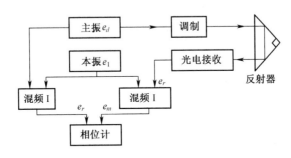

图 6-33　差频测相原理

设主振（驱动电源）信号 $e_d = A\cos(\omega_d t + \varphi_0)$ 发射到外光路，经合作目标反射后的回波信号，经光电变换器变换后的电压为 $e_{ms} = B\cos(\omega_d t + \varphi_0 + \varphi_s)$，本地振荡信号为 $e_L = c\cos(\omega_L t + \theta)$，并把 e_L 送到基准及信号混频器中，分别与 e_d 和 e_{ms} 混频，在混频器的输出端得到两个差频信号，分别为

$$e_r = D\cos[(\omega_d - \omega_L)t + (\varphi_0 - \theta)] \qquad (6-12)$$

$$e_m = E\cos[(\omega_d - \omega_L)t + (\varphi_0 - \theta) + \varphi_s] \qquad (6-13)$$

把上述两个差频信号送到检相器中就可检出相位差 φ_s，从而得到被测距离的尾数。

3. 相位测距仪工作原理

图 6-34 所示为最简单的一种相位测距仪原理图。仪器采用半导体激光器作为光源，它

出射的光通量近似地与注入的驱动电流成正比。当驱动电流为某频率的正弦电流时,发光二极管输出光通量(光强度)也为正弦变化,其初始相位与驱动电流同相。出射光波经发射光学系统准直后射向合作目标,由合作目标反射回来的光波经接收物镜后会聚于光电二极管上,转换为正弦电压信号。测尺长度取 10m 和 1000m(对应精度为 1cm 和 1m),则测尺频率就取 $f_1 = 15\text{MHz}$ 和 $f_2 = 150\text{kHz}$。仪器中有精主振驱动电源 f_1 和粗主振驱动电源 f_2,由开关控制依次对发光管供电进行两次测距。由于最后比较驱动信号和光电二极管输出信号的检相器只能工作于较低频率,因而要把高频电压转换为低频电压。所以又设两个本振信号发生器,精本振频率为 $f_1 - f_c$($f_c = 4\text{kHz}$),粗本振输出频率为 $f_2 - f_c$,信号到基准混频器去进行外差,输出低频 f_c基准电压。同时精本振输出频率为($f_1 - f_c$)信号又与接收放大器输出信号在信号混频器中进行外差,得到 f_c 频率的信号。信号与基准的频率都降为 4kHz,但是它们相位仍保持高频信号的相位。这两个信号进入检相电路检出相位差,最后进入计算电路进行计算。将 f_1 和 f_2 两次测量结果在计算电路综合以后,由显示器显示出测距结果。

由于实际仪器中电路各环节总会有时间延迟而引入相移,仪器内部光学系统中有一段光路长度,并且光学零件有折射率等,这些相移将引入误差,但这个数值是固定的。在测量以前,光路转换设备将三角棱镜移近发光二极管前面对内光路测量一次,然后把这个测量结果在正式测距结果中减去,就可得到校正值。

仪器要达到精确测量还需要作多项校正,例如考虑到大气折射率时,还需对光速进行修正,此外还有海拔高度等多种修正,这里不再详述。

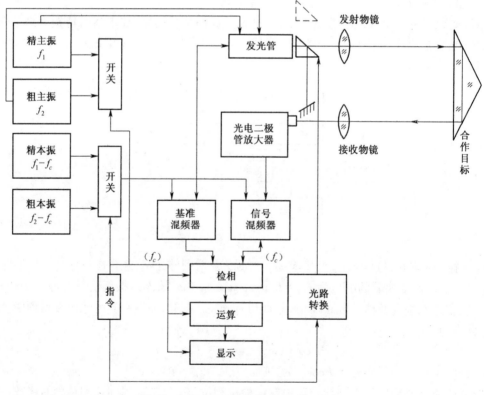

图 6-34 相位测距仪原理方块图

6.5 激光三角测量技术

激光三角测量法是激光测试技术的一种,也是激光技术在工业测试中的一种较为典型的测量方法。因为该方法具有结构简单、测试速度快、实时处理能力强、使用灵活方便等特点,在长度、距离以及三维形貌测量中有广泛的应用。

6.5.1 三角法测量的技术基础

单点式激光三角法测量常采用直射式和斜射式两种方式,如图6-35(a)所示的直射式,激光器发出的光线,经会聚透镜聚焦垂直入射到被测物体表面上,物体移动或其表面变化,导致入射点沿入射光轴移动。入射点处的散射光经接收透镜到光电位置检测器(PSD或CCD)上。若光点在成像面上的位移为x',则被测面在沿轴方向的位移为

$$x = \frac{ax'}{b\sin\theta - x'\cos\theta} \tag{6-14}$$

式中,a为激光束光轴和接收透镜光轴的交点到接收透镜前主面的距离;b是接收透镜后主面到成像面中心点的距离;θ是激光束光轴与接收透镜光轴之间的夹角。

图6-35(b)所示为斜射式三角法测量原理图,激光器发出的光线和被测面的法线成一定角度入射到被测面上,同样地,物体移动或其表面变化,将导致入射点沿入射光轴的移动。入射点处的散射光,经接收透镜入射到光电位置检测器上。若光点在成像面上的位移为x',则被测面在沿法线方向的移动距离为

$$x = \frac{ax'\cos\theta_1}{b\sin(\theta_1 + \theta_2) - x'\cos(\theta_1 + \theta_2)} \tag{6-15}$$

式中,θ_1是激光束光轴与被测面法线之间的夹角;θ_2是成像透镜光轴与被测面法线之间的夹角。

从图6-35(b)中可以看出,斜射式入射光的光点照射在被测面的不同点上,无法知道被测面中某点的位移情况,而直射式却可以。因此,当被测面的法线无法确定或被测面面形复杂时,只能采用直射式结构。

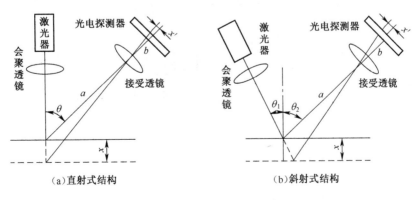

(a)直射式结构 (b)斜射式结构

图6-35 三角测量原理示意图

在上述的三角法测量原理中,要计算被测面的位移量,需要知道距离a,而在实际应用中,一般很难知道a的具体值,或者知道其值,但准确度不高,影响系统的测试准确度。实际应用

中可以采用另一种表述方式,如图 6-36 所示,有下列关系:$z = b\tan\beta$, $\tan\beta = f'/x'$,被测距离为

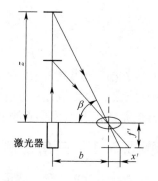

$$z = bf'/x' \qquad (6-16)$$

式中,b 为激光器光轴与接收透镜光轴之间的距离;f' 为接收透镜焦距;x' 为接收光点到透镜光轴的距离。其中 b 和 f' 均已知,只要测出 x' 的值就可以求出距离 z。另外,高准确度地标定 b 和 f' 值,就可以保证一定的测试不确定度。

图 6-36　三角法原理示意图

激光三角法测量技术的测量准确度受传感器自身因素和外部因素的影响。传感器自身影响因素主要包括光学系统的像差、光点大小和形状、检测器固有的位置检测不确定度和分辨力、检测器暗电流和外界杂散光的影响、检测器检测电路的测量准确度和噪声、电路和光学系统的温度漂移等。测量准确度的外部影响因素主要有被测表面倾斜、被测表面光泽和粗糙度、被测表面颜色等。这几种外部因素一般无法定量计算,而且不同的传感器在实际使用时会表现出不同的性质,因此在使用之前必须通过实验对这些因素进行标定。

根据三角法原理制成的仪器被称为激光三角位移传感器。一般采用半导体激光器(LD)做光源,功率在 5mW 左右,光电检测器采用 PSD 或 CCD。商品化的三角位移传感器比较常见的有日本 Keyence 公司斜射式的 LD 系列、直射式的 LC 系列和 LB 系列;Renishaw 公司的 OP2 型;美国 Medar 公司的 2101 型等。表 6-2 列出了常用激光三角位移传感器的主要技术指标。

表 6-2　常用激光三角位移传感器的主要技术指标

厂　　家	型　号	工作距离/mm	测量范围/mm	分辨力/μm	线　性/μm
Medar	2101	25	±2.5	2	15
Keyence	LC-2220	30	±3.0	0.2	3
Keyence	LB72	40	±10	2	±1%
Renishaw	OP2	20	±2.0	1	10
Panasonic	3ALA75	75	±25	50	±1%

6.5.2　三角法测试技术的应用

1. 测距仪及其在自动测焦照相机中的应用

利用三角法原理可以制成测距仪装置,分析图 6-36 可知,被测距离 z 越长,在接收透镜焦面上的移动量 x' 越小,测量灵敏度越低。而通过增加基线长度 b,可以提高灵敏度。实际的测距仪系统如图 6-37 所示,图中 L_1 和 L_2 为两个望远镜的物镜,L_e 为共用的目镜,两个反射镜 M_1 和 M_2 的间距为基线距离 b,被测点经两个望远系统所成的像间距为 x',则根据式(6-16)就可以计算出被测距离。

实际装置在测定时,为提高测试准确度可以采用像符合法(零位法),即在 L_2 的后面插入一个棱镜 s,通过调节棱镜的位置来使像 B 重叠在 A 上,由棱镜所转动的角度 ω 就可以求出 x',继而求出被测距离,如图 6-38 所示。

像符合法在照相机的自动测焦装置中被广泛采用。自动测焦照相机是采用两个图像传感器来判定像的重合,其光学系统如图 6-39 所示。成像透镜(图中未画出)的移动与可动反射镜的转动互相联动,当目标通过固定反射镜和可动反射镜到达图像传感器组的像重合时,成像

透镜就调整好了,此时就是可曝光状态,即照相机的焦距调整好了。实际上,目标通过固定反射镜和可动反射镜到达图像传感器组时分别成像,是通过输出信号的重合度(或称为相关函数)的计算来判断像的重合。

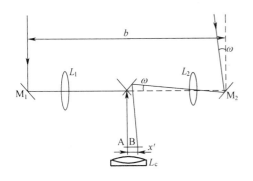

图6-37 测距仪原理图

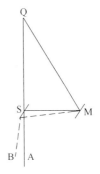

图6-38 像符合法示意图

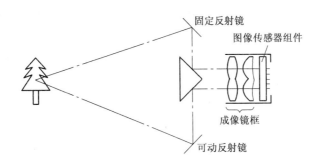

图6-39 自动调焦照相机自动调焦光学系统

2. 计算机视觉三维测试

在非接触三维形貌测量中,激光三角法由于其结构简单、测量速度快、使用灵活、实时处理能力强,得到广泛采用。计算机视觉测试技术就是以激光三角法为基础的。计算机视觉技术具有非接触、速度快、精度适中和可在线测量等特点,目前已被广泛地应用于航空航天、生物医疗、物体识别和工业自动化检测等领域,特别是对大型物体及表面形状复杂的物体形貌测量方面。随着逆向工程和快速成形制造技术的迅速发展,对三维物体形貌进行快速精密测量的需求越来越大。

汽车工业中,快速、准确获取车身模型表面三维信息是引入计算机技术的现代车身开发领域的关键环节。图6-40为应用激光三角法测量汽车车身曲面装置的原理图,其基本思路是,控制非接触光电测头与被测曲面保持恒定的距离对曲面进行扫描,这样测头的扫描轨迹就是被测曲面的形状。为了实现这种等距测量,系统采用两束同样波长激光,每束激光经聚焦准直系统后,分别被对称地反射到被测面上,并且与水平面成均成 θ 角,当两束激光在被测曲面上形成的光点相重合并通过 CCD 传感器轴线时,CCD 中心像元将监测到成像信号并输出到控制计算机。光电测头安装在一个能在 Z 向随动的由计算机控制的伺服机构上,伺服控制系统会根据 CCD 传感器的信号输出控制伺服机构带动测头做 Z 向随动,以确保测头与被测曲面在 Z 方向始终保持一个恒定的高度。测量系统采用半导体激光器做光源,线阵 CCD 做光电接收器件,配以高精密导轨装置,对图像进行处理及曲面最优拟合,使系统的合成标准不确定度达到 0.1mm。

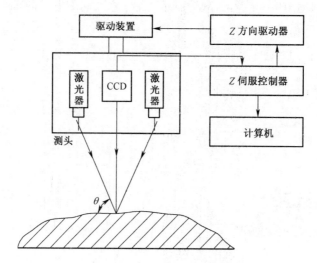

图 6-40　激光三角法测量汽车车身曲面装置的原理图

图 6-41 所示为汽车车身视觉检测系统图。该系统由多个视觉传感器、机械传送机构、机械定位机构、电气控制设备和计算机等部分组成。其中视觉传感器是测量系统的核心,传送机构和定位机构将车身送到预定的位置,每个传感器对应车身上的一个被测点(或区域),全部视觉传感器通过现场网络总线连接在计算机上。汽车车身视觉测量系统测量效率高,精度适中,测量过程为全自动化,通常情况下,一个包含几十个被测点的系统能在几分钟内完成,检测不确定度可达 2mm。此外,车身测量系统的组成非常灵活、柔性好,传感器的空间分布可根据不同的车型进行不同的配置,适应具体的应用要求,在很大程度上减少了车身视觉检测系统的使用和维护费用,同时也适合现代汽车产品更新换代速度快的特点。

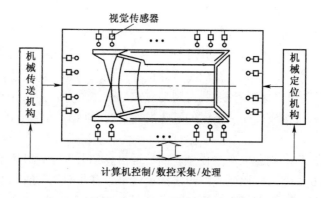

图 6-41　汽车车身视觉检测系统图

6.6　激光准直仪

激光具有极好的方向性,一个经过准直的连续输出的激光光束,可以认为是一条粗细几乎不变的直线。因此,可用激光光束作为空间基准线。这样的激光准直仪能够测量平直度、平面度、平行度和垂直度,也可以做三维空间的基准测量。由于激光准直仪和平行光管、经纬仪等一般的准直仪相比,具有工作距离长、测量精度高和便于自动控制、操作方便等优点,所以广泛地应用于开凿隧道、铺设管道、盖高层建筑、造桥、修路、开矿以及大型设备的安装、定位等方面。

 ## 6.6.1　激光准直仪的原理和基本结构

激光准直仪一般利用 TEM_{00} 模的氦氖激光器,它发出一束波长为 632.8nm 可见光。采用适当的望远镜系统使光束能在不同距离上聚焦或使光束截面直径约为 10mm 的近似于平行的光束。它的亮度分布对中心而言是对称的,可用四象限光电检测器寻找光束中心,该中心的轨迹为一直线。利用这条可见的光束作为准直和测量的基准线,在需要准直的点上用光电检测器接收。四象限光电检测器固定在被准直的工件上,当激光束照射在 4 块光电池上时,产生电压 V_1、V_2、V_3、V_4。利用两对角象限(1 和 3)与(2 和 4)的差值就能决定光束中心的位置。这种方法比用人眼通过望远镜瞄准方便,精度上也有一定的提高,但其准直精度受激光束本身特性的限制。若要求得到很高的准直精度,则需使激光束具有高度的稳定性,以及激光束任意截面上的光强分布有稳定的中心。

另一种是利用激光的相干性,采用方形菲涅耳波带片来提高激光准直仪的对准精度,如图 6-42 所示,这就是所谓的衍射准直仪。当激光束通过望远镜发射出来后,均匀地照射在波带片上,并使其充满整个波带片。于是在光轴的某一位置会出现一个很细的十字亮线。当用一接收屏放在该位置上,可以清晰地看到它。若调节望远镜的焦距,则十字亮线出现在光轴的不同位置上。这些十字亮线交点的连线为一直线。这条线可作为基准线来进行准直工作。探测十字亮线可用目测或光电检测器。这种方法可提高对准精度。由于在光轴的不同位置上的十字亮线是干涉的效果,有较好的抗干扰性。

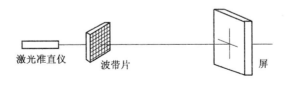

图 6-42　衍射准直仪原理图

简单的激光准直仪可以直接用目测来对准,为了便于控制和提高对准精度,一般的激光准直仪都采用光电检测器来自动对准,这种准直仪的基本结构如图 6-43 所示。

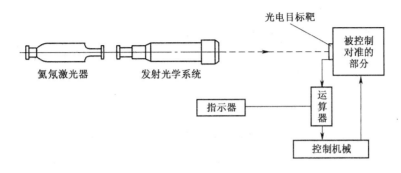

图 6-43　激光准直仪方框图

由图 6-43 可知,激光准直仪由以下几部分组成:

（1）氦氖激光器，它发出波长 $\lambda = 0.6328\mu m$ 的连续单模（TEM_{00}）激光；

（2）发射光学系统，它是个倒置的望远镜，用来压缩激光束的发散角；

（3）光电目标靶，它把对准的激光信号转换为电信号；

（4）指示及控制系统，它可以根据光电目标靶输出的电信号，指示目标靶的对准情况，自动控制目标靶的对准。

下面分别对发射光学系统和光电目标靶做进一步介绍。

6.6.2 发射光学系统

激光准直仪发射光学系统的结构如图 6-44 所示，即一倒置望远镜系统。它由目镜 L_1、物镜 L_2 和光阑 S 组成。如果光束从望远镜的目镜 L_1 入射，从物镜 L_2 射出，这样就可以把光束的发散角缩小。由图 6-44 的望远镜光路可知望远镜的角放大率 β 为

$$\beta = \frac{f_2}{f_1} = \frac{\theta_1}{\theta_2} \tag{6-17}$$

式中，f_1、f_2 分别为目镜和物镜的焦距。例如望远镜的角放大率 β 是 10，则原来发散角为 1mrad 的激光束，经过望远镜后发散角将缩小为 0.1mrad，而光束孔径增大 10 倍。

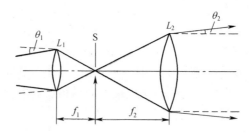

图 6-44　激光准直仪光学系统

另外，出射光束发散角还与物镜 L_2 的孔径有关。根据圆孔的夫琅和费衍射理论可知，一个直径为 D 的圆孔所造成的衍射角（即光束发散角的 1/2）为

$$\theta_0 \approx 1.22 \frac{\lambda}{D} \tag{6-18}$$

式中，λ 是光的波长，对于氦-氖激光器输出的红光来说 $\lambda = 0.6328\mu m$。

若望远镜物镜的孔径 $D = 4cm$，则 $\theta_0 \approx 1.93 \times 10^{-5}$ rad<0.02mard。相对于激光光束发散角来说，这是个很小的角度，可以将其忽略。一般望远镜物镜的孔径都较大，所以由于光束出射孔径的衍射效应引起的光束发散通常都可以忽略不计。图 6-44 中光阑 S 的作用是进一步改善光束的方向性，减少杂散光的影响，使光斑的边缘呈整齐清晰的圆形。

6.6.3 光电目标靶

1. 对差式

激光准直仪的光电目标靶，通常用的是四象限光电检测器。如图 6-45 所示，它是由上、下、左、右对称的 4 块光电池组成。当激光束照射到光电池 1、2、3、4 上时，它们分别产生电压 V_1、V_2、V_3、V_4。1、3 象限探测垂直方向，2、4 象限探测水平方向。为了补偿对角方向上两象限硅光电池的不对称性，可采用平衡电阻调节，如图 6-46 所示。

这种排列形式输出信号的运算比较简单，即

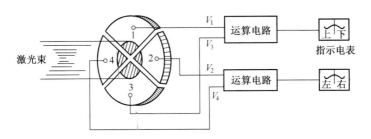

图 6‑45　四象限光电检测器

$$\begin{cases} V_x = V_2 - V_4 \\ V_y = V_1 - V_3 \end{cases} \tag{6-19}$$

式中，V_x、V_y 分别为水平和垂直方向输出电压。运算电路根据上、下（或左、右）光束偏离量的大小输出一定的电信号，此电信号再驱动一个机械传动装置使光电目标靶回到光准直方向，从而可实现自动准直或自动导向的控制。

运算电路采用双端输入差动放大器，图 6‑47 所示为垂直方向放大器（水平方向亦同）。

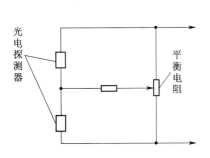

图 6‑46　平衡电阻补偿光电池的不对称

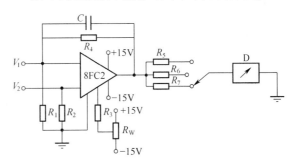

图 6‑47　双端输入差动放大电路

2. 和差式

为了提高测量可靠性和精度，可采用和差式，即加、减运算电路来实现，如图 6‑48 所示，这时计算公式如下：

$$\begin{cases} V_x = (V_1 + V_4) - (V_2 + V_3) \\ V_y = (V_1 + V_2) - (V_3 + V_4) \end{cases} \tag{6-20}$$

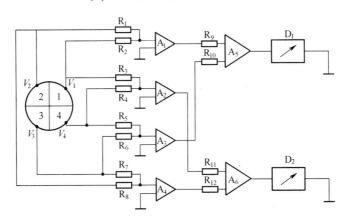

图 6‑48　加减运算电路

3. 和差式比幅式

为了避免激光束的输出功率变化和大气传输吸收引起测量误差,采用和差式比幅式,即附加一个除法(用 V_x 和 V_y 除以 V_1、V_2、V_3、V_4 的总和)电路,计算公式如下:

$$V_x = \frac{(V_1 + V_4) - (V_2 + V_3)}{V_1 + V_2 + V_3 + V_4} \qquad V_y = \frac{(V_1 + V_2) - (V_3 + V_4)}{V_1 + V_2 + V_3 + V_4} \qquad (6-21)$$

6.7 基于计算机视觉的测量系统

6.7.1 计算机视觉技术

计算机视觉技术就是通过光电转换将空间的光强分布转换为空间图像信号,根据确定的空间参数间的相互关系获得物体空间的分布状态数据的测量方法。通俗讲,就是利用计算机代替人的大脑,用视觉采集设备(CCD)代替人的眼睛,完成一个与视觉相关的测量技术。

随着计算机技术和数字摄像技术的发展,机器视觉技术近年来发展十分迅速并得到了广泛应用,如产品检测、生物和医学图像分析、机器人引导、遥感图像分析、指纹虹膜鉴别、国防中的目标识别和武器制导、公共场所监测等,可以说,需要人类视觉的场合几乎都需要机器视觉。

从测量的角度讲,视觉检测集非接触、高速、高智能、高精度和适用范围广等优点于一身,可以精确定量感知物体的大小,而且还能感知不可见物体,如 x 射线、紫外线、红外线、放射线及超声波等不可见光的图像,并且可以在人无法接近的特殊场合工作,因此具有广阔的应用前景和巨大的潜力。

视觉检测系统根据被测对象的不同有着不同的结构形式,如图 6-49 所示,这是一个比较完整的视觉检测系统的组成框图。

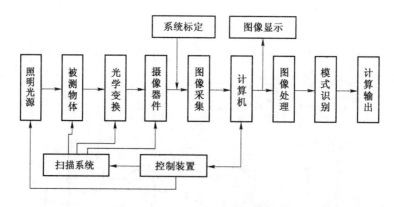

图 6-49 视觉检测系统组成框图

摄像器件(CCD)将光信号转换为电信号,由计算机进行图像滤波、边缘提取、区域分割、模式识别等处理,并测量出被测物的相关信息。

6.7.2 光学成像关系

光学成像原理图如图 6-50 所示。

设被测物高为 Y,物距为 L,物镜焦距为 f,像高为 y,则它们满足

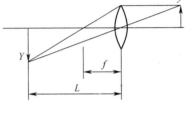

$$y = \beta Y = \frac{f}{L-f}Y \qquad (6-22)$$

式中，$\beta = \dfrac{f}{L-f}$ 为光学物镜的放大倍数，当 $L \gg f$ 时，则

$\beta = \dfrac{f}{L}$。又像高为

$$y = N \times l_0 \qquad (6-23)$$

图 6-50　光学成像原理图

式中，l_0 为 CCD 单个像元的尺寸；N 为像所包含的像元个

数。则由 $y = \beta Y$，得 $Y = \dfrac{y}{\beta} = \dfrac{N \times l_0}{\beta} = M_0 \times N$，则

$$M_0 = \frac{l_0}{\beta} \qquad (6-24)$$

M_0 为脉冲当量，即测量系统中单个像元的像所对应实物尺寸的大小，即为测量分辨力，将分辨
力除以测量量程即为测量系统的分辨率为了提高测量系统的分辨率，就需要减小 M_0。

　　一般情况下，为了保证视场情况下有较高的测量精度，会使像充满 CCD。对于视觉测量

系统，光学物镜的放大倍数 $\beta = \dfrac{f}{L-f} = \dfrac{y}{Y}$，则物距为

$$L = f\left(1 + \frac{1}{\beta}\right) = f\left(1 + \frac{Y_{\max}}{y_{\max}}\right) \qquad (6-25)$$

6.7.3　一维尺寸视觉检测

　　如图 6-51 所示为一维尺寸视觉测量的例子，采用线阵 CCD 测量热轧钢板和钢丝的尺
寸。若物的尺寸为 Y，经放大倍数为 β 的物镜成像于线阵 CCD 上，若像的尺寸为 y，则 $y = \beta \times$
Y。若 y 覆盖 CCD 的像素为 N，像元尺寸为 l_0，则有

$$Y = \frac{y}{\beta} = \frac{N \times l_0}{\beta} = M_0 \times N \qquad (6-26)$$

因此测得 N，标定了像素间距 l_0，就可求出被测尺寸 Y。

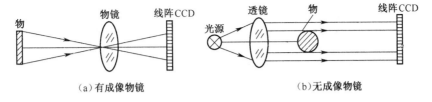

图 6-51　一维尺寸视觉检测

　　如图 6-51(b) 所示的测量系统没有成像物镜，必须用平行光照明，并且要求照明均匀，光
源波动小，直接检测物的挡光阴影在 CCD 光敏面上的尺寸。

6.7.4　二维尺寸视觉检测

　　用视觉检测的方法测量二维尺寸，一般采用面阵 CCD 对被测物进行二维成像，也可以用
线阵 CCD 外加一维扫描运动来实现。目前视觉检测技术中应用最为广泛的是用面阵 CCD 进
行二维几何参数测量。如图 6-52 所示是二维视觉坐标测量机原理图，被测工件放在二维玻

璃工作台上,下有光源照明,显微物镜将工件成像到 CCD 光敏面上,通过图像采集卡将图像信息送入计算机,并进行图像滤波、边缘提取、亚像素细分、边缘拟合等处理。对于较小的工件,如果能一次完全成像到 CCD 光敏面范围内,则对 CCD 光敏元像素当量标定后,可直接计算出其几何参数。

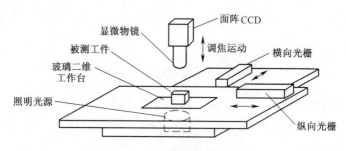

图 6-52　二维视觉坐标测量机原理图

对于比较大的工件,不能一次完全成像到 CCD 光敏面范围内,需要移动二维工作台,对其各个待测区域进行成像,同时采集 x、y 方向光栅数据。设 CCD 光敏面坐标系内一点坐标为 (x_1, y_1),此时对应的横向和纵向光栅坐标为 (X_c, Y_c),则该点综合坐标为 $X = X_c + x_i$,$Y = Y_c + y_i$,这是 X_c 与 x_i、Y_c 与 y_i 在坐标方向一致的情况下,否则应考虑坐标 X_c、Y_c 与 x_i、y_i 的夹角。这种测量方法的特点是不需要像传统的光学测量仪器那样将对被测件准确对准到瞄准线上,只要被测件进入 CCD 成像区域就可以测量,因而测量速度快,测量精度可达 1nm。

6.7.5　三维尺寸视觉检测

由于 CCD 成像是将三维物体投射到二维平面上,因此无法测量物体的深度信息。三维视觉是在二维视觉的基础上,通过对二维图像信息的分析组合,恢复物体的深度信息。常见的三维视觉系统大致可分为被动三维视觉系统和主动三维视觉系统。主动三维视觉与被动三维视觉不同之处在于,主动三维视觉是采用将结构光投射到物体表面,物体表面的高度对结构光进行调制,而被动视觉采用自然光或普通照明光对物体进行照明。

1. 双目立体视觉系统

双目立体视觉是模仿人眼的成像方式,通过两台 CCD 摄像机对同一景物从不同位置成像,进而从视差中恢复深度信息。其原理如图 6-53 所示。O_1 和 O_r 分别是左光学系统和右光学系统的光心。f 是光学系统焦距,由相似三角形得

$$\frac{z}{f} = \frac{MA}{x'_1} \text{和} \frac{z}{f} = \frac{NA}{x'_r} \tag{6-27}$$

将 $MA-NA=d$ 代入上式得

$$z = \frac{fd}{x'_1 - x'_r} \tag{6-28}$$

式中,d 为两摄像机光心距离。

2. 主动三维视觉测量

主动三维视觉测量的测量精度和可靠性较高,因此在三维测量中得到广泛应用。照明所采用的光源分为激光光源和普通光源两种。激光具有亮度高、方向性和单色性好、易于实现强度调制等优点,应用最为广泛。白光光源的照明具有噪声低、结构简单的优点,例如可方便地通过计算机生成各种各样的条纹图案经投影光学系统投影到物上,该领域的研究正受到越来

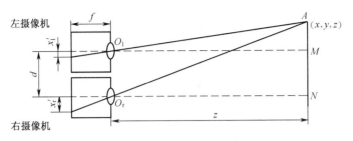

图 6-53 双目三维视觉原理图

越多的重视。目前 LCD 投影的主要问题是商用 LCD 的分辨力不高,难以实现高精度测量。结构光投射到物体上的图案有光点、光条、栅格、二元编码图或其他复杂图案,尽管投射图案各不相同,但都是基于三角法测量原理,以单个光点投射为例说明其原理,如图 6-54 所示。

激光器投射一光点到被测物面上,经物面漫反射后成像到 CCD 光敏面上,成像光组光轴与 CCD 光敏面的交点 O 设为像面坐标原点,则光点偏移 Δx 物面的空间深度 z 存在如下对应关系:

$$z = \frac{hd}{\Delta x} \qquad (6-29)$$

由上式可以看出,Δx 和 z 是非线性关系,因此在应用中,应该采用标定的方法对其进行补偿。

采用片状结构光投射到物面上,并通过扫描机构对物面进行扫描(光切割法),或者直接产生面状其他投射图案,可快速获得物面各点的深度信息。图 6-55 所示为采用光切法对钢板焊缝、曲折和切割形状进行检测的原理图。系统由一台摄像机和两台投射光装置组成,摄像机放置位置与工作台面垂直,两台投射光装置投射出来的片状光相互平行,在被测平面上形成两条光条。光条上每点的空间位置的计算方法与三角法相同。根据投射光条的成像位置关系,可以计算出钢板的形状。

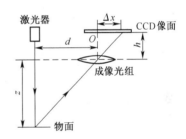

图 6-54 激光三角法原理图

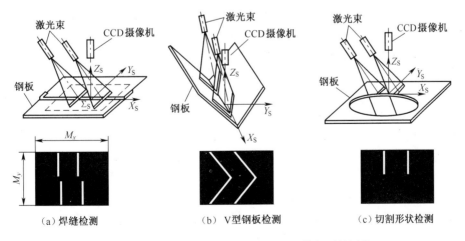

(a) 焊缝检测　　　　　(b) V型钢板检测　　　　　(c) 切割形状检测

图 6-55 光切割法测量焊接形状原理及其得到的图像

6.8 红外方位检测系统

红外方位检测系统主要用于目标的方位测定及跟踪导引系统中。典型例子是空空导弹的导引头,它的作用是测量飞机目标在空间的坐标位置。"响尾蛇"导弹导引头的结构原理如图6-56(a)所示。其中方位测量及跟踪机构组成位标器,它能在接收到飞机红外辐射后,自动测出目标相对于自己的空间方位,给出方位误差信号,不断地自动修正弹体飞行的方向,把导弹引向目标。坐标变换的用途是把方位检测系统中获得的极坐标信号变成控制弹体运动所需的直角坐标信号。图6-56(b)中,目标和弹体连线称为视线,q_M 是视线与基准线的夹角,q_0 是光轴与基准线的夹角,Δq 是视线与光轴的夹角,称为误差角。

(a)原理框图　　　　　　　　　　(b)角度关系图

图6-56　导引头结构原理图

6.8.1 基于调制盘的方位检测原理

调制盘是红外方位检测系统的主要元件之一。它是在透光材料上用照相腐蚀或其他方法制成明暗相间的图案而成,其作用如下。

(1)进行空间滤波、抑制背景杂光。

空间滤波是利用目标与空间背景干扰源角尺寸的不同,在扫描一个确定的角视场时,将会产生一定规律的目标信号和随机形式的背景信号。利用它们之间空间频率的差异而取出目标信号,滤除背景干扰。图6-57给出了调制盘空间滤波原理。调制盘图案的上半圆是明暗相间等分的扇形区,明区透过率 $\tau = 1$,暗区透过率 $\tau = 0$;下半圆是半透区,$\tau = 1/2$。通常条件下,由于目标的面积比背景的面积小得多,例如天空中的飞机目标与云背景相比。经光学系统成像后,目标像点只占据调制盘的一个扇形区;而背景像点同时占据调制盘的若干个扇形区。调制盘旋转后,目标像点的调制波形如图6-57(b)所示。载波频率为 $\omega_0 = n\Omega$,式中 n 为调制盘的扇形数,Ω 为调制盘的转速。背景像点的调制波形如图6-57(c)所示,调制波形的交变分量很小,基本上是直流输出信号,但由于背景能量分布的不均匀性,引起输出信号有些起伏不平。

当目标和背景的光调制信号经光电检测器转换成电信号,再经选频放大器放大滤波,选频放大器的中心频率为 ω_0,就可以把背景信号滤除,保留目标信号。

(2)测量目标空间方位。

目标经光学系统成像在调制盘上,像点在调制盘上的位置与目标在空间的位置一一对应。像点在调制盘上的位置可由调制盘输出的调制信号的幅值、相位和频率等参数确定。设像点为圆光斑,光斑总面积为 A,像面上的光强分布均匀,并引入调制深度 m,有

$$m(\rho) = \frac{P_1(\rho) - P_2(\rho)}{P} = \frac{A_1(\rho) - A_2(\rho)}{A} \qquad (6-30)$$

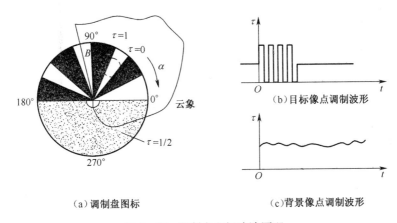

（a）调制盘图标　　　　　（c）背景像点调制波形

图 6 - 57　调制盘空间滤波原理

式中，$A_1(\rho)$、$A_2(\rho)$ 分别为光斑在调制盘径向 ρ 处透光区与不透光区的光斑面积，$P_1(\rho)$、$P_2(\rho)$ 为与其相对应的光功率，且 $P_1(\rho) + P_2(\rho) = P$。从图 6 - 57 可知，如果维持光斑面积不变，$(A_1 - A_2)$ 的值是径向 ρ 的函数。那么，调制深度也是径向 ρ 的函数。当像点落在调制盘的中心时，$A_1 = A_2$，$m = 0$；随着像点向外移动，径向 ρ 加大，不透光的面积逐渐减小，直至像点的光斑直径充满一个扇形宽度时，$A_1 = A$，$m = 1$；ρ 再增加，仍维持不变。由式（6 - 30）得到调制盘输出光功率 $P_1(\rho)$ 与调制深度 $m(\rho)$ 的关系：

$$P_1(\rho) = P[1 + m(\rho)]/2 \tag{6-31}$$

上式说明，调制盘输出功率的大小即周期信号的幅值反映了光斑中心离开调制盘中心的位置。

要确知光斑在调制盘上的位置，还必须知道光斑中心在调制盘上的辐角值，这就要由调制频率 Ω 的周期信号的相位给定。例如，光斑中心落在图 6 - 57 所示调制盘的 A、B、C、D 各点上时，输出的周期信号见图 6 - 58（a），经检测器后转变成电信号，再由选频放大器放大，输出如图 6 - 58（b）所示的波形。然后再经检波处理，得到如图 6 - 58（c）所示的位置信号。

由图 6 - 58 得出结论，如果像点落在调制盘上的位置在空间上相差 $\pi/2$，其输出信号的相位在时间上也相差 $\pi/2$。这就说明，检测器输出信号的相位反映了光斑落在调制盘上的辐角位置。

综上所述，调制盘信号的幅度反映了光斑中心在调制盘上的径向位置，周期信号的相位反映了光斑中心在调制盘上的辐角位置。用数学公式表示为

$$u = u_\rho \sin(\Omega t + \varphi) \tag{6-32}$$

式中，u_ρ 为像点处于调制盘某一径向时的电压幅值；φ 为像点在调制盘上的辐角（初相位），Ω 为调制盘的转速。

调制盘除上述图案外还可设计成其他调幅和调频形式。

6.8.2　基干调制盘的红外方位检测系统结构

1. 位标器结构

位标器由陀螺转子组件、壳体组件及万向支架组成，结构原理如图 6 - 59 所示。位标器前端是透红外光的球形玻璃罩，它既是光学系统用以校正主反射镜像差的一个部件，又是弹体外壳的一部分。主反射镜也是球面镜，它和大磁铁（永久磁铁）一起套装在镜筒上。为使位标器

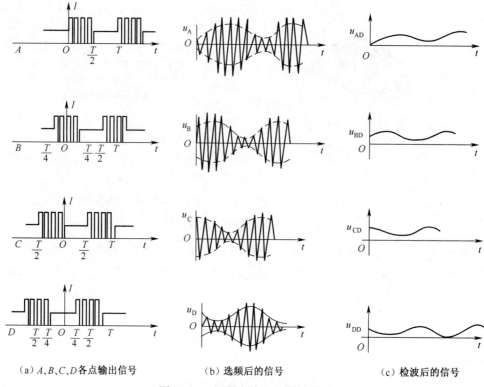

（a）A、B、C、D各点输出信号　（b）选频后的信号　（c）检波后的信号

图 6-58　调制盘输出的周期信号

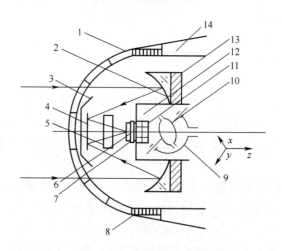

图 6-59　位标器原理结构

1—球形玻璃罩；2—主反射镜；3—遮光罩；4—平面反射镜；5—支撑玻璃；
6—调制盘；7—检测器；8—壳体组件；9—陀螺外环；10—陀螺内环；
11—滤光片；12—陀螺转子；13—大磁铁；14—壳体。

结构紧凑以减小体积和质量，在光学系统中还有一块起折叠光路作用的平面反射镜。平面反射镜通过支撑玻璃与镜筒相连接，调制盘装在光学系统的焦平面上。其后是滤光片和检测器，光学系统除球形罩外都装在镜筒上。镜筒就是陀螺转子，不过这一转子的形状特殊，称为杯形转子。转子轴通过轴承与万向支架连接。万向支架的框架就是陀螺的内、外环。陀螺转子除

绕自身轴 Z 轴转动外,还能由内、外环带动它绕 x、y 轴做进动。位标器在结构上保证透光罩的球心正好与陀螺 3 个转动轴的交点重合,这样可保证光学系统在任何位置都是共轴系统;而检测器处于三轴交点上,与不动的转子轴相连接,因而避免了由于运动带来的噪声,且不论光轴在什么位置上像点都在检测器的中心。在壳体组件中装有几组绕组,其中主要有旋转线圈、进动线圈和基准线圈。

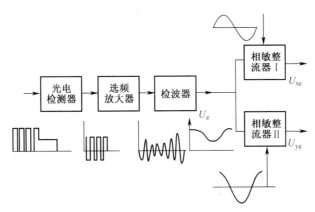

图 6-60　电子线路处理方块图

　　位标器的一个任务是测量目标在空间相对于弹体轴的角位置,另一个任务是跟踪目标的运动。因为光学系统的瞬时视场很小,为保证不丢失目标,必须让光轴有跟踪目标运动的能力。当远方的目标辐射的红外光进入光学系统的视场时,目标成像在调制盘上。由调制盘测量目标空间方位原理可知,在误差信号测量区内随方位误差角 Δq 的增加而使输出信号增大。调制盘的输出信号经检测器变换成电信号,再由电子线路处理,电路如图 6-60 所示,得到了与方位误差角成比例的电压信号 u_e ,即

$$u_e = u_\rho \sin(\omega t + \varphi) \tag{6-33}$$

式中, u_ρ 反映了误差角 Δq 的径向; φ 反映了误差角的相位。

　　调制盘的旋转运动是由于壳体组件中的旋转线圈与陀螺转子上的大磁铁相互作用的结果。4 个线圈的轴线与弹轴垂直并在空间互成 $\pi/2$ 的角度,如图 6-61 所示。当给 4 个线圈通以高频振荡电压,其中每个线圈的电压相位互差 $\pi/2$)时,便在垂直于弹轴的平面内产生旋转的电磁场。旋转的电磁场与大磁铁相互作用使陀螺转子转动,带动调制盘一起高速旋转,达到对目标像点进行调制的目的。高速旋转的三自由度陀螺的转子,使光轴在空间保持稳定,不受壳体运动的影响。

　　把位标器输出的误差信号 u_e 送到进动线圈,进动线圈的轴线与弹轴一致称轴向线圈,产生轴向电磁场,磁场大小与进动线圈中的误差信号成比例,这一轴向电磁场与大磁铁的永久磁场相互作用,产生与误差信号成比例的电磁力矩 M ,即

$$M = P \times H \tag{6-34}$$

式中, P 是永久磁矩向量; H 是电磁场向量。

　　电磁力矩即进动力矩 M 作用在陀螺的内、外环上使镜筒绕 X、Y 轴进动,改变光轴方向,使光轴向减小误差角的方向运动,实现了光轴跟踪目标的运动。

2. 坐标变换电路

坐标变换电路亦称相敏整流器。进行坐标变换必须要有基准信号,基准信号的产生是因为在壳体组件中装有 4 个基准线圈,这 4 个基准线圈亦是径向线圈,在空间亦互差 $\pi/2$ 的角

度。在大磁铁转动时,4 个线圈切割磁力线在线圈中产生感应电流,感应电流的相位,互差 $\pi/2$。把其中两对相差 π 的线圈串接,获得了两个相差 $\pi/2$ 的基准信号电压,即

$$\begin{cases} u_x = u\sin\omega t \\ u_y = u\cos\omega t \end{cases} \qquad (6-35)$$

式中,ω 为转子的转动频率。

要得到上述基准信号,需使大磁铁的极轴(SN 极的连线)在空间严格地与调制盘的分界线垂直。坐标变换电路如图 6-62 所示。坐标变换电路实际上是一个乘法器电路。在乘法器电路的两臂分别输入误差信号 u_e、基准信号 u_x 和 u_y,图中只给出 u_x 的变换,在输出端就得到了与误差信号成比例的直流信号 u_{xo},即

$$u_{xo} = ku_eu_x = kuu_\rho\sin\omega t\sin(\omega t + \varphi) = -Ku_\rho\left[\cos(2\omega t + \varphi) - \cos\varphi\right] \qquad (6-36)$$

比例系数 $K = ku/2$。该输出信号的倍频项 $\cos(2\omega t + \varphi)$ 被输出端电容 C 旁路,在电阻 R 上只剩有直流项 $Ku_e\cos\varphi$。显然,此直流信号与输入误差信号的幅值 u_ρ 成正比,与输入误差信号的相角 φ 成余弦关系。

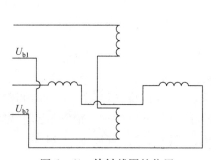

图 6-61 旋转线圈的位置

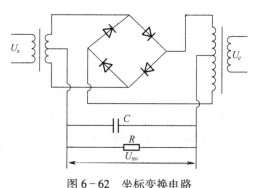

图 6-62 坐标变换电路

同时可得到

$$u_{yo} = ku_eu_y = kuu_\rho\cos\omega t\sin(\omega t + \varphi) = -Ku_e\left[\sin(2\omega t + \varphi) + \sin\varphi\right] \qquad (6-37)$$

由此可知,相敏整流器的输出信号唯一地确定了目标的空间坐标 x、y 值。把 u_{xo} 和 u_{yo} 坐标信号输入到舵机中,由此控制舵机的偏摆角,改变弹体的姿态角,使导弹跟踪目标飞行,最后击中目标。

红外方位检测系统除上述定位方法外,还有成像定位法,其具有较好的应用前景。成像定位是用面阵多元检测器(CCD)进行。当目标处于某一空间时,光学系统把目标成像在面阵器件的某些元素上,可算出目标中心点在空间的位置,且可知道目标的形状,这称为凝视检测。

习题

6-1　频率测量有哪些方法?其测试原理和应用特点是什么?

6-2　如何提高莫尔条纹测长仪的精度?

6-3　激光脉冲测距仪中,为了得到脉冲当量为 1m/脉冲,应选用多少频率的时钟振荡源?

6-4　用相位测距法测量距离,设测量的最大范围为 10km,测距精度为 1cm,各测尺的精度为 1‰,试给出测尺的个数和长度和频率。(要求给出分析计算过程)

6－5　激光三角法测量位移测量原理是什么?

6－6　激光准直仪的光电目标靶通常采用什么作为检测器? 如何检测出光斑坐标?

6－7　用 CCD 测量大尺寸物体时,如何解决测量视场和测量精度的矛盾?

6－8　用 CCD 测量某物体的最大范围是 3m,CCD 阵列像素为 1728 个,像素尺寸为 12μm,物镜焦距 75mm,请计算放置的距离和测量分辨率。

6－9　红外方位探测系统中,调制盘的作用是什么?

第7章

基于光相位调制的检测系统

光相位调制检测技术是被测参量的变化引起光波相位变化,通过检测光波相位变化而测量被测参量的技术。用光相位调制原理来实现对一些参量的检测往往具有更高的检测灵敏度和精度,被广泛应用于许多精密测试系统中。下面介绍基于光相位调制的检测系统的原理、设计与应用。

7.1 光相位调制及其调制度和影响因素

7.1.1 光相位调制的调制和解调

光相位的调制是各种被测参量(如位移、温度、应力应变、压力、介质密度,甚至电场、磁场等)通过直接或间接对光传播途径上光程的影响,从而引起光相位的变化。光相位的解调是利用光的干涉效应(各种干涉仪)把光波间的相对相位关系转换为光强度的空间或时间的变化,再通过光电检测器件检测光强变化,实现对光相位变化的检测。

7.1.2 影响干涉信号的因素

获得高质量的干涉信号是保证检测精度与检测系统可靠工作的必要条件。干涉信号的调制度是反映干涉信号质量的重要指标,干涉信号的调制度表示为

$$M = \frac{I_{\max} - I_{\min}}{I_{\max} + I_{\min}} \tag{7-1}$$

式中,$I_{\max}$ 为干涉信号的最大光强;$I_{\min}$ 为干涉信号的最小光强。

调制度 M 的值在 0~1 之间变化,当 $M=1$ 时,获得的干涉条纹信号质量最好;当 $M=0$ 时,干涉条纹信号的可见度为零,此时无法得到干涉信号。

影响干涉信号调制度的重要因素有:①光源的相干性:②干涉光束相干性要求;③光电转换和信号检测部分。

(1)光源的相干性是指干涉仪的光源要具有良好的时间相干性和空间相干性。

光的时间相干性决定于光源的单色性,光的单色性越好,即频谱宽度越窄,时间相干性就

越好;光的空间相干性取决于光源上各发光点之间的相位匹配关系。目前,激光光源的出现为光电检测技术带来了飞跃性的发展。激光光源由于具有高度的时间相干性和空间相干性,同时又具有高亮度和高方向性的特点,已成为光相位调制检测系统中最理想的光源。但由于激光的高度时空相干性,也给干涉系统带来散斑噪声,在设计中应该注意散斑噪声对干涉信号带来的影响。

（2）干涉光束的相干性要求是指光束满足频率相同、相位差恒定和具有相互平行的偏振分量。

对于两束理想单色相干光干涉,若两束相干光的振幅相等,即 $a_1 = a_2$ 时,获得最大的干涉信号调制度。在理想情况,这两束相干光应具有相同的光振动方向,即偏振方向相同。在实际的干涉系统中,由于光束经过一系列的光学元件后,可能产生两束干涉光的偏振情况不同,影响到干涉信号的调制度。

以线编振光为例,简要分析偏振光的干涉情况。设两束振幅相同、偏振方向相互成 α 角的单频光相干,如图 7-1 所示。按图示坐标系,两束相干光的振幅为 $a_1 = a_2 = a$,其中 a_1 为 x 偏振方向, a_2 偏振方向与 x 轴成 α 角。显然 a_2 可分解为 x、y 两个偏振方向,振幅为 $a_{2x} = a\cos\alpha$ 和 $a_{2y} = a\sin\alpha$,当 a_1、a_2 两束光在空间相遇叠加时,直接观察两束光的干涉情况,只有其中的 a_{2x} 分量才能与 a_1 产生有效的干涉,而 a_{2y} 作为干涉信号的直流分量叠加在干涉图上,形成直流的背景光强,使干涉信号的调制度降低。可以计算出这种情况下的干涉信号调制度为 $M = \cos\alpha$ 。从上式可以看出,当两相干光束具有相同的偏振方向,即 $\alpha = 0°$,有最大的调制度;当相干光束的偏振方向相互垂直,即 $\alpha = 90°$ 时,干涉信号消失。

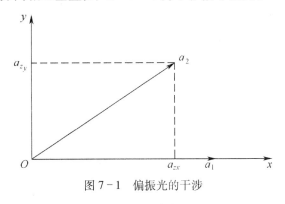

图 7-1　偏振光的干涉

因此,在偏振干涉系统中需要在干涉光路中安置偏振光学元件（如偏振镜、波片等）,以使两相干光束具有相同的偏振态,以得到调制度较大的干涉信号。在某些干涉系统中为了滤除其他方向偏振光的背景光信号,也可以采用偏振镜,以改善干涉信号的调制度。

（3）光电转换和信号检测部分的要求是指光电检测器件及前置放大器的漂移和噪声等也要比较小。

在实际的干涉系统中,影响干涉信号调制度的因素还很多,如相干涉系统中的漫射光、干涉波面畸变、干涉系统机械部件精度等都会影响到干涉信号质量。因此,对于应用和设计光相位调制检测系统,必须充分了解和考虑这些因素对干涉信号质量的影响。

7.2　干涉测量技术

应用光的干涉效应进行测量的方法称为干涉测量技术。一般干涉测量系统主要由光源、干涉仪、光电显微镜瞄准部分以及信号接收和处理部分组成。根据测量对象及测量要求的不同而各有不同的组合,并由此形成了各种结构形式的干涉测量系统。

在光相位调制检测系统中,被测参量一般是通过改变干涉仪中传输光的光程而引起对光的相位调制。由干涉仪解调出来的信息是一幅干涉图样,它以干涉条纹的变化反映被测参量的信息。干涉条纹是由于干涉场上光程差相同的场点轨迹形成。干涉条纹的形状、间隔、颜色及位置的变化,均与光程变化有关。因此,根据干涉条纹上述诸因素的变化可以进行长度、角度、平面度、折射率、气体或液体含量、光学元件面形、光学系统像差、光学材料内部缺陷等各种与光程有确定关系的几何量和物理量的测量。

7.2.1 激光干涉测长系统组成和基本原理

1. 激光干涉测长系统组成

图7-2所示为激光干涉测长的基本原理框图,它是以激光的波长为基准对各种长度量进行精密测量,主要有以下几部分组成。

(1)激光光源。一般采用单模稳频氦-氖气体激光器,使用输出波长为 $\lambda = 0.6328\mu m$ 的红光。这种激光器相干长度可达到300km。

(2)干涉仪。是基于迈克尔逊干涉的原理,被测长度位移量通过干涉仪的移动臂引入,对光波的相位进行调制,再由干涉仪中两臂光波的干涉实现对位移量的解调。

(3)光电显微镜。用于给出被测长度量的起始和结束位置,实现对被测长度或位移的精密瞄准,使干涉仪的干涉信号处理部分和被测量之间实现同步。

(4)干涉信号接收和处理部分。主要包括接收干涉信号的光电检测器、信号放大、判向、细分以及可逆计数和显示记录等。

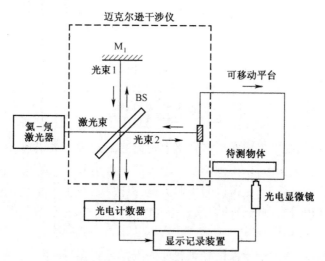

图7-2 激光干涉测长的基本原理

2. 激光干涉测长系统基本原理

由激光器发出的光,经分束镜分为两束,一束射向干涉仪的固定参考臂,经参考反射镜返回后形成参考光束;另一束射向干涉仪的测量臂,测量臂中的反射镜将随被测对象一起移动,这一束光从反射镜返回后形成测量光束。测量光束和参考光束的相互叠加形成干涉信号。干涉信号的明暗变化次数直接对应于测量镜的位移,可表示为

$$L = N \times \frac{\lambda}{2} \qquad\qquad (7-2)$$

式中,N 是光电显微镜瞄准起始点到终点的时间内干涉条纹变化周期数,则计数得出被测位移 L 的数值。

　　以上介绍的是激光干涉长度测量系统的基本原理,对于实际应用的测量系统,若采用这种简单的干涉光路进行测量将会存在一些问题。例如,当参考光束和测量光束经过分束镜合成时,一部分光合成到光电检测器上进行干涉,形成有用的干涉信号;另一部分光束将沿原光路返回到激光器中,这部分光将对激光器的正常工作产生影响,对激光管的输出引起不稳定干扰。此外,对于长距离的测量,干涉仪测量臂的移动由于受到导轨精度或干涉仪本身受到外界振动等因素的影响,都会引起测量反射镜的方向和位置的偏移,从而影响到干涉信号的变化,产生测量误差。另外,还有一个重要的因素,就是测量系统必须能对正向位移和反向位移进行方向判别,以进行可逆计数。因此,在光路和电路设计中,必须考虑把测量的位移方向鉴别出来。基于以上几点考虑,下面介绍实际的激光干涉测长系统光路设计、干涉信号的方向判别与计数和干涉信号的移相技术等。

7.2.2　激光干涉测长系统的光路设计

　　一种实际应用的激光干涉测长仪的简化光路如图 7-3 所示。

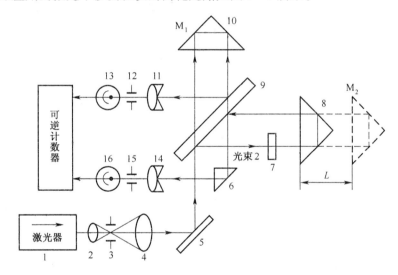

图 7-3　一种激光干涉测长仪的简化光路

1—激光器;2,4,11,14—透镜;3,12,15—光阑;5—反射镜;6—反射棱镜;
7—相位板;8,10—角锥反射棱镜;9—分束镜;13,16—光电检测器。

　　由激光器 1 发出的光,经由(透镜)2、4 和(小孔光阑)3 部分组成的准直光学系统,使激光束的截面扩大,并压缩光束的发散角。从准直光学系统出来的光经反射镜 5 的光路转折到分束镜 9 分为两部分,一部分射向角锥反射棱镜 10 形成参考光束,另一部分射向角锥反射棱镜 8 形成测量光束,其中角锥反射棱镜 10 固定不动,作为干涉仪的参考臂,而角锥反射棱镜 8 则作为干涉仪的测量臂,随着被测对象移动。经参考臂上的角锥反射棱镜 10 反射的参考光束与经测量臂上角锥反射棱镜 8 反射的测量光束再经分束镜 9 合成为两路干涉信号,一路由透镜 11 聚焦和光阑 12 滤除杂散光后,由光电检测器 13 接收;另一路则经反射棱镜 6 反射后经透镜 14 和光阑 15,最后由光电检测器 16 接收。

（1）准直光学系统中,小孔光阑 3 位于透镜 2、4 的焦点处,形成一种空间滤波器,减小光源中的杂散光影响。

（2）测量光束中的光学元件 7 称为相位板,它的作用是使通过光路的部分光束产生附加的相位,以使光电检测器 13 和 16 所接收到的干涉信号在相位上相差 $\pi/2$。利用这组信号间的关系,经电路处理后就可以实现对测量臂位移方向的判别,在计数器上进行加减可逆计数。

（3）该光路中,使用角锥棱镜（图 7-4）代替了平面反射镜作为反射器,一方面避免了反射光束反馈回激光器而对激光器带来的不利影响,另一方面由于角锥棱镜的特点,使得出射光束与入射光束平行,且角锥棱镜绕任一通过角点的棱边转动均不影响出射光束的方向。角锥棱镜的形状相当于立方体切下来的一个角,它的 3 个内表面作为光学反射面并相互垂直。当光从基面入射,可在 3 个直角面上依次反射,仍从基面出射。出射光线与如射光线总保持平行。沿着入射光线方向看去,光在基面上的入射点与出射点相对于角锥棱镜的角点对称分布。角点到基面的垂直距离称为棱镜高度。凡垂直入射基面的光线,在棱镜内部的光程恒为棱镜高度的 2 倍。

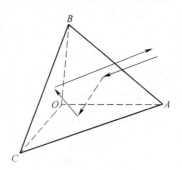

图 7-4　角锥棱镜

为消除线偏振光在 3 个直角面上反射时变成椭圆偏振光的影响,可在反射面上镀银膜。目前,角锥棱镜被广泛应用于激光干涉仪中作为反射器。在使用中应注意,反射光束的方向由 3 个反射面间的实际角度决定。如图 7-3 所示的光路,当参考反射镜和测量反射镜都采用角锥棱镜时,所形成的干涉条纹将完全取决于角锥棱镜的加工精度,无法再调整。因此,对角锥棱镜的角度偏差要求严格,常需配对加工。此外,由于光束在角锥棱镜中的反射,还应注意它对光束偏振性的影响。

（4）几种抗干扰和提高测量精度干涉光路的设计。在干涉仪的光路设计时,应系统地考虑到干涉信号的质量、稳定性以及测量精度和对结构的要求等方面,图 7-5 表示其他几种激光干涉测长系统的光路布局。

在图 7-5（a）中,只用一个角锥棱镜作为测量中的移动镜。从光源发出的光束由分束镜 BS_1 分束后直接形成参考光束,而另一束则由测量臂调制后,由分束镜 BS_2 与参考光束合成干涉。在实用上 BS_1 和 BS_2 还可以做成一体,形成较稳定的结构。

图 7-5（b）是一种双程干涉仪结构。角锥棱镜 M_2 仍作为测量反射镜,反射镜 M_1 是固定的参考反射镜,而反射镜 M_3 是测量臂上的固定反射镜。由于测量光束在移动镜 M_2 中往返两次,所以对位移的灵敏度提高了一倍,产生了光学二倍频效果。这种结构还可设计成采用立方分光棱镜的组件布局结构,如图（c）所示。图（c）中把图（b）中的 M_1、M_3 和 BS 合成为一体,在分束棱镜上镀以反射膜形成了 M_2 和 M_3。这种结构使整个系统对外界的抗干扰性得到提高。

图 7-5（d）是一种光学倍频的布局。这种结构使测量光束在测量移动镜内多次往返,实现了对位移灵敏度的提高,使之产生光学多倍频效果。此时,当 M_2 每移动 $\lambda/2k$ 位移就产生干涉信号一个周期的变化（ k 为光束在移动镜中的往返次数）,其灵敏度提高了 k 倍。

7.2.3　干涉信号的方向判别与计数

以上提到,要使激光干涉仪能进行实际工作,必须对测量反射镜的位移方向进行判别以实

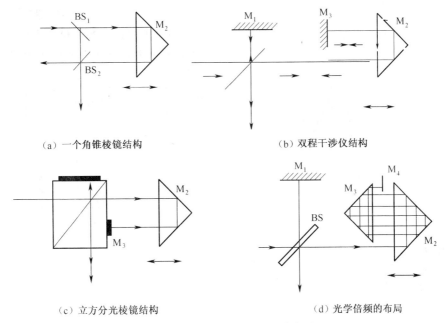

（a）一个角锥棱镜结构　　　　　　　　　　　（b）双程干涉仪结构

（c）立方分光棱镜结构　　　　　　　　　　　（d）光学倍频的布局

图 7 - 5　几种干涉测长的光路布局

现对干涉信号的可逆计数。由于测量反射镜在测量过程中可能需要进行正、反两个方向的移动，或在测量过程中由于各种干扰因素的影响，如外界振动、测量镜移动的导轨误差以及机械传动机构的不稳定等，使测量镜在正向移动过程中产生一些偶然的反向移动。这种正、反方向的移动均使干涉信号产生变化。此时，若测量系统中没有判向能力，则由光电检测器接收信号后，由计数器所显示的计数值将是测量镜正反移动的总和，而不是真正的被测长度。这就使干涉仪无法可靠工作，带来很大的测量误差。为了解决这一问题，仪器的电路必须有方向判别能力。该电路把计数脉冲分为加、减两种脉冲。当测量镜正向移动时所产生的脉冲为加脉冲，而测量镜反向移动时引起的脉冲为减脉冲。把这两种脉冲送入可逆计数器进行可逆计数，就可以得出测量镜的真正位移量。

图 7 - 6 和图 7 - 7 表示了判向计数电路的原理框图和电路波形图。

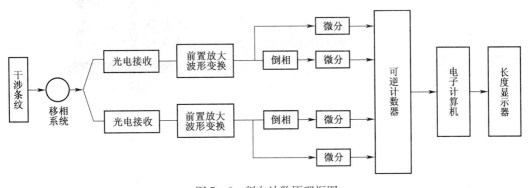

图 7 - 6　判向计数原理框图

在干涉系统中通过移相方法，得到两路相互差 $\pi/2$ 的干涉条纹光强信号。该两路干涉信号经 2 个光电检测器接收后，得到与干涉信号相对应的两路相差 $\pi/2$ 的电信号：正弦信号和余弦信号。这两路信号经放大、整形、倒相变成四路方波信号。再经过微分电路，得到 4 个相

位依次相差 π/2 的脉冲。若将脉冲按测量镜的正向位移时相位的排列次序为 1、3、2、4,反向位移时相位的次序排列为 1、4、2、3,在后面的逻辑电路上根据脉冲 1 的后面是 3 或是 4 可判别是正向脉冲或是反向脉冲,并分别送入加脉冲的"门"或减脉冲的"门"中,从而实现了判向的目的。同时该判向电路还把一个周期的干涉信号变成 4 个脉冲输出信号,使每一计数脉冲代表 1/4 条纹的变化,即代表测量镜的移动量为 λ/8。这样,同时实现了对干涉仪信号的四倍频计数,所测出的位移长度为

$$L = N \times \frac{\lambda}{8} \tag{7-3}$$

式中,N 为倍频后的计数脉冲数。该数值经计算机处理后,可直接显示和打印记录。

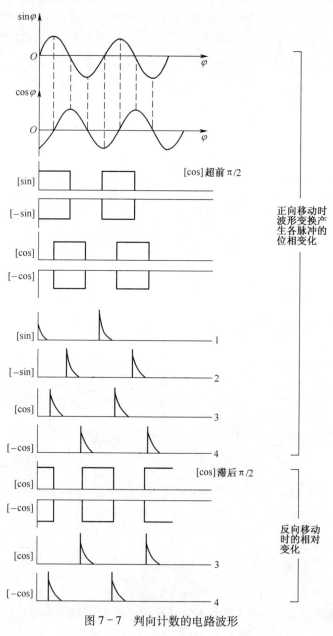

图 7-7　判向计数的电路波形

7.2.4　干涉信号的移相技术

以上所述的干涉条纹信号的判向方法都必须基于得到两路相相位差 π/2 的干涉信号。干涉信号的移相就是将干涉条纹通过一定的方法分为两路,并使其相相位差 π/2;通过光电检测器后即可得到输出电信号相差 π/2 的两路信号,以用于进行判向和倍频计数。下面介绍几种干涉信号移相的方法。

1. 机械移相法

产生 π/2 相位偏移干涉信号的最简单方法就是将干涉参考臂上的固定反射镜 M_1 倾斜一定角度,如图 7-8 所示。此时,干涉信号是一组一定间距的明暗相间的干涉条纹,在此干涉场内放置两个光电检测器 PD_1 和 PD_2,并使 PD_1 和 PD_2 的间隔为条纹间距的 1/4,这样,当移动镜 M_2 而引起干涉条纹移动时,便可以得到两路相差 π/2 相位的干涉信号。但这种简单的方法很容易因反射镜的方向稍微变化就改变干涉条纹间距,使输出信号的相位关系发生变化,引起误差。

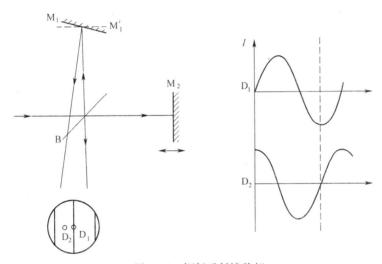

图 7-8　倾斜反射镜移相

图 7-9 所示是一种狭缝移相法。将得到的两路干涉条纹后面分别安置一狭缝,并使狭缝的方向平行于条纹,这两个狭缝间相对移开 1/4 干涉条纹的间隔,在这两个狭缝后放置 2 个光电检测器,则 2 个光电检测器将接收到相移 π/2 的两路干涉条纹信号。

2. 翼形板移相

翼形板是由两块厚度相同、材料相同的玻璃平板胶合而成,如图 7-10(a) 所示。两板夹角为 170°,厚度为 5mm。使用中,它被安置在干涉光路光束截面的下半部(图 7-10(b)),测量光路或参考光路均可(如图 7-3 中的相位板 7)。以两板的交棱为轴,适当转动翼形板时,可使通过两板的光线彼此有 λ/4 的光程差。图 7-11 表示了有、无翼形板时所得到的干涉条纹的比较。无翼形板时,随着测量镜的移动,干涉条纹或明或暗,如 7-11(a) 所示。当在光路中放置翼形板时,则干涉视场如图 7-11(b) 所示,出现 Ⅰ、Ⅲ 象限为亮纹时, Ⅱ、Ⅳ 象限为半亮半暗区,反之,当 Ⅱ、Ⅳ 象限为亮纹时,则 Ⅰ、Ⅲ 象限为半亮半暗区,即这组条纹在空间上相差 π/2。若用一分像棱镜把 Ⅰ、Ⅲ 象限和 Ⅱ、Ⅳ 象限的干涉条纹分开,再由两路光电检测器分别接收,即可获得相互移相的干涉信号。

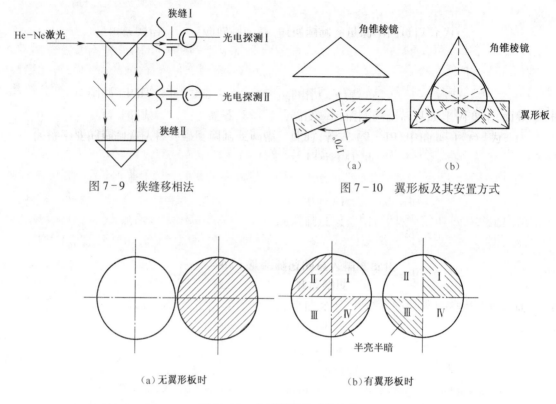

图 7-9　狭缝移相法　　　　　图 7-10　翼形板及其安置方式

（a）角锥棱镜　　（b）角锥棱镜　翼形板

（a）无翼形板时　　　　　（b）有翼形板时

半亮半暗

图 7-11　有无翼形板时的比较

3. 镀移相膜法

如图 7-12 所示,在干涉仪的分束镜上镀以分束移相膜,该移相分光膜不仅使入射光线分为两束,而且能使光线在该膜层上每反射一次就产生 $\pi/4$ 的相位跳变。在图 7-12 中,到达光电检测器 1 的两相干光束在 A、B 处各反射一次,两者没有相对附加的相位移动。到达光电检测器 2 的两相干光束 I_2 和 II_2,则由于光束 I_2 在 A、B 处共反射二次,而光束 II_2 在 A、B 处均为透射,因此光束 I_2 和 II_2 之间将产生 $\pi/2$ 的相位偏移。当把由 I_1 和 II_1 干涉形成的干涉信号和由 I_2、II_2 形成的干涉信号用两路光电检测器接收时,所得到的两路干涉信号就相差 $\pi/2$。用这种方法可获得很稳定的信号移相。

4. 利用偏振光的移相法

图 7-13 是一种利用偏振光的特性与偏振光学元件组成的移相方法。从激光光源输入到干涉系统的光,是一偏振方向与入射面(图)面成 45°的平面线偏振光。入射光经分束镜分为两束,一束形成测量光束,由活动反射器反射后再由分束镜反射,其光的偏振方向仍然是与入射面成 45°的线偏振光,且垂直分量与水平分量的相位是相同的。另一束光形成参考光束,经固定反射器反射后,这束光通过 $\lambda/4$ 波片变成圆偏振光,这时它的垂直分量和水平分量相相位差 90°。这两束光合成后,通过渥拉斯顿棱镜使两光束中的垂直分量和水平分量分开,并各自干涉形成两组干涉条纹信号,则这两组干涉信号的相相位差 $\pi/2$。

以上介绍了几种常用的获得相位相差 $\pi/2$ 干涉信号的移相方法。此外,还有不少移相方法,就不一一列举了。总之,在选择和设计移相方法时,要根据测量条件、系统结构以及精度要求等各方面来综合考虑。

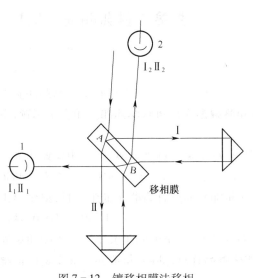

图 7 - 12　镀移相膜法移相

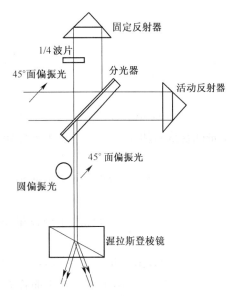

图 7 - 13　偏振光移相方法

7.2.5　折射率的干涉测量技术

在图 7 - 14(a)中,从光源发出的光被分束镜 1 分为两路,一路通过分束镜经玻璃气室 5 到达角锥反射镜 4,经 4 反射后回到分束镜,形成参考光束。另一路由分束镜反射后经反射镜 2,通过相位板 6 进入气体采样室再通过相位板 7 达到角锥反射镜 3,经 3 反射后回到分束镜 1,形成测量光束。测量光束与参考光束合成干涉后,由两路光电检测器 A、B 接收相相位差 $\pi/2$ 的两路干涉信号。在测量系统结构设计上,使干涉仪的参考臂和测量臂的光程一致,即需使用玻璃材料以及厚度均相等的两个气室,两路光程相等。测量时,慢慢抽出参考气室中的空气,而测量气室中保持被测的空气,这时由光电检测器可以探测到两路干涉条纹移动信号,直到参考室被抽成真空时,通过对干涉条纹的计数,就可以获得测量室中空气折射率的测量结果。如果设干涉条纹的移动数为 N,玻璃气室的长度为 L,则有

$$l(n - 1) = N \frac{\lambda_0}{2} \qquad (7-4)$$

式中,n 为抽气前气室内空气折射率,即被测的空气折射率;λ_0 为光在真空中的波长。

为提高测量折射率的精度,一般需对干涉信号进行细分倍频的电路处理,同时还可增大气室长度。图 7 - 14(b)是一种改进结构,它是在测量光路和参考光路中分别加一平面反射镜 7 和 8,使光路通过气体的光程增加一倍,起到了光学二倍频的作用。因此,在要求同等精度时,气室的长度可比图 7 - 14(a) 中的结构缩短一半。

7.2.6　线纹尺的干涉测量技术

1. 测量原理

线纹尺为即测量用的刻度尺,其精度很高,有的要求相邻刻线间的误差小于 $0.2\mu m$。工程上一般需要对标准的线纹尺测量校准。常用干涉测量的方法,线纹尺的干涉测量原理如图 7 - 15 所示。由氦-氖激光器 1 发出的单模稳频激光束,经准直光学系统 2 扩束后,再经反射镜 3 到分光镜 4 被分成两路,一路透射光经反射镜 6 射到紧固在仪器底座的参考反射角锥棱

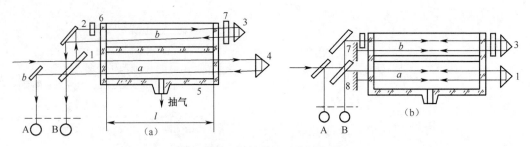

图 7－14　折射率的干涉测量原理

镜 7 上,由原路返回至分束镜 4,这一路具有固定的光程。另一路通过移相板 8 后,射到固定在测量移动平台上的角锥反射棱镜 5 上,返回到分束镜 4,两路光在分光镜 4 上汇合产生干涉现象。此两组干涉斑分别通过半透半反镜 10 和 11 到达物镜 12 和 13,并分别被两个光电检测器 14 和 15 接收,经放大整形后,送入辨向细分电路,利用正、余弦信号实现四倍频细分,即干涉光斑变化一次,发出 4 个脉冲,从而每一脉冲当量为 $\lambda/8$。测量时,测量平台移动,瞄准镜 9 瞄准刻线发出计数指令,直到下一刻线出现,并且被瞄准时,瞄准镜发出指令停止计数,即可以实现测量。

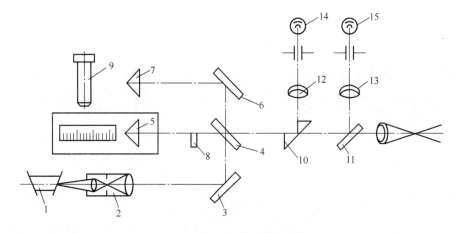

图 7－15　线纹尺的干涉测量原理

2. 细分判向

移相板的工作原理如图 7－16 所示,光轴的一侧放置一块移相板,它是由 2 块材料和几何尺寸完全相同的平面平行玻璃按一定夹角胶合而成。由分光镜射来的圆形光束只有一半经过移相板,按直角坐标将光束分成四个象限,调节移相板的角度可使 3、4 象限光束具有 90°相位差,此光束射至角锥反射棱镜,反射光与入射光保持平行,并以角锥反射棱镜的顶点对称的形式反射回来。1 象限入射的光束将从 3 象限反射出,3 象限入射的光束将从 1 象限反射出,同样 2、4 象限的光束也将交换反射出来。由于移相板的作用,使通过它的 3、4 象限入射光间具有 90°相位差,反射出来不通过移相板,因此仍保留原来的相位差。原来不通过移相板具有相同相位的 1、2 象限入射光束,反射回来通过移相板,因此也具有 90°相位差。因此获得 1、3 象限同相,2、4 象限同相,而两部分光的相相位差 90°,当与从参考镜 7 反射回来的一路光在分光镜 4 上汇合形成干涉,就得到相相位差 90°的两组干涉斑,如图 7－16 所示。

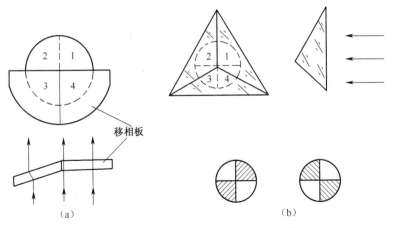

图 7-16　移相板的工作原理和干涉光束截面图

3. 瞄准部分

瞄准部分的工作原理如图 7-17 所示。线纹尺 2 经过对玻璃尺的投射照明系统 1 或对金属尺的反射照明系统 4,由物镜 3 将线纹尺上的刻线经分束镜 5 分别成像在狭缝 A 和 B 上。狭缝由一对刀口组成,调节它们的位置,使 A 和 B 的宽度正好等于刻线宽度,而狭缝 A 与 B 的空间位置需要错开,即狭缝 A 的末端紧接着狭缝 B 的始端,这样当被检线纹尺朝 S 方向移动时,刻线像首先进入狭缝 A,使透过狭缝 A 的光通量 ϕ_A 减小,当刻线像完全进入狭缝 A 时,ϕ_A 达到最小(近似为零)。随后,刻线像开始离开狭缝 A 进入狭缝 B。这时 ϕ_A 逐渐增大,ϕ_B 逐渐减小,出现图 7-17 所示的虚线波形。通过狭缝 A、B 光通量的变化,分别由光电倍增管接收,转换成变化规律相同电信号 $u_{\phi A}$ 和 $u_{\phi B}$。当刻线像刚好处于狭缝 A 和 B 的中间位置时,$u_{\phi A}$ 和 $u_{\phi B}$ 相等,差动信号 $u_{\phi A} - u_{\phi B} = 0$,此时,给计数器发出指令开始计数,直到出现下一个刻线像时停止计数,即实现了刻线的瞄准和测量。

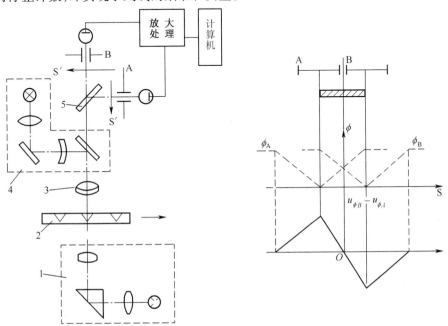

图 7-17　瞄准工作原理光路图和电信号波形图

7.3 激光衍射测量技术

激光衍射测量技术是一种高准确度、小量程的精密测量技术,应用比较广泛。本节将介绍衍射测量有关系统,并给出典型的应用。

7.3.1 单缝衍射测量

1. 单缝夫朗和费衍射实验装置

观察夫朗和费衍射现象,需要把观察屏放在离衍射屏很远的地方,一般用透镜来缩短距离,通常采用如图 7-18 所示实验装置,S 为点光源或与纸面垂直的狭缝光源,它位于透镜 L_1 的焦面上,观察屏放在物镜 L_2 的焦面上,衍射屏或被测物放在 L_1 和 L_2 之间,这样,在观察屏上将看到清晰的衍射条纹。

2. 单缝夫朗和费衍射强度

用振幅矢量法或衍射积分法都可以得到缝宽为 b 的单缝夫朗和费衍射光强分布表达式:

$$I = I_0 \left(\frac{\sin\alpha}{\alpha} \right)^2 \tag{7-5}$$

式中, I_0 是中央亮条纹中心处的光强; α 可以表示为

$$\alpha = \frac{\pi b \sin\theta}{\lambda} \tag{7-6}$$

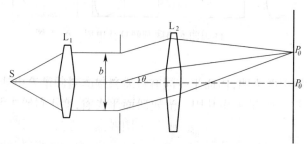

图 7-18 单缝夫朗和费衍射的实验装置

图 7-19 所示的相对强度分布曲线就是根据式(7-5)画出的。由式(7-5)和式(7-6)可求出光强极大和极小的条件及相应的角位置。

(1) 主极大: $\theta = 0$ 处, $\alpha = 0$, $\frac{\sin\alpha}{\alpha} = 1$, $I = I_0$ 光强最大。

(2) 极小: $\alpha = k\pi$, $k = \pm 1$, ± 2, ± 3,$\cdots$ 时, $\sin\alpha = 0$, $I = 0$,光强最小,其条件是

$$b\sin\theta = k\lambda \qquad (k = \pm 1, \pm 2, \pm 3, \cdots) \tag{7-7}$$

(3) 次极大:令 $\frac{\mathrm{d}}{\mathrm{d}\alpha} \left(\frac{\sin\alpha}{\alpha} \right)^2 = 0$,可求得次极大的条件为 $\tan\alpha = \alpha$,用图解法可求得与各次极大相应的 α 值为 $\alpha = \pm 1.43\pi$, $\pm 2.46\pi$, $\pm 3.47\pi\cdots$,相应地有 $b\sin\theta = \pm 1.43\lambda$, $\pm 2.46\lambda$, $\pm 3.47\lambda \cdots$ 。

以上结果表明,次极大差不多在相邻两暗纹的中点,但朝主极大方向稍偏一点。次极大的强度随着级次 k 值的增大迅速减小。第一级次极大的光强还不到主极大的光强的 5%。

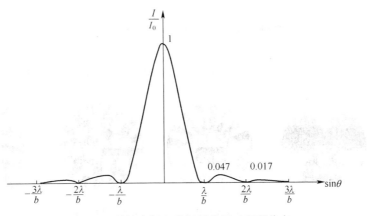

图 7-19　单缝夫朗和费衍射的相对光强分布

3. 单缝衍射测量的基本公式

由式(7-6)可知,衍射条纹平行于单缝方向,当 $b\sin\theta = k\lambda$,且 k 取整数时,出现一系列暗条纹。利用暗条纹作为测量指标,就可以进行计量。当 θ 不大时有

$$\sin\theta \approx \tan\theta = \frac{x_k}{f_2}$$

式中, x_k 为第 k 个衍射暗条纹中心距中央零级条纹中心的距离; f_2 为透镜 L_2 的焦距。因此缝宽 b 可以写为

$$b = \frac{f_2 k\lambda}{x_k} \tag{7-8}$$

式(7-8)就是衍射计量的基本公式。测量时已知 λ 和 f_2 ,测定第 k 个暗条纹的 x_k ,就可以算出缝宽的精确尺寸。图 7-20 是利用被测物与参考物之间的间隙所形成的远场衍射来实现的,此时 L 为观察屏距单缝的距离。当被测物尺寸改变 δb 时,相当于狭缝尺寸 b 改变 δb ,衍射条纹的位置也随之改变,由式(7-8)知

$$\delta b = b - b_0 = kL\lambda \left(\frac{1}{x_k} - \frac{1}{x_{k0}} \right) \tag{7-9}$$

式中, b_0 和 b 分别为起始缝宽和变化后的缝宽; x_{k0} 和 x_k 分别为第 k 个暗条纹的起始位置和变化后的位置。

被测物尺寸或轮廓可以由被测物和参考物之间的缝隙所形成的衍射条纹位置来确定。

4. 单缝衍射测量的分辨率、测量精度和量程

1) 测量分辨率

测量分辨率是指激光衍射测量能分辨的最小量值,即测量能达到的灵敏度。把衍射测量基本公式(7-8)改写为

$$x_k = \frac{Lk\lambda}{b} \tag{7-10}$$

对上式进行偏导计算,得到衍射测量的灵敏度为 $t = \frac{\partial b}{\partial x_k} = \frac{b^2}{kL\lambda}$,则缝宽 b 越小, L 越大,激光波长 λ 越长,所选取的衍射级次越高,则 t 越小,测量分辨力越高,测量就越灵敏。

由于 b 受测量范围限制,L 受仪器尺寸的限制,k 受激光器功率限制,因此,实际上 t 只能近似确定。如果取 $L=1$ m,$b=0.1$ mm,$k=4$,$\lambda=0.63\mu$m,代入式中,得 $t=1/250$。这就是说通

过衍射,使 b 的变化量放大了 250 倍。如果 x_k 的测量分辨力是 0.1mm,则衍射测量能达到的分辨力为 0.4μm。

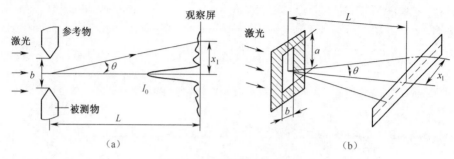

图 7-20　衍射测量原理图

2）测量精度

衍射测量技术的测量精度主要由 $b = \dfrac{kL\lambda}{x_k}$ 所决定,即由测量 x_k 、L 及 λ 的精度所决定。由仪器误差与精度理论可知

$$\Delta b = \pm \sqrt{\left(\frac{kL}{x_k}\Delta\lambda\right)^2 + \left(\frac{k\lambda}{x_k}\Delta L\right)^2 + \left(\frac{kL\lambda}{x_k^{2}}\Delta x_k\right)^2} \qquad (7-11)$$

式中, $\Delta\lambda$ 为激光波长的稳定度; ΔL 为观察屏的位置误差; Δx_k 为衍射条纹位置的测量误差。对氦-氖激光器,稳定度一般优于 $\dfrac{\Delta\lambda}{\lambda} = 1\times10^{-4}$。观察屏误差一般不超过 0.1%。当屏距 $L=$ 1000mm 时, $\Delta L = \pm1$mm。衍射条纹位置误差一般不超过 0.1%。当 $x_k = 10$mm 时, $\Delta x_k = \pm0.01$mm。将这些数据代入式(7-11),则 $\Delta b = \pm0.3$μm。相对误差 $\dfrac{\Delta b}{b} = 1.6\times10^{-3}$。实际测量中包括环境的一些误差,衍射测量精度可达到±0.5μm 左右。

3）最大量程

由衍射测量公式($b = \dfrac{kL\lambda}{x_k}$)可知下述三点:

（1）缝宽越小,衍射效应越显著,光学放大比越大;

（2）缝宽变小,衍射条纹拉开,光强分布各级次的绝对强度减弱,高级次条纹不能测量;

（3）缝宽变大,条纹密集,测量灵敏度降低,当 $b \geqslant 0.5$mm 时,衍射测量就失去意义。

衍射测量的最大量程是 0.5mm,绝对测量的量程是 0.01~0.5mm。因此,衍射测量主要用于小量程的高精度测量。

7.3.2　激光衍射测量方法

激光衍射测量主要依据单缝衍射和圆孔衍射的原理,通过测量单缝衍射暗条纹之间的距离或艾里斑第一暗环的直径来确定被测量。根据不同的被测对象,测量方法主要有以下几种。

1. 间隙测量法

间隙测量法是基于单缝衍射原理,是衍射测量基本方法,主要用于以下几个方面:

（1）尺寸的比较测量。如图 7-21（a）所示,先用标准尺寸的工件相对参考边的间隙作为零位,然后放上工件,测量间隙的变化量而推算出工件尺寸。

（2）工件形状的轮廓测量。如图 7-21（b）所示,同时转动参考物和工件,由间隙变化得到工件轮廓相对于标准轮廓的偏差。

（3）应变传感器。如图 7 - 21(c)所示，当试件上加载力 P 时，将引起单缝的尺寸变化，从而可以用衍射条纹的变化来得出应变量。

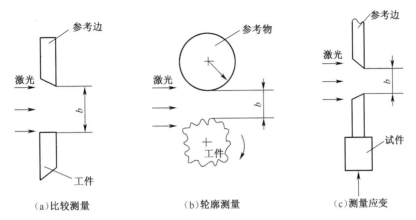

（a）比较测量　　　　　　（b）轮廓测量　　　　　　（c）测量应变

图 7 - 21　间隙测量法的应用

图 7 - 22 所示是应用间隙测量法测量应变的原理。

在被测构件 2 上固定两个组成狭缝的参考物 3，从由激光器 1 发出的光经由参考物组成的狭缝衍射后，在接收屏上形成衍射条纹。当构件 2 受载荷作用下产生应变时，狭缝宽度 b 产生相应的变化 Δb，从而引起相应的衍射条纹的变化。通过测量衍射条纹的变化可以给出应变的测量。可以得出应变量为

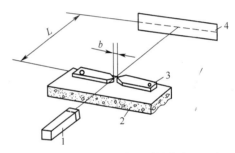

图 7 - 22　间隙法测量应变

$$\varepsilon = \frac{\Delta l}{l} = \frac{\Delta b}{l} = \frac{nL\lambda}{l}\left(\frac{1}{x'_n} - \frac{1}{x_n}\right)$$

式中　L 为狭缝到接收屏的距离；x_n 为应变前第 n 级衍射条纹距零级条纹中心的位置；x'_n 为应变后同一级条纹距中心的位置。

在接收屏上采用阵列光电检测器件（如 CCD、光电二极管阵列）探测衍射条纹信号，就可实现应变的实时自动测量。

2. 反射衍射测量法

反射衍射法是利用试件棱缘和反射镜构成的狭缝实现衍射测量。图 7 - 23 所示为反射衍射法的原理图，狭缝由棱缘 A 与反射镜组成。反射镜的作用是用来形成 A 的像 A′。这时，相当于光束以 i 角入射，缝宽为 $2b$ 的单缝衍射。显然，若在 P 处出现第 k 级暗条纹，则光程差满足下列条件：

$$2b\sin i - 2b\sin(i - \theta) = k\lambda$$

式中，i 为激光对平面反射镜的入射角；θ 为光线的衍射角；b 为试件边缘 A 和反射镜之间的距离；$2b\sin i$ 为光线射到边缘前，在 A 与 A′处的光程差，$2b\sin(i - \theta)$ 是 A 与 A′处，两条衍射光线在衍射角为 θ 的 P 点的光程差，此时应为负值。

将上式展开进行三角运算得到

$$2b\left(\cos i \sin\theta + 2\sin i \sin^2 \frac{\theta}{2}\right) = k\lambda \tag{7 - 12}$$

又因 $\sin\theta \approx x_k/L$ ，则 $\dfrac{2bx_k}{L}\left(\cos i + \dfrac{x_k}{2L}\sin i\right) = k\lambda$ 或 $b = \dfrac{kL\lambda}{2x_k\left(\cos i + \dfrac{x_k}{2L}\sin i\right)}$ ，可知：

（1）由于反射效应，测量 b 的灵敏度可以提高一倍；

（2）i 角一般是任意的，测得某一入射角 i 位置的两个 x_k 值代入上式，解出 b 值。

反射衍射技术主要应用在表面质量评价、直线性测定、间隙测定等方面。

图 7-24 所示为反射衍射法测量的实例，图 7-24(a) 是利用标准的刃边评价工件的表面质量；图 7-24(b) 是利用反射衍射的方法测定计算机磁盘系统的间隙；图 7-24(c) 是利用标准的反射镜面（如水银面、液面等）测定工件的直线性偏差。

从以上实例可见，利用反射衍射法进行测量易于实现检测自动化，对生产线上的零件自动检测有重要的实用价值，其检测灵敏度可达 $2.5 \sim 0.025\,\mu m$。

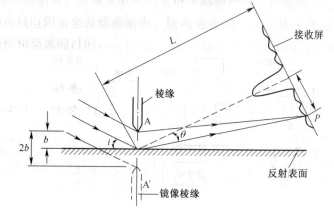

图 7-23　反射衍射法测量原理图

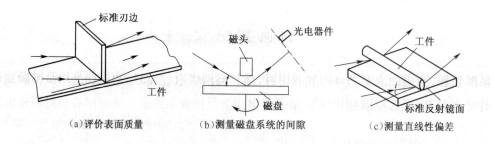

（a）评价表面质量　　　（b）测量磁盘系统的间隙　　　（c）测量直线性偏差

图 7-24　反射衍射法测量实例

3. 互补测量法

激光衍射的互补原理可由巴俾涅（Babinet）定理得出，如图 7-25 所示。

设一个任意形状的开孔屏，在平面波照射下，接收屏上所得到的光波复振幅为 E_1。在用同一平面波照射其互补屏时，接收屏上的复振幅为 E_2，则当互补屏叠加时，由于开孔消失，在接收屏上的光强分布也应为零，即有 $E = E_1 + E_2 = 0$，因此有 $E_1 = -E_2$，$|E_1|^2 = |E_2|^2$。表明，由两个互补屏所产生的衍射图形其形状和光强完全相同，仅复振幅相相位差 π。利用这种效应，就可以应用同样的原理来对各种细丝或薄带厚度尺寸进行高精确度的非接触测量。

图 7-26 所示为测量细丝直径的原理图，利用透镜将衍射条纹成像于透镜的焦平面上，

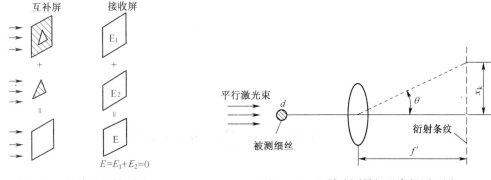

图 7-25　巴俾涅互补原理　　　　图 7-26　互补法测量细丝直径原理图

则细丝直径为

$$d = \frac{k\lambda \sqrt{x_k^2 + f'^2}}{x_k} = \frac{\lambda \sqrt{x_k^2 + f'^2}}{s} \qquad (7-13)$$

式中，s 为暗条纹间距；x_k 为 k 级暗条纹的位置；f' 为透镜焦距。

互补测量法测量细丝直径的范围一般是 $0.01 \sim 0.1\mathrm{mm}$，测量不确定度可达 $0.05\mu\mathrm{m}$。

4. 艾里斑测量法

艾里斑测量法是基于圆孔的夫朗和费衍射原理，依据衍射原理可进行微小孔径的测量。假设待测圆孔后的物镜焦距为 f'，则屏上各级衍射环的半径为

$$r_m = f'\tan\theta \approx f'\sin\theta = \frac{m\lambda}{a}f' \qquad (7-14)$$

m 取值为 $0.61, 1.116, 1.619\cdots$时，为暗纹；m 取值为 $0, 0.818, 1.339, 1.850\cdots$时，为亮环。若用 D_m 表示各级环纹的直径，则

$$D_m = \frac{4m\lambda}{D}f' \qquad (7-15)$$

式中，$D = 2a$ 是待测圆孔的直径。

只要测得第 m 级环纹的直径，便可算出待测圆孔的直径。对上式求微分，得

$$|\,\mathrm{d}D_m| = \frac{4m\lambda}{D^2}f'\mathrm{d}D = \frac{D_m}{D}\mathrm{d}D \qquad (7-16)$$

因为 $D_m \approx D$，所以 $D_m/D \approx 1$。这说明圆孔直径 D 的微小变化，可以引起环纹直径的很大变化。即在测量环纹直径 D_m 时，如测量不确定度为 $\mathrm{d}D_m$，则换算为衍射孔径 D 之后，其测量不确定度将缩小 D_m/D 倍。显然 D 越小，则 D_m/D 会越大。当 D 值较大时，用衍射法进行测量就没有优越性了。一般仅对 $D<0.5\mathrm{mm}$ 的孔应用此法进行测量。

依据衍射理论进行微小孔径的测量，应取较高级的环纹，才有利于提高准确度。但高级环纹的光强微弱，检测器的灵敏度应足够高。为了充分利用光源的辐射能，采用单色性好、能量集中的激光器最为理想。若采用光电转换技术来自动地确定 D_m 值，既可以提高测量不确定度，又可以加快测量速度。

图 7-27 所示为用艾里斑测量人造纤维或玻璃纤维加工中的喷丝头孔径的原理图。测量仪器和被测件做相对运动，以保证每个孔顺序通过激光束。通常不同的喷丝头，其孔的直径在 $10 \sim 90\mu\mathrm{m}$ 范围。由激光器发出的激光束照射到被测件的小孔上，通过孔以后的衍射光束由分光镜分成两部分，分别照射到光电接收器 1 和 2 上，两接收器分别将照射在其上的衍射图案转

换成电信号,并送到电压比较器中,然后由显示器进行输出显示。电压比较器和显示器也可以是信号采集卡或计算机。

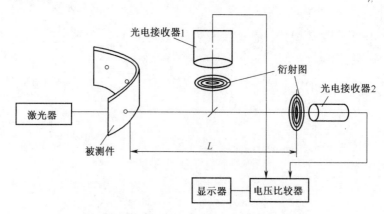

图 7-27　喷丝头孔径的艾里斑测量原理图

　　通过微孔衍射所得到的明暗条纹的总能量,可以认为不随孔的微小变化而变化,但是明暗条纹的强度分布(分布面积)是随孔径的变化而急剧改变的。因而,在衍射图上任何给定半径内的光强分布,即所包含的能量,是随激光束通过孔的直径变化而显著变化的。因此,需设计使光电接收器 1 接收被分光镜反射的衍射图的全部能量,它所产生的电压幅度可以作为不随孔径变化的参考量。实际上,中心亮斑和前 4 个亮环已基本包含了全部能量,所以光电接收器 1 只要接收这部分能量就可以了。光电接收器 2 只接收艾里斑中心的部分能量,通常取艾里斑面积的 1/2,因此,随被测孔径的变化和艾里斑面积的改变,其接收能量发生改变,从而输出电压幅值改变。电压比较器将光电接收器 1 和 2 的电压信号进行比较从而得出被测孔径值。

习题

　　7-1　反映干涉信号质量的重要指标及其数学表达式和各个参数物理意义是什么?其影响因素是什么?

　　7-2　相位调制检测系统的光路设计有哪些要求?

　　7-3　有哪些干涉信号的移相方法?说明它们的工作原理。

　　7-4　如何提高衍射测量分辨力?

　　7-5　衍射测量适合于什么样的量程和精度?

第8章

光偏振调制检测系统

本章首先介绍光偏振检测有关的光学器件和光偏振调制检测系统,然后通过介绍对光弹性效应测力计、磁光式电流测试装置,说明光偏振调制检测系统的工作原理、设计与应用。

8.1　光偏振检测有关光学器件

8.1.1　波片

1. 双折射现象

一束自然光穿过各向异性的晶体(如方解石晶体)时分成两束光,其中一条折射光服从折射定律,这一条光称为寻常光,简称 o 光;另一条折射光不服从折射定律,沿各方向的光的传播速度不相同,即各向折射率 n_e 不相同,这一条光称为非常光,简称 e 光(图 8-1)。在与光轴重直的方向上,o 光与 e 光传播速度相差最大,相应的折射率分别记为 n_o 与 n_e。它们均为线偏振光,振动方向分别垂直和平行于光轴方向。在双折射晶体内存在一个固定的方向,在该方向上 o 光、e 光的传播速度相同,折射率相同,两光线重合,这个方向称为晶体的光轴。

所说的 o 光和 e 光是对晶体而言的,只有在晶体内才可以说 o 光和 e 光,在离开晶体后只能说它们是振动方向不同的两束线偏振光。

2. 波片

光电检测系统中,常应用波片使通过的光波从一种偏振态变换成另一种偏振态。制作波片时,平行于晶体的光轴切割晶片。如图 8-2 所示,晶体光轴平行于波片前后两个端面,振动方向与光轴成 α 角的单色线偏振光 E 垂直入射波片端面,被分解或 o 光和 e 光。虽然两束光仍沿原入射方向传播,并不分开,但传播速度不同。在方解石一类负晶体中,传播较慢的分振动方向(慢轴)在光轴方向上;在石英一类正晶体中,光轴是传播较快的分振动方向(快轴)。如果波片的厚度为 d,o 光与 e 光因传播速度不同所产生的周相差为

$$\Delta\varphi = \frac{2\pi}{\lambda}(n_o - n_e) \cdot d \tag{8-1}$$

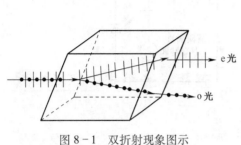

图 8-1　双折射现象图示

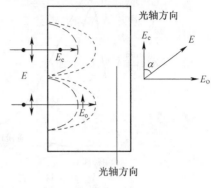

图 8-2　波片

式中,λ 为光波在真空中的波长。对某个波长 λ 而言,当 o、e 光在晶片中的光程差为 λ 的某个特定倍数时,这样的晶片(有特定厚度)叫波晶片,简称波片。根据波片的厚度不同,可以把波片分为全波片、半波片和 1/4 波片。

1. 全波片

选择晶片的厚度,使 o 光和 e 光之间的周相差 $\Delta\varphi$ 或 2π 其整数倍,将不改变入射光原有的偏振态,这样的器件叫全波片。需要注意全波片只是对某一特定波长而言的。

2. 半波片

选择适当的晶片厚度,使出射时 o、e 两光的周相差 $\Delta\varphi$ 不 π 或其奇数倍,这就是半波片或称 1/2 波片。如图 8-3 所示,入射的线偏振光 e 若与光轴成 θ 角,从半波片出射的仍是线偏振光 e,但振动方向转过 2θ 角。当 θ 取 45°时,振动方向转过 90°,椭圆偏振光入射半波片后,出射的椭圆偏振光长轴方位与旋转方向均发生改变。

3. 1/4 波片

若晶片厚度恰好使 o 光与 e 光穿越时产生 $\pi/2$ 或其奇数倍的周相差,这种晶片称为 1/4 波片。在正入射条件下,振动方向与 1/4 波片光轴成 θ 角的线偏振光通过波片后,一般为椭圆偏振光。若 $\theta=45°$,o 光与 e 光振幅相等,出射光为圆偏振光。反过来,入射光若是圆偏振光,从 1/4 波片出射的是线偏振光。

1/4 波片常用石英、云母或有机聚合塑料制成。应用 1/4 波片与检偏振器相配合,可以检验圆偏振光和椭圆偏振光,检测原理见图 8-4。

用检偏振器检验圆偏振光时,随着偏振片透光方向的转动,透射光的强度保持不变。这与检验自然光的结果相同。为了区分两者,可令入射光先透过 1/4 波片,再用检偏振器检验,检偏振器透光方向转过 90°,透射光强交替出现一次极大和一次消光,则入射光是圆偏振光;若转动检偏振器时透射光强保持不变,则入射光是自然光。这是因为圆偏振光的两垂直分振动原有 $\pi/2$ 周相差,经过 1/4 波片后,又获得±$\pi/2$ 的周相差,o 光和 e 光从 1/4 波片出射时,周相差为 π 或 0,合成为线偏振光,而自然光通过 1/4 波片不能出射线偏振光。

用检偏振器检验椭圆光时,检偏振器透光方向转过 90°,透射光强度从极大变为极小,再转 90°,又由极小变为极大,但无消光,这与检验部分偏振光相同。为了区分这两种偏振态,可先用检偏器测出透射光强度极大和极小的位置,然后在检偏振器前面加一个 1/4 波片,使其光轴与这两个位置之一重合。若入射光是椭圆光,平行与垂直于波片光轴的两个分振动原有 $\pi/2$ 周相差,经过 1/4 波片又获得±$\pi/2$ 周相差,出射时两个分振动的周相差变为 π 或 0,因此合成线偏振光,可由后面的偏振片检验确定。部分偏振光通过 1/4 波片,则不能形成线偏振光。

在后面频率调制检测系统章节中介绍的双频测长仪、折射率干涉仪等光路中,将见到 1/4 波片的各种应用。

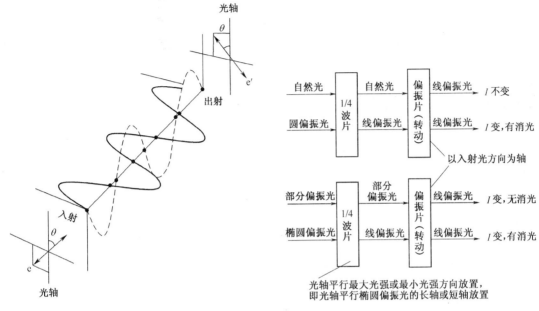

图 8-3　半波片的特性图　　　　　图 8-4　利用 1/4 波片检验偏振光种类的原理

8.1.2　偏振分光器件

1. 偏振分光镜

自然光以布儒斯特角入射两种媒质交界面时,即当入射角满足关系式 $\tan i_0 = \dfrac{n_2}{n_1}$ 时,反射光为振动垂直于入射面的线偏振光,即布儒斯特定律,i_0 为起偏振角或布儒斯特角,折射光是部分偏振光。利用多次折射,可以获得振动方向平行于入射面的线偏振光,同时也因多次反射而增大了反射光强。图 8-5 所示的偏振分光镜,就是根据这个原理设计的。

2. 渥拉斯顿棱镜

渥拉斯顿棱镜常用来产生两束分得开而振动方向正交的线偏振光,如图 8-6 所示,渥拉斯顿棱镜由方解石晶体制作的两个直角棱镜胶合而成,两个棱镜的光轴互相垂直。棱镜 ABD 中,光轴平行于 AB 棱线,棱镜 BCD 中,光轴垂直于 AB 棱线,在图中用符号标明。自然光垂直入射到第一棱镜,分成垂直和平行于光轴的 o 光和 e 光,沿原入射方向以不同速度传播,先后进入第二棱镜。第一棱镜中的 o 光对第二棱镜来说是 e 光,第一棱镜中的 e 光对第二棱镜来说是 o 光。因为方解石是负晶体,上述两束偏振光在两棱镜界面上折射时,前者(o 光)是由光密媒质进入光疏媒质,折射光线远离法线,如光线 1 所示;后者(e 光)是由光疏媒质进入光密媒质,折射光线靠近法线,如光线 2 所示。在 CD 界面上出射时,光线 1 与光线 2 都是由光密媒质向光疏媒质折射,折射光线远离法线,光线 1 与光线 2 进一步分开。这两束振动方向正交的线偏振光所成的夹角与棱镜顶角 θ 及折射率差值 n_o-n_e 有关。

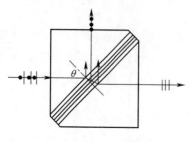

图 8-5 偏振分光镜

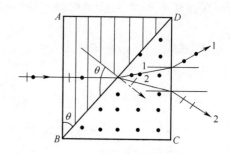

图 8-6 渥拉斯顿棱镜

8.1.3 棱镜反射器

在光电检测系统中用到的可动反射器具有多个自由度。如只希望仪器对沿光路纵向的位移敏感,避免反射器的横向位移或偏转产生干扰,需要选择适当形式的反射器。除平面反射镜、由透镜与置于其焦点上的凹面反射镜组成的猫眼反射器外,可供选择的还有两类棱镜反射器。

1. 直角棱镜

如图 8-7(a)所示,光由棱镜的斜面射入,在两个直角面上先后两次发生全反射,最后由斜面出射。直角棱镜易于加工,测试不受沿脊线的横向移动干扰。若入射光是线偏振光,应使光振动方向垂直或平行于反射界面,以防止全反射后变成椭圆偏振光。

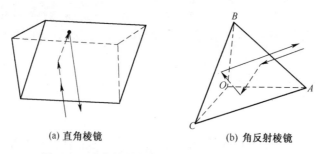

(a) 直角棱镜　　　　　　(b) 角反射棱镜

图 8-7 直角棱镜和角反射棱镜(角锥反射棱镜)

2. 角反射棱镜(角锥反射棱镜)

角锥反射镜的作用与角锥棱镜的作用完全相同。角锥反射镜由 3 个互相垂直的直角面反射器组成,相当于一个空心的角锥棱镜。如图 8-7(b)所示。

直角棱镜和角反射棱镜的共同点:从斜面入射光的反射光是沿相同方向返回,并使两光线错开。

两者的区别:直角棱镜反射光不受沿脊线横向移动干扰,而角反射棱镜则不受绕顶点转动的影响。

8.2 光弹性效应测力

 ## 8.2.1 光弹性效应(应力双折射)

透明的固体媒质在压力或张力的作用下,折射率特性会发生改变。若媒质是光学各向同性的,那么外力的作用就使它变成了各向异性的,会产生双折射。若媒质本来就是光学各向异性的晶体,那么外力作用会使它产生一个附加的双折射,这一现象称为应力双折射,也称为机械双折射或光弹性效应。光弹效应测力计原理在第2章已经详述,下面介绍光弹性效应测力计。

8.2.2 光弹性效应测力计的基本结构

光弹性效应测力计或称光电测力计的基本结构如图8-8所示。白炽灯1所发的光经聚光镜2、滤光片3、光楔4、分束镜5、起偏振镜6,投射到测力元件8上。入射的线偏振光被待测外力所产生的双折射分成两个等幅的正交分振动,其中透过检偏振镜9的光信号,由光电池10转换为电信号,在检流计13上读数,照射到光电池上的光强I由式8-2表示。

$$I = I_{12} + I_{22} + 2\sqrt{I_{12}I_2 2}\cos\Delta\phi$$
$$= \frac{I_0}{2}(1 + \cos\Delta\phi) = \frac{I_0}{2}\left[1 - \cos\left(\frac{2\pi}{\lambda}kPl\right)\right] \tag{8-2}$$

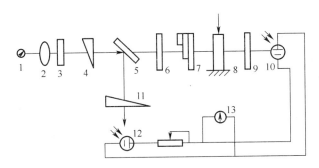

图8-8 光电测力计结构图

为使I与P呈线性关系,光电测力计光路中放有若干云母片7,用以产生附加光程差Δ,此时,光电池接收的光强为

$$I = K\frac{I_0}{2}\left[1 - \cos\frac{2\pi}{\lambda}(CF + \Delta)\right] \tag{8-3}$$

式中,K是放入云母削弱光强的系数。因余弦函数在$\frac{\pi}{3} \sim \frac{2\pi}{3}$间变化率接近线性,如果使$\frac{2\pi}{3} \geqslant \frac{2\pi}{\lambda}(CF + \Delta) \geqslant \frac{\pi}{3}$,即 $\frac{\lambda}{3} \geqslant (CF + \Delta) \geqslant \frac{\lambda}{6}$,就可达到预期的目的。

自分束镜5经光楔11到光电池12的光路和自光电池12到检流计13的电路,构成补偿系统,其作用是抵消P=0时附加光程差Δ所产生的初始电流,使待测外力的读数从检流计标尺上的零值开始。

选择不同参数的测力元件,调节光源亮度,选用不同的光电检测器件和光电流检测仪表,光电测力计的测量范围和灵敏度可以在相当宽的范围内变化。光电测力计的精度可达0.1%,灵敏度高、惯性小、工作寿命长,常用在以某一频率对材料或零件多次施力的疲劳试验和冲击拉应力试验中。

8.3 光纤电流电压测试系统

8.3.1 磁光式光纤电流测试系统

早就有人设想利用输电母线磁场中的法拉第旋光效应来测定母线电流,这种检测方法是用偏振态受到磁光调制来传送信息,易于实现对地绝缘,有其优点。但是,光波从地面射向高电位的输电母线再返回地面,都是在大气中传播,容易被阻断或受大气条件影响,所以在实际工程中迟迟未能推广应用。近 10 年来光纤技术的发展,为磁光式电流测量开辟了新的前景。

1. 光纤安培计工作原理(法拉第旋光效应)

磁光式电流测试装置又称光纤安培计,如图 8-9 所示。由氦-氖激光器 1 发出的激光束经起偏振器 2 变成线偏振光,由显微物镜 3 耦合到熔凝二氧化硅单模光纤中去,作为电流传感元件的单模光纤,绕成 n 匝套在高压输电母线 4 上。光纤线圈 5 中传送的线偏振光,在纵向的电流磁场作用下发生法拉第旋转,偏振光振动面旋转角为

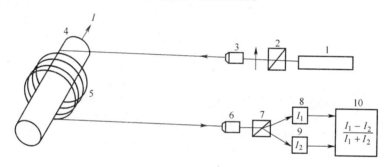

图 8-9 磁光式电流测试装置

$$\theta = V \times n \times \oint H \cdot \mathrm{d}i \tag{8-4}$$

对于熔凝二氧化硅光纤,在 $0.63\mu m$ 波长下,费尔德常数 $V = 0.012/A$。由安培环路定律,上式中 $\oint H \cdot \mathrm{d}i = I$,因此,可导出待测电流 I 与光纤中光振动面总的旋转角度 θ 间的关系式为

$$\theta = V \times n \times I \tag{8-5}$$

旋转角与光纤线圈的形状大小及导体位置无关,因此检测不受输电母线振动的影响。

光纤中出射的线偏振光,由显微物镜 6 耦合到渥拉斯顿棱镜 7,被分开成两束正交的线偏振光 I_1 和 I_2,分别由光电二极管 8 与 9 接收并转换为电信号,送入包括减法器、加法器和除法器在内的电子线路 10,运算出参数

$$P = \frac{I_1 - I_2}{I_1 + I_2} = K\theta \tag{8-6}$$

式中,K 是与光纤性能有关的系数。

这样,在 V、K、n 确定和测出参数 P 后,即可利用式(8-5)求出母线中的待测电流 I。

2. 系统各部分的要求

1)对光源的要求

由于熔凝二氧化硅单模光纤的费尔德常数在可见光区附近随波长变长而减小,氦-氖激光

器波长比较合适,但比较笨重,对振动敏感,工作电压高,工作寿命约为 2 万 h。相比之下,半导体激光二极管 LD 小巧结实,对振动不敏感,工作电压仅几伏,寿命超过 10 万 h。但在此方面应用时也存在三方面的不足:①LD 辐射波长约为 $0.85\mu m$,在此波长下熔凝二氧化硅光模的 V 值明显减小,在某种程度上,这一不足可用光电二极管在该波长下灵敏度的增加来补偿;②LD 的温度变化对输出频谱有影响,会影响到 V 值变动和光输出信号,这一不足可通过温度控制来改进;③LD 与光纤的对准性差,使光纤中光的注入效率有所下降。权衡利弊,磁光式电流测试系统中采用半导体激光二极管作光源,还是可取的。

2) 对光纤的要求

理想的单模光纤传送光波时,应在其整个长度上保持原有的偏振状态。实际使用的光纤,因拉制中产生的纤芯截面非圆性及纤芯中不对称的应力分布,会引起双折射效应。使用过程中,把光纤做成半径较小的线圈,外界温度和压力发生变化,都使光纤中出现附加的双折射效应。因此,在磁光式电流测试系统中,除法拉第旋转 θ 外,光纤中还会出现额外的光矢量旋转 δ,而且往往 $\delta \gg \theta$,此时,式(8-6)应修正为

$$P = 2\theta \cdot \sin\delta/\delta \tag{8-7}$$

输出信号 P 虽与 θ 成线性关系,但由于 δ 的存在,测量灵敏度下降到 $\sin\delta/\delta$。以 δ 为 45°为例,灵敏度下降10%。要使测量比较准确,就要尽量减小所用光纤的 δ 值。

为了降低使用过程中出现的附加双折射所引起的 δ 值,可限制光纤直线部分的长度,不使光纤线圈半径过小,在兼顾到灵敏度的条件下,减少光纤匝数。

3) 对光检测系统的要求

振动会造成渥拉斯顿棱镜对准光出射方向上出现问题,也会改变光检测器中光接收面与信号光束的相对位置,引致噪声。解决防振的最佳办法是把所有光检测元件组合成集成光路。磁光式检测方法是电力系统中高压大电流测量技术的一个新方向。

4) 特点

安全性好(对地绝缘),可测量大电流(普通电流表不易直接测量的),测量范围为 10 ~ 14000A,精度 2%。

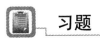 习题

8-1　如何检测一束光是部分偏振光还是椭圆偏振光?

8-2　直角棱镜和角锥棱镜的共同点和区别是什么?

8-3　如何使外力和检流表的读数成线性关系? 如何使检流表从零位开始?

8-4　渥拉斯顿棱镜工作原理是什么? 在磁光式电流测试装置中,渥拉斯顿棱镜起什么作用?

第9章

光频率调制检测系统

本章以激光多普勒测速仪和双频激光测长仪为例,介绍光频率调制检测系统的工作原理、设计与应用。

9.1 激光多普勒测速仪

激光多普勒测速仪(简称 LDV)是利用激光多普勒效应来测量流体或固体运动速度的一种仪器。因其大多用在流速测量方面,也称为激光测速计或激光流速计(简称 LV)。

激光多普勒测速仪是测量示踪粒子的多普勒信号,再根据速度与多普勒频率的关系得到其速度。由于流体分子的散射光很弱,为了得到足够的光强,需要在流体中悬浮有适当尺寸和浓度的微粒起示踪作用。由于大多数自然微粒一般都能较好地跟随流动,因此可以把微粒的运动速度作为流体的速度。用微米数量级的粒子可以兼顾到流动跟随性和激光多普勒测速要求。由于是激光测量,对于流场没有干扰,测速范围宽,而且由于多普勒频率与速度是线性关系,和该点的温度、压力无关,是目前速度测量精度较高的仪器。

➡ 9.1.1 激光测速仪的外差检测模式

可见光波的频率在 10^{14} Hz 左右,常用的光电器件不能响应这样高的频率,也就无法直接测出多普勒效应引起的频率变化。在激光测速仪中,通常采用光学外差检测方法。当来自同一个相干光源的两束光波按一定条件投射到光检测器表面进行混频,就能在输出的电信号中得到两束光的频差。严格地讲,这里还有零差和外差方法之分,但是零差法只能测量速度大小,而外差法既能测量速度大小,又能测量出方向。

在激光测速仪中有三种常见的基本模式,即参考光模式、单光束-双散射模式和双光束-双散射模式。

1. 参考光模式

图 9-1 给出了参考光模式的一种光路布置方案,也称为参考光束型光路。频率为 f_0 的激光束经分光镜 1 分成两束,一束经透镜 4 汇聚到测点,被该处正以速度 v 运动的微粒 Q 向四面八方散射。另一束经滤光片 3 衰减后也由透镜汇聚于测点,并有一部分穿越测点作为参考光束,进入光阑 7。由透镜 8 到光电倍增管 9 上有两束频率相近的光,其中参考光束频率仍为 f_0,

散射光发生了多普勒频移,频率为 $f = f_0 + f_D$。用 $E_r(t)$ 和 $E_s(t)$ 分别表示光电倍增管上参考光和散射光的光矢量瞬时值,E_r 和 E_s 分别表示两者的振幅,ϕ_r 和 ϕ_s 分别表示两者的初相,则 $E_r(t) = E_r \cos(2\pi f_0 t + \varphi_r)$ 和 $E_s(t) = E_s \cos(2\pi f t + \varphi_s)$ 合成光强

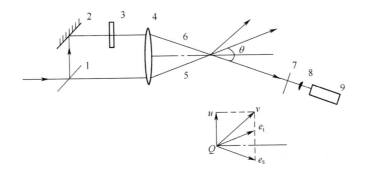

图 9-1　参考光束型光路示意图

$$I = [E_r(t) + E_s(t)]^2 = E_r{}^2 \cos^2(2\pi f_0 t + \phi_r) + E_s{}^2 \cos^2(2\pi f t + \phi_s)$$
$$+ E_r E_s \cos[2\pi(f + f_0)t + (\varphi_s + \varphi_r)] + E_r E_s \cos[2\pi(f - f_0)t + (\phi_s - \phi_r)] \tag{9-1}$$

由于 f_0、f、$f + f_0$ 均大大超过了光电倍增管的截止频率,光电倍增管对式中前三项只能反映其时间平均值,这三项的时间平均值分别为 $E_r^2/2$,$E_s^2/2$ 和零。光电倍增管所能测出的合成光强为

$$I' = \frac{1}{2}(E_r{}^2 + E_s{}^2) + E_r E_s \cos[2\pi f_D t + (\phi_s - \phi_r)] \tag{9-2}$$

即合成光强在平均值 $(E_r^2 + E_s^2)/2$ 上有一个幅度为 $E_r E_s$、频率为多普勒频移 $f_D = f - f_0$ 的波动信号,由上式可见,$I'_{max} = \frac{1}{2}(E_r + E_s)^2$ 和 $I'_{min} = \frac{1}{2}(E_r - E_s)^2$,当 $E_r = E_s$ 时,I' 具有最佳的强弱对比。为了实现最佳的强弱对比,在反射镜 2 和透镜 4 之间加一个滤光片 3 来削弱参考光束,光电倍增管输出的光电流 i 与光电阴极上的入射光强成正比,即

$$i = I_0 + I_m \cos[2\pi f_D t + (\phi_s - \phi_r)]$$

其中 I_0 是光电流的直流分量;I_m 是交流分量的幅值;测量光电流的波动频率 f_D,就是所需的多普勒信号。

实现外差检测时,关键是将取自同一相干光源的一束参考光直接照射到光电检测器上与测量光混频。参考光并不一定要与照明光束相交,图 9-1 所示光路中,参考光束通过测点并与照明光束相交,是为了易于实现参考光束与散射光束的共轴对准。

图 9-1 右下角的矢量图可用来导出 f_D 与待测速度 v 的关系式,图中,单位矢量 e_i 和 e_s 分别表征照明光束的入射方向和能为光检测器收到的散射光方向,两者成 θ 角。由第 2 章双重多普勒频移表达式得

$$f_D = f - f_0 = \frac{f_0}{c} v \cdot (e_s - e_i) \tag{9-3}$$

由 $f_0/c = \lambda$ 及其图 9-1 推导得出

$$u = \frac{\lambda}{2\sin\dfrac{\theta}{2}} f_D \tag{9-4}$$

式中，u 是待测速度 v 在照明光与参考光交角平分线垂直方向上的速度分量。

2. 单光束—双散射模式

单光束-双散射光路模式如图 9-2 所示，它是将激光束聚焦在透镜 1 的焦点上，把焦点作为测点，用双缝光阑从运动微粒 Q 的散射光中选取以入射轴线为对称的两束，通过透镜 3、反射镜 4 与分光镜 5 使之汇合到光电倍增管的光电阴极上，产生拍频。设所选取的两束散射光交角为 θ，可

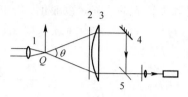

图 9-2 单光束型光路示例图

以导出与式（9-4）形式相同的频差公式。此时，f_D 是两束散射光之间的多普勒频差，u 为两束散射光角平分线正交方向上运动微粒的速度分量。应用这种光路模式，只要选择多对不同取向的散射光束，就能实现多维测量。

3. 双光束—双散射模式

这种模式也称干涉条纹型，其特点是利用两束不同方向的入射光在同一方向上的散射光汇聚到光检测器中混频，从而获得两束散射光之间的频差。

如图 9-3 所示，测点处微粒 Q 的运动速度 v 与照明光束 1、2 的夹角不同，Q 所接收到的两束光频率不同，光电倍增管 4 所接收到的沿 e_s 方向两束散射光频率也就不同。由式（9-3）可知，这两束散射光的多普勒频移分别是 $f_{D1} = v \cdot (e_s - e_{i1})$ 和 $f_{D2} = v \cdot (e_s - e_{i2})$，两者之间的频差为

$$f_D = v \cdot (e_{i2} - e_{i1}) \tag{9-5}$$

按着前面推导式（9-4）的方法，可以得出形式上与式（9-4）相同的结果，这时，u 为待测速度 v 在两束照明光夹角 θ 的角平分线垂直方向上的分量，而 f_D 为两束沿同一方向的散射光之间的多普勒频差。因为，此处 θ 与进入光电倍增管的散射光方向无关，使用时可以根据现场条件，选择便于配置光检测器的 e_s 方向；可以使用大口径透镜 3 收集散射光，充分利用在测点被微粒 Q 散射的光能量，提高信号的信噪比。

双散射光束型光路的另一个优点是进入光检测器的双散射光束来自在测点交汇的两束强度相同的照明光，不同尺寸的散射微粒都对拍频的产生有贡献，可以避免参考光束型光路中那种因散射微粒尺寸变动可能引起的信号脱落，便于进行数据处理。双光束-双散射模式在目前激光测速仪中是应用最广的一种光路模式。

图 9-3 中所示光路按接收散射光的方向，是前向散射光路，光源与光检测器各在测点一侧。图 9-4 中给出后向散射光路，光源 L 和光检测器 S 位于测点的同侧。

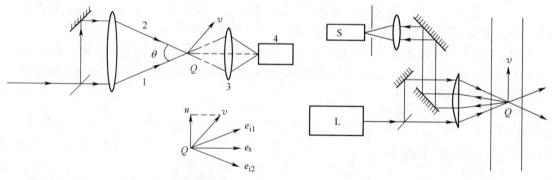

图 9-3 干涉条纹型光路示意图   图 9-4 后向双散射光路示例图

前向散射光路与后向散射光路的区别为:①前者收集的光强为后者的百倍,前者应用较多;②后者的优点是结构紧凑,测量不透明的物体速度分布。

9.1.2 激光测速仪的构成与特点

1. 构成

激光多普勒测速仪(LDV)通常由主机、多普勒信号处理机以及记录仪器组成。主机中装有激光器、光学发射头、光学收集器、光检测器和相应的机械调整机构。

光学发射头主要起分离光束和聚焦作用,由多种类型的分光器和聚焦透镜选配组成。分光器可按照光路的要求来选择,其要求为:①是否要求分光后两束光等光程;②是否要求两散射光束间距离可变或 θ 角可变;③是否要求两出射光束对入射光对称;④是否要求两出射光束偏振态正交等。

选择聚焦透镜要满足对通光口径、测点大小、像差和色差小、减少光能损失与仪器中杂散光等方面的要求。对光学发射头中各光学元件的加工精度有很高的要求。

光学收集器的作用是接收测点处微粒的散射射光。但除微弱的散射光信号外,仪器中大量存在的杂散光也一起进入光学收集器的接收透镜,对信号光有严重影响,因此设置了光阑、干涉滤光片等空间滤波和光谱滤波元件,还设置了瞄准系统,以保证散射光能尽可能多地进入光学收集器中的光检测器,并阻挡杂散光的进入。

2. 激光测速仪与传统的流速测量仪器相比的特点

激光测速仪具有以下特点:属于非接触测量,对被测流场分布不发生干扰,还可在腐蚀性流体等恶劣环境条件下进行测量;动态响应快,可进行实时测量;空间分辨率高,目前已可测到 $10\mu m$ 小范围内的流速;流速测量范围宽,目前已能测 $10^{-4} \sim 10^3 m/s$ 的速度;在光学系统和所用波长确定后,仅需测出频移或频差就可求得流速,测量精度高。

但激光测速仪因对散射粒子的尺寸和浓度有一定要求,光学系统和信号处理装置复杂,价格高,目前在使用上也存在有一定的局限性。LDV 技术的许多潜在的独特功能还在进一步开发中。

9.1.3 速度方向的判别

激光测速需要确定流速的大小和方向,从前面三种光路模式的过程可以看出,如果在光检测器光敏表面上混频的两束光在测点发生散射前频率相同,即采用零差法,只能确定流速分量的大小,而不能测量运动方向。为了判别流速方向,可以使入射到测点的两束光之一产生频移 f_s ,且 $f_s \gg f_D$ 。运用外差技术,多普勒频移载在频率高的副载波上,就可以区分运动方向的正负。

应用旋转光栅、声光调制、电光调制、塞曼效应等方法均可产生频移。例如声光效应移频,声光调制原理在第 2 章调制器件中已叙述。氦-氖激光器发出的 $f_0 = 4.74 \times 10^{14}Hz$ 激光,经过声光调制器件布拉格盒的激光频移 $f_s = 4.0 \times 10^7 Hz$,则这两光束射到颗粒上的两散射光在检测器上的频差为 $f_s \pm f_D$,根据频差大于或者小于 f_s ,则可判断方向(图 9-5)。

9.1.4 二维激光测速原理与光路

以上只介绍了流速在某个特定方向上的速度分量判定,改变测点处入射光的空间方位,或者改变光学收集器能收集的散射光束空间方位,虽然也可测量另一个方向上的速度分量,但不

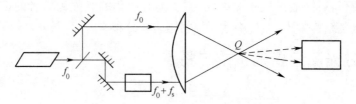

图 9 - 5　布拉格盒的声光调制器移频

能同时进行二维或三维多普勒测速。下面介绍双光束-双散射模式中两种应用最广的二维激光测速光路。

1. 二维色分离测速光路

二维色分离测速光路采用功率在 1~5W 的氩离子激光器发出的两条最强谱线,蓝光 $\lambda_B =$ 0.488μm,绿光 $\lambda_G =$ 0.5145μm,用后向散光路同时测量 y、z 两个正交方向上的速度分量,其中用两种不同的色光是为了避免两个速度分量同时测量相互干扰的问题。如图 9 - 6 所示,利用色散棱镜或色分离棱镜将氩离子激光束分成两束蓝光、两束绿光,经透镜 1 汇聚到 Q 点,并在其附近形成两组相互垂直的干涉条纹。当运动微粒穿过该区域时,就会同时散射两种颜色的光波,散射光经光学收集器的接收透镜后,由色分离棱镜 2 将两种色光分开,分别送到两个光检测器 3 和 4 中。测出与速度分量 μ_z 相关的多普勒频差 f_{Dz}、与速度分量 u_y 相关的多普勒频差 f_{Dy},就可以求出 u_y、u_z。

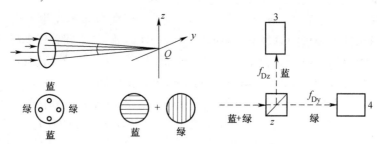

图 9 - 6　二维色分离测速光路图

2. 二维偏振分离测速光路

二维偏振分离测速光路在以小功率氦-氖激光器为光源的激光测速仪中,可以利用偏振分离技术对较低的流速实现二维测速。

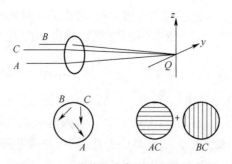

图 9 - 7　二维偏振分离测速光路示意图

如图 9 - 7 所示,由激光器发出的线偏振光经分光棱镜分成 A、B、C 三束光,光束 C 保持原来的振动方向,A、B 两束光分别经过 1/2 波片使振动方向转动正、负 45°。三束光由透镜汇聚

到 Q 点,A、B 光束因振动方向互相垂直,不能产生干涉,C 光与 A、B 两光束的振动方向均成 45°,因而,C 与 A 和 B 都能部分发生干涉,在光束会聚区域产生两组相互垂直的干涉条纹,如图 9-7 的 $AC+BC$ 所示。当运动微粒穿越 Q 点附近时,发生多普勒频移效应,在光学收集器中,用偏振分光镜分离两个与速度分量相关的正交偏振光,然后测出速度分量。

9.1.5　激光多谱勒信号处理方式

包含待测速度信息的多普勒信号是不连续的、变频和变幅的随机信号,信噪比较低,一般不能直接用传统的测频仪器进行测量。常见的多普勒信号处理方法有频谱分析法、频率跟踪法和计数型信号处理法等。

频谱分析法是用频谱分析仪对多普勒信号进行扫描分析,由多普勒信号频谱求得待测的流体流动参数,适合于稳定的流速测量。在流场比较复杂、信噪比很差的情况下,频谱分析仪可以用来帮助搜索信号。

频率跟踪法应用最为广泛,是通过频率反馈回路自动跟踪一个具有频率调制的信号,并把调制信号用模拟电压解调出来。频率跟踪器输出的模拟电压能给出瞬时流速和流速随时间变化的过程。

计数型信号处理法近年发展较快。其主要工作过程是测量规定数目的多普勒信号周期所对应的时间,由此测出信号频率和对应的微粒瞬时速度。

9.1.6　激光测速仪的应用

激光测速仪的应用非常广泛,如管道内水流的层流研究,流速分布的测量;湍流的测量;亚声速、超声速喷气气流速度的测量;旋涡的测量;高分子化合物减阻的测量;射流元件内部速度分布;不可接近的小区域($30\mu m$)及边界层测试。

一些特殊的流动现象的研究包括血液流动等非牛顿型流体,气-固、液-固、气-液二相流,非常缓慢移动现象的研究。

粒子图像测速法(PIV)是一种基于流场图像互相关分析的非接触式二维流场测量技术,能够无扰动、精确有效地测量二维流速分布。

可燃气体火焰的流体力学研究包括速度分布、平均速度、紊流速度、脉动火焰的瞬时速度。

用于水洞、风洞,海流测量,船舶研究及航空等,已制造了一些专用的激光测速仪。

进入工厂直接用于生产,如测定铝板、钢板的轧制速度;固体粉末输送速度;天然气输送速度;控制棉纱、纸张、人造纤维等的生产速度以提高产品质量等。

激光多普勒测速是一门迅速成熟的新技术,现已由实验研究进入实用化,在国防、工交、能源、环保、医疗等各个方面的应用正在继续扩大。

9.2　双频激光测长仪

9.2.1　双频激光干涉测长原理

1. 光路分析

双频激光测长原理图如图 9-8 所示。从激光器出射的两束光强度相等,频差很小,$f_2-f_1=1\sim 2\mathrm{MHz}$,分别为左旋和右旋圆偏振光。其中少部分被分束镜 B_1 反射,经透振方向与纸面成45°的检偏振器 P_1 形成两束频率相近而振动方向相同的线偏振光 f_1 和 f_2 ,产生拍频 $f_2 - f_1$,由光检测器 D_1 转换成电信号。其中,频率为 $f_2 - f_1$ 的交流成分由参考计数器 C_1 记录。

透过分束镜 B_1 与1/4波片的两束光,因振动方向互相正交而在偏振分束镜 B_2 处分开。频率为 f_1 的线偏振光全部反射到固定的角锥棱镜 M_1 上,频率为 f_2 的线偏振光全部透射到可动的角锥棱镜 M_2 上。从 M_1 、 M_2 反射回 B_2 后,两束光的振动方向均因两次通过1/4波片而转过90°,再经45°放置的检偏器 P_2 ,形成频率为 $f_2 - f_1$ 的测量信号,为光检测器 D_2 接收和计数器 C_2 记录。通过减法器 S 连续地把 C_2 和 C_1 所记录的频率数进行比较,并在指示器 T 上显示出其偏差。

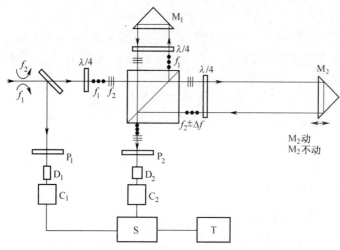

图9-8 双频激光干涉测长原理图

2. 工作原理及方向判断

当图9-8中 M_2 不动时, C_2 和 C_1 所记频率同为 $f_2 - f_1$,T 的示值为零。如果 M_2 以速度 v 移动,产生的多普勒频移 Δf 为

$$\Delta f = f_2 \frac{2v}{c} = \frac{2v}{\lambda} \qquad (9-6)$$

C_2 所记频率不再是 $f_2 - f_1$,而是 $f_2 - f_1 \pm \Delta f$ 。如在测试时间 t 内,棱镜 M_2 移动的距离为 L ,对从减法器 S 所得的 $\pm \Delta f$ 进行累计得

$$N = \int_0^t \Delta f \mathrm{d}t = \frac{2}{\lambda_2} \int_0^t v \mathrm{d}t = \frac{2}{\lambda} L \qquad (9-7)$$

实际位移量(待测长度)为

$$L = N \frac{\lambda_2}{2} \qquad (9-8)$$

式中, N 是测试时间内扫描的条纹数。在双频激光测长仪中, N 值是由 D_1 和 D_2 输出的光电信号经过电子线路处理(放大、整形、细分等)后进入计算机求得的,由式(9-8)可换算成待测长度。

9.2.2 双频激光测长仪与单频干涉仪相比的特点

两者都是以光波波长为标准对被测长度进行精密度量的仪器,区别如下:

(1)单频激光干涉仪中,可动的 M_2 镜移动时引起两臂相位差改变,直接检测的是两臂光束干涉条纹强度和对比度的变动,属于相位检测系统;

双频测长仪中，M_2 镜移动引起多普勒频移，直接检测的是测量信号与参考信号的频率差，所以，属于频率调制检测系统。

（2）当 M_2 镜不动时，前者的干涉信号是介于最亮与最暗之间的直流信号，而后者的干涉信号是频率为 $f_2 - f_1$ 的交流信号；当 M_2 镜移动时，前者的干涉信号是在最亮与最暗之间缓慢变化，而后者是使原来的交流信号频率增减 Δf，仍然是交流信号。后者可用高放大倍数的交流放大器增强较弱的干涉信号，克服由于光强衰减、大气扰动及电子线路直流漂移等因素对测量精度的影响。目前，双频测长的精度已超过 $0.01\mu m$，是工业测长中较精密的仪器。

（3）单频干涉仪对装置的机械振动十分敏感，因此对工作台稳定性有严格要求。振动越强，干涉条纹的来回移动越激烈，计数时必须相应地进行加减；双频测长仪的干涉条纹是运动的，按时间顺序入射到光检测器上，因而对振动不敏感，防振要求不严，可以用于计量室之外的车间工作环境等。

9.2.3　双频激光的产生

1. 塞曼效应

塞曼效应是原子的光谱线在外磁场中出现分裂的现象。1896 年荷兰物理学家塞曼发现原子光谱线在外磁场作用下发生了分裂，这种现象称为"塞曼效应"。塞曼效应是继 1845 年法拉第旋光效应和 1875 年克尔效应之后发现的第三个磁场对光有影响的实例。

2. 双频激光的产生

将干涉计量常用的 $0.6328\mu m$ 波长氦-氖激光器置于轴向磁场中，激光谱线在外磁场作用下发生塞曼分裂，并具有偏振性质。所分成的两条谱线的频率间隔取决于磁场强弱。双频稳频激光器的外磁场一般取 $0.02T$ 较为适宜，要求尽可能均匀。相应的谱线频差为 $1.5MHz$ 左右。

干涉计量要求双频激光器输出 TEM_{00} 的激光束，TEM_{00} 模的光强呈高斯型分布，光束中心最强，沿径向能量按指数规律减弱，光束截面是一个没有清晰轮廓的圆光斑，光束发散角小，可经聚焦获得较小的光斑，经扩束获得较为理想的平面波。

双频激光器以激光波长和频率作为测量的"尺子"，因此，要求激光器所发射的频率有良好的稳定度（频率的随机变化小）和再现性。在双频激光器设计上采取了稳频措施，仪器的电子线路中也设有稳频器。

上述利用塞曼效应进行磁光调制来获得双频激光，是一种比较流行的方法。利用电光调制等方法，也可以产生双频激光。

9.2.4　应用举例

1. 空气折射率测量

基于频率调制的空气折射率测量系统原理图如图 9-9 所示。从图左下方激光器发出的正交线偏振光 f_1 和 f_2 被分光器 2 分成两束，每束均包含两种频率。其中一束从真空室 4 内通过，另一束在真空室外通过，经角锥棱镜 6 返回。在测量过程中，用真空泵抽出真空室内的空气，抽气造成通过真空室内的两束光出现了多普勒频移 Δf_n。这束光两次通过 1/4 波片 3，相当于通过一个 1/2 波片。只要波片光轴方向适当，就可使光振动方向转过 90°，即真空室内外两束光在分光器 2 上重新汇合时，$f_1 + \Delta f_n$ 与 f_2 同振动方向，$f_2 + \Delta f_n$ 与 f_1 同振动方向，偏振分光棱镜 1 按振动方向将已汇合的光束又分成图中的上下两路，每一路通过检偏器 7 后形成拍频,分别得到 $f_1 - f_2 + \Delta f_n$ 和 $f_1 - f_2 - \Delta f_n$ 两路测量信号。这两路信号被光电器件 8 接收后,送到锁相倍频电路经过两次 6 倍频($6^2 = 36$),最后从减法运算器输出的信号是(36×2)Δf_n。

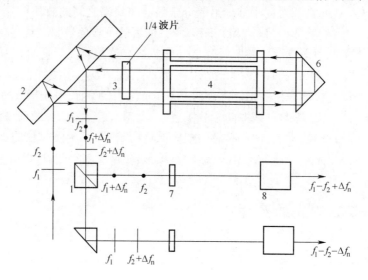

图 9-9　折射率干涉仪

从真空室内、外空气折射率均为待测值 n_m 开始,到真空室被抽空真空($n=1$),整个测量过程中的总计数为

$$A = 72 \int_0^t \Delta f_n \mathrm{d}t \qquad (9-9)$$

使用双频氦-氖激光,且取真空室长度为 $L = 87.90\text{mm}$ 时,可以求出

$$n_m - 1 = 0.5 \times 10^{-7} A \qquad (9-10)$$

这样,就可以从总计数直接测出空气折射率。这种干涉仪结构紧凑,长度约 300mm,在玻璃中和空气中,两束光的光程完全相同,对温度变化等影响的抗干扰能力强。

2. 双频激光精密测角

双频激光精密测角系统是以双频激光测长为基础,只需从长度量转换到角度量,就可用于精密测量小角度和平板的平面度。

如图 9-10 所示,双频激光被偏振分光镜组(或称双模块组)1 分成两束正交线偏振光 f_1 和 f_2,分别射向安装在运动部件 3 上的双角锥棱镜 2,返回到下偏振分光镜汇合后,经光检测器变为电信号,送入计算机处理并显示测量结果。

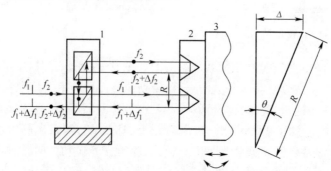

图 9-10　双频激光精密测角原理图

双角锥棱镜随运动部件仅作平移时,两束光发生的多普勒频差对应的位移差为$\frac{1}{2}N_1\lambda_1 - \frac{1}{2}N_2\lambda_2 = 0$,在减法运算器中抵消,计算机没有角度值显示。如果运动部件既有移动又有摆动,双角锥棱镜组在移动过程中发生θ角的倾斜,则两角锥棱镜的顶点在图中水平方向上有一相对位移量

$$\Delta = \frac{1}{2}N_1\lambda_1 - \frac{1}{2}N_2\lambda_2 \qquad (9-11)$$

式中,R是两个角锥棱镜顶点的间距。此时,两束光的多普勒频差$\Delta f_1 \neq \Delta f_2$,由此可测出长度量$\Delta$,并在计算机中根据上式直接求出与显示$\theta$值。

3. 直线度检测

双频激光干涉仪可以代替笨重的标准平尺和1μm示值的千分表来检测轨床工作台的直线度。其结构原理如图9-11所示,双频激光束经分束镜1入射到渥拉斯顿棱镜2上。因f_1、f_2两个偏振光通过渥拉斯顿棱镜折射率不同,出射光被分成互成很小角度θ的两束光,从精确匹配的双面反射镜3上沿原路返回。在渥拉斯顿棱镜处重新汇合的光束,经分束镜1、全反射镜4和检偏振镜,入射到光检测器。

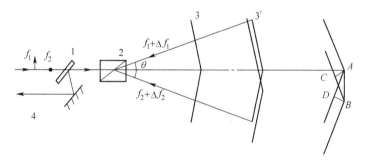

图9-11 直线度测量原理图

如双面反射镜3沿x轴平移到位置3′,f_1和f_2两束光光程相等,所产生的多普勒频差对应的位移差为$\frac{1}{2}N_1\lambda_1 - \frac{1}{2}N_2\lambda_2 = 0$,在减法运算器中互相抵消,计算机的显示值不变。

如果在移动中,双面反射镜沿y方向从A落到B点,则f_1的光程比原先减少$2\overline{AC}$,而f_2的光程却增加$2\overline{BD}$,两路总的光程差为$2(\overline{AC} + \overline{BD})$。这是双频激光可直接测出的长度量,由图9-11可知

$$\overline{AC} + \overline{BD} = \overline{AB}\sin\frac{\theta}{2} + \overline{AB}\sin\frac{\theta}{2} \qquad (9-12)$$

因此可计算出双面反射镜的下落量

$$\overline{AB} = \frac{\overline{AC} + \overline{BD}}{2\sin\dfrac{\theta}{2}} \qquad (9-13)$$

由计算机计算并显示出检测结果。

以上装置也可用来测量机床上不同部件间运动的平行度,加上一个五角棱镜,又可用来测量机床的垂直度。

4. 双频激光测量振动

如图 9 - 12 所示，双频激光被偏振分光镜分成两束，振动方向与纸面正交的 f_2 向上通过 $\lambda/4$ 波片，并被角锥棱镜反射回来。振动方向与纸面平行的 f_1 向右通过 $\lambda/4$ 波片，被透镜聚焦到装在待测振动体上的反射镜或抛光物面 S 上，S 左右振动，引起反射光的频移 Δf_1。这两束光在偏振分光镜汇合前，都两次通过 $\lambda/4$ 波片，振动方向转过 90°。原先透过偏振分光镜的 f_1 现在被反射向下，原先被反射的 f_2 现在透过偏振分光镜向下。f_2 与 $f_1 + \Delta f_1$ 汇合后，经直角棱镜反射到光检测器，转换为电信号，再经过专门的电路处理，就可得到待测的振幅、频率或周期。

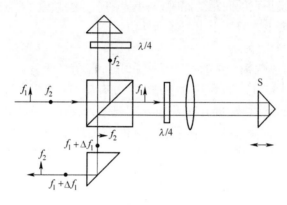

图 9 - 12　双频激光测量振动原理图

习题

9 - 1　简要说明二维色分离测速光路与二维偏振分离测速光路的工作原理。

9 - 2　与单频激光干涉测长相比，双频激光测长有哪些优点？

9 - 3　结合光路图简述双频激光精密测角和检测直线度的工作原理。

第10章

基于光波长调制的检测系统

波长调制检测系统中,光的波长受温度或其他待测参量的调制,调制光信号转换成电信号后,经过电子线路的处理,就可以得出待测参量,波长调制又称为颜色调制。本章介绍波长调制系统原理、设计与应用。

10.1 光电比色温度计

10.1.1 比色测温原理

1. 辐射测温原理

物体在各种温度下都或多或少地辐射出红外、可见光、紫外电磁波,这就是热辐射。物体在向周围放出辐射能时,同时也吸收周围物体所放出的辐射能。能够全部吸收入射辐射的物体称为黑体。黑体是一种理想化的辐射体,自然界中并不存在。黑体的辐射特性曲线如图10-1所示。纵坐标 L_b 表示黑体在某一热力学温度 T、某一波长 λ 邻近的单位波长间隔中热辐射的强弱,称为黑体光谱辐射亮度。下标 b 表示黑体,热力学温度 T 以 K(开尔文)为单位,水在常压下的冰点 $T = 273.15\text{K}$。

L_b 与 λ、T 的函数关系式称为普朗克公式:

$$L_b(\lambda, T)\,\mathrm{d}\lambda = \frac{C_1}{\pi}\lambda^{-3}\left(\mathrm{e}^{\frac{C_2}{\lambda T}} - 1\right)^{-1}\mathrm{d}\lambda \tag{10-1}$$

式中,c_1、c_2 分别为第一、第二辐射常数。当 $\mathrm{e}^{\frac{c_2}{\lambda T}} \gg 1$ 时,上式可简化为维恩公式:

$$L_b(\lambda, T)\,\mathrm{d}\lambda = \frac{C_1}{\pi}\lambda^{-3}\,\mathrm{e}^{-C_2/\lambda T}\mathrm{d}\lambda \tag{10-2}$$

维恩公式仅适用于 3000K 以下的温度,$0.4 \sim 0.75\text{um}$ 波长。3000K 以上,温度越高,维恩公式的计算值与实验结果偏差越大。图10-1中每一温度下 $L_b(\lambda)$ 曲线与横坐标轴所围成的面积表示该温度下黑体的全辐射亮度:

$$L_b(\lambda) = \int_0^\infty L_b(\lambda, T)\,\mathrm{d}\lambda = \frac{1}{\pi}\sigma T^4 \tag{10-3}$$

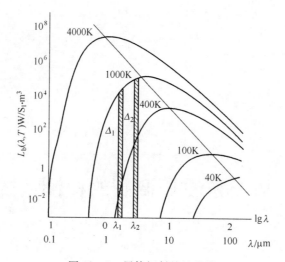

图 10-1 黑体辐射特性曲线

此式即为斯忒藩-玻耳兹曼定律,或全辐射定律,是普朗克公式导出的结果。式中的常数 $\sigma = 5.6696 \times 10^{-8}\mathrm{W}/(\mathrm{m}^2 \times \mathrm{K}^4)$ 称为斯忒藩-玻耳兹曼常数。随着温度升高,$L_b(\lambda)$ 曲线的峰值波长 λ_m 向短波方向移动。由普朗克公式可以导出说明 λ_m 与 T 关系的维恩位移定律:

$$\lambda_m T = 2897.8\mu\mathrm{m} \cdot \mathrm{K} \tag{10-4}$$

上式表示为一条倾斜的直线,如图 10-1 所示。知道了各温度下的峰值波长,就可根据待测温度的范围确定测温仪表所应选用的波长范围。

实际物体的吸收率总是小于1,并非黑体。同一波长、同一温度下,非黑体的辐射总是弱于黑体。同一波长、同一温度下,非黑体和黑体的光谱辐射亮度之比,称为非黑体的光谱发射率 $\varepsilon(\lambda, T)$:

$$\varepsilon(\lambda, T) = \frac{L(\lambda, T)}{L_b(\lambda, T)} \tag{10-5}$$

非黑体的全发射率 $\varepsilon(T)$ 定义为相同温度下非黑体与黑体的全辐射亮度之比:

$$\varepsilon(T) = \frac{L(T)}{L_b(T)} \tag{10-6}$$

显然,黑体的 $\varepsilon(\lambda, T) = \varepsilon(T) = 1$,非黑体的光谱发射率与全发射率总是小于1。一般来说,非黑体的 $\varepsilon(\lambda, T)$ 与波长有关,$\varepsilon(\lambda, T)$ 不随波长改变的非黑体称为灰体,其辐射能量分布曲线与同温度下黑体辐射能量分布曲线相似。

工程上,一些实际物体在某个波长区段上有与此相近的辐射特性,可以当作灰体处理,使问题简化。对于非黑体来说,式(10-2)和式(10-3)可重写如下:

$$L(\lambda, T)\mathrm{d}\lambda = \varepsilon(\lambda, T)\frac{C_1}{\pi}\lambda^{-5}\mathrm{e}^{-\frac{c_2}{\lambda T}\mathrm{d}\lambda} \tag{10-7}$$

$$L(T) = \varepsilon(T)\frac{1}{\pi}\sigma T^4 \tag{10-8}$$

这两个公式分别是亮度测温法和全辐射测温法的基本公式,所测得的分别是实际物体的亮度温度 T_s 和辐射温度 T_p。

当实际物体在同一波长下的光谱发射亮度与黑体的光谱发射亮度相等时,将此黑体的温度定义为实际物体的亮度温度;当实际物体的全辐射亮度与黑体的全辐射亮度相等时,将此黑体的温度定义为实际物体的辐射温度。

对于任何实际物体来说，$\varepsilon(\lambda,T)$ 或 $\varepsilon(T)$ 总是介于 $0\sim1$，因此，T_s 和 T_p 总是低于实际物体的真实温度 T。只有确切知道了 $\varepsilon(\lambda,T)$ 和 $\varepsilon(T)$ 的值，才能求出 T 来。

2. 比色测温

如果某一温度的黑体与实际物体在某两个波长的光谱辐射亮度之比相等，则黑体的温度称为该物体的色温度，又称比色温度。由于实际物体的光谱发射率可能随波长的增加而减小，也可能随波长的增加而增加，或近似地与波长无关，因此，物体的色温度可以大于、小于或近似等于它的真实温度。测量物体色温度的仪器是比色高温计。对于绝对黑体，由于其光谱发射率和总发射率都等于1，故黑体的亮度温度 T_s、色温度 T_c 以及辐射温度 T_p 同它的真实温度是完全一致的。

比较图 10 - 1 中两块阴影面积 A_1 和 A_2，它们分别表示在一定温度 T，例如 1000K 时，在 $\lambda_1\sim\lambda_1+\mathrm{d}\lambda$ 范围和 $\lambda_2\sim\lambda_2+\mathrm{d}\lambda$ 范围内的黑体辐射亮度，根据维恩公式可知，比值

$$B_b=\frac{A_1}{A_2}=\frac{L_b(\lambda_1,T)\mathrm{d}\lambda}{L_b(\lambda_2,T)\mathrm{d}\lambda}=\left(\frac{\lambda_2}{\lambda_1}\right)^5\exp\left[\frac{C_2}{T}\left(\frac{1}{\lambda_2}-\frac{1}{\lambda_1}\right)\right] \tag{10-9}$$

因此

$$T=\frac{C_2\left(\frac{1}{\lambda_2}-\frac{1}{\lambda_1}\right)}{\ln B_b-5\ln\left(\frac{\lambda_2}{\lambda_1}\right)} \tag{10-10}$$

可见，在两个选定的波长 λ_1 和 λ_2，测定黑体的光谱辐射亮度之比 B_b，即可确定黑体的温度 T。如果测温对象是非黑体，根据非黑体的维恩公式可以导出

$$T=\frac{C_2\left(\frac{1}{\lambda_2}-\frac{1}{\lambda_1}\right)}{\ln B-\ln\left[\frac{\varepsilon(\lambda_1,T)}{\varepsilon(\lambda_2,T)}\right]-5\ln\left(\frac{\lambda_2}{\lambda_1}\right)} \tag{10-11}$$

当测温对象在所选定的波长范围内光谱发射率 $\varepsilon(\lambda,T)$ 不随波长改变，可作为灰体处理，上式简化为式(10 - 10)。即便在所选定的波长范围内 $\varepsilon(\lambda_1,T)\neq\varepsilon(\lambda_2,T)$，仍可用式(10 - 10)，由测得的非黑体光谱辐射亮度之比 B，求出接近于真实温度的近似值 T_c。显而易见，此 T_c 值实际上是在选定波长 λ_1 和 λ_2 下光谱辐射亮度之比与待测非黑体的比色温度。

在实际测量中，选取的波长 λ_1 和 λ_2 比较靠近，测量的波长 $\mathrm{d}>\lambda$ 又很窄，比色温度计用黑体标定后，不需修正，就可以直接读出测温对象的比色温度 T_c，T_c 值相当接近于其真实温度 T。

对于黑体或者灰体，比色温度等于其真实温度，$T_c=T$；对于多数金属材料，随波长的增长，光谱发射率减小，比色温度高于其真实温度，$T_c>T$；对于多数非金属材料来说，随波长增长，光谱发射率增大，比色温度低于其真实温度温度，$T_c<T$。

3. 比色法的优点与发展

大多数实际物体的色温 T_c 比亮温 T_s 和辐射温度 T_p 更接近于物体的真温 T。比色测温法受被测物体光谱发射率的影响较小。针对被测物体的辐射特性，尽可能选择光谱发射率一致的两个工作波段，可以大大减小测得的色温与真温偏离，针对光谱发射率随波长作线性变化的被测物体，研制了二色测温仪和四色测温仪，可以进一步提高真温的测量精度。

在光路中存在有烟雾、水蒸气、尘埃的场合，使用亮温法或辐射法测温，会产生严重失真。

如果避开选择性吸收气体的吸收峰,选用合适的波段,使用比色法测温,所受的影响可以大大减小。而且比色温度计的输出信号可以自动记录、远传和用于控制调节。因此,虽然比色温度计结构比较复杂,但在工业生产和科学研究中都得到了广泛的应用。

10.1.2 单通道比色温度计

1. 单通道单光路

所谓单通道是指比色温度计中两种波长的光束都经同一个检测器接收。单光路是指在进行光调制前后,没有把两种波长的光分成两路。

图 10-2 所示,光学系统是单通道单光路的一种结构形式。待测物体的热辐射通过保护窗口玻璃 1,经由回转抛物面的主镜 2、回转双曲面或回转椭球面的次镜 3,被分光镜 4 分成两束,热辐射的主要部分被分光镜反射,由镶嵌着两种不同波长的扇形滤光片 a 和 b 的调制盘 5 进行光调制,使热辐射交替地投射到光敏电阻检测元件 6 上,转换成交流电信号,经过电子线路放大和数据处理,显示出目标温度。这种比色温度计可以连续地进行远距离的非接触快速测温。为了对准测温物体,分光镜 4 透过一部分热辐射,成像在分划板 7 上,供目镜 8 瞄准用。分划板上常有十字叉线和两个同心圆,内圆所覆盖的物像就是目标上的被测温区。

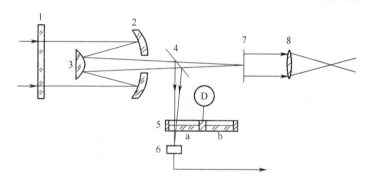

图 10-2　单通道单光路比色温度计系统

单通道单光路比色温度计由于采用同一检测元件实现比值测定,可以降低对检测器及电源稳定性的要求,仪表的稳定性较高。结构中带有马达 D 驱动的调制盘,调制频率因检测元件的特性而异,在 100Hz 上下选择最佳值。这种机械式调制,避免了检测元件长时间暴露在热辐射下,对减小元件本身温漂影响有利。但也使仪表的动态品质下降,特别是测量热辐射体瞬态温度时误差较大。

2. 单通道双光路

单通道双光路测温原理如图 10-3 所示,测温目标发出的热辐射由分光镜 1 分成波长不同的两束,经过滤光片 2 滤光后,分别通过调制盘 3 上的通孔 4 和反射镜 5,交替投射到检测元件 6 上,转换成电信号,经电子线路 7 处理后,实现比值测定。双光路结构具有与单光路结构大体相同的优点与缺点,但增加了光路调整的难度。

10.1.3 双通道比色温度计

1. 双通道不带光调制结构

如图 10-4 所示,测温对象所发出的热辐射经物镜 1 聚焦于视场光阑 2,通过光阑孔的部分光由场镜 3 形成平行光,在分光镜 4 处被分成波长不同的两束,通过各自的滤光片 5,由硅光电池6转变为两组电信号,经电子线路处理后,实现比值测定。

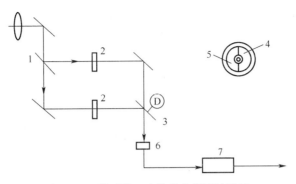

图10-3　单通道双光路比色温度计系统

　　利用光阑2孔边缘抛光的金属镀层,将一部分可见光反射到反射镜7上,再经倒像镜8和目镜10进入测试者眼睛。调节物镜聚焦被测目标,调节目镜使人眼清晰地观察到目标的像。这一套瞄准系统的作用是判断测温目标的热辐射是否进入了光电比色温度计的光学系统。

　　双通道式比色温度计中的测量线路常用电位差计改装而成。如图10-5所示,分别接收λ_1和λ_2两个波长的硅光电池E_1和E_2,各有一组负载电阻,两组的总电阻相等。测温时,光电流$I_{\lambda 1}$和$I_{\lambda 2}$在两组负载电阻上分别产生电压信号U_1和U_2。将从滑线电阻R_4取出的部分电压U_2与电压信号U_1作比较,如$U_1 \neq U_2$,测量桥路失去平衡。U_2和U_1的差值信号经电位差计的放大器K放大,驱动可逆电机D带动指针在R_4上滑动,直到桥路平衡。这时,指针在R_4所附温度标尺上所指的位置就是测温目标的比色温度。

　　双通道式比色温度计的输出信号较强,且不需要外接电源,具有测温范围宽、响应速度快、可测目标小等优点,而且不带光调制器,动态品质高。但由于双检测元件性能不可能完全对称,对测量精度和稳定性有影响。所用硅光电池的峰值波长在0.9um附近,不适宜测800℃以下温度。以国产WDS型比色温度计为例,其测温范围为1200~1800℃、1800~2400℃和2400~3000℃;精度为量程上限的±1%;测量距离>0.5m;两个工作波段选在0.6~1μm和1~1.2μm。

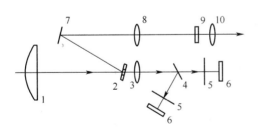

图10-4　双通道式的一种结构形式

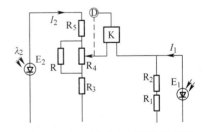

图10-5　双通道式的测量线路简图

2. 双通道带光调制结构

　　如图10-6所示,测温目标发出的热辐射经物镜1,由棱镜2分成波长不同的两束,被反射镜3反射后,由电机D带动的调制盘4对两束辐射同步调制。透过调制盘通孔的两束辐射光由两个检测元件5转换为电信号,经放大器6和计算电路7处理,在显示仪表8上示出目标的温度。这种结构形式的动态品质比没有光调制的低,精度及稳定性也并不高。

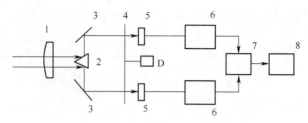

图 10-6 带光调制双通道式结构图

10.2 光电荧光计

10.2.1 荧光

1. 荧光及其发光机制

某些物质受一定波长的光激发后,在极短时间内会发射出波长大于激发波长的光,当光辐射停止,则发光很快消失,这种光称为荧光。如果较长时间内仍然发光,则称为磷光。

当光照射物质时,光子打到分子上,原来处于基态的电子被激发到较高的能级,从而使分子处在激发态。此后,激发态分子通过内转换过程把部分能量转移给周围分子,使较高激发态的电子很快回到最低激发态的最低振动能级。处在最低振动能级的分子的平均寿命是 10s 左右,如果这种分子通过发射出相应的光子而回到基态的各个不同的振动能级,即可产生荧光,根据回到的振动能级的不同,荧光的波长就不同,从而形成荧光发射带光谱。

发射荧光所对应的能量要比吸收的光能量小,故而,荧光的发射特征的波长总比激发特征波长长。物质能否产生荧光,主要和物质本身的结构及周围介质环境(如溶剂极性、pH 值、温度等)有关。

2. 荧光的应用

利用物质在紫外线等光照射下发出的反映该物质特性的荧光,对物质进行定性或定量分析,称为荧光分析,所使用的仪器称为荧光计。

在光电荧光计中,使用光电倍增管等光电器件将荧光信号转换为电信号后再进行信号处理。荧光要靠紫外线等照射荧光物质产生,所以在荧光计中光源是一个重要组成部分。常用的是高压汞气灯,主要发出波长为 $0.365\mu m$ 紫外辐射。荧光计中有光源发可见光和荧光两种辐射,需要有两个滤光片。汞气灯前的滤光片,其作用是让紫外线通过而滤除其中夹杂的可见光波。在光电器件前的滤光片,其作用是让荧光通过而滤除其中夹杂的紫外线。

在检测溶液浓度、成分分析等实际应用中,荧光分析法的灵敏度高出分光光度法或比色法 5 个数量级以上,而且具有快速、重现性好、取样容易和试样需要量少等优点,因而得到广泛应用。但遇上本身不发荧光的物质,荧光分析的应用就受到限制。荧光计工作时,荧光强度的波长分布受荧光物质的含量或浓度等待测参量的调制,信号经电子线路处理,就可以求出待测参量。因此光电荧光计也是一种光波长调制检测系统。

10.2.2 光电荧光计

1. 测量液体浓度的光电荧光计

对于荧光物质的稀溶液,在一定波长和一定光强的光照射下,如果吸光程度不太高,而且溶液浓度很低,则荧光强度与溶液浓度成线性关系。但对较浓的溶液,这种线性关系不复存在,荧光强度甚至会随着溶液浓度的增大而下降。光电荧光计分为单光电器件和双光电器件。图 10-7 就是前一类,为直读式光电荧光计。由稳流器 1 供电的高压汞灯 2,发出紫外线和可见光,经透镜 3、光阑 4、滤光片 5 照射液池 6,此时除紫外线外,其他的波长成分已被滤光片滤去。液池装在一个内部涂黑的匣子 7 中,从另一窗口经玻璃棱镜 8 照射到光电倍增管 9。由于棱镜的色散作用,夹杂在荧光中的紫外线等波长成分被分离开,进不了光电倍增管。光电转换后产生的光电流,其大小反映荧光强度,被电流电压转换器 10 转换为输出电压,由数字电压表 11 显示出相应的荧光强度。

为了消除因光源不稳定所引起的误差,荧光分析常采用如图 10-8 所示的双光电补偿式光电荧光计。其中的读数是试样溶液与标准溶液的荧光强度比值,这就不需要光源很稳定。图 10-8 中的光路有两条,每一条的光路布置都与图 10-7 相似。测定时,先将一种荧光标准物质装入液槽 5 和 5′,并将电位器 R_w 的可动触头放到标度"100"处,然后用可变光阑或将光电池倾斜,调整照射到光电池 7 或 7′ 的荧光强度,直到检流计 8 指零,校准完毕。此后,可将试样溶液装入液槽 5′。检流计由于电流不平衡而发生偏转,此时可将 R_w 的可动触头移到标度较低的适当位置,使检流计回零。电位器上读数即为试样溶液的浓度与标准溶液浓度之比(百分数)。所用检流计,电阻要低且灵敏度高。

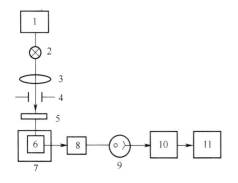

图 10-7 单光电器件光电荧光计

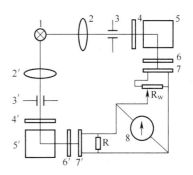

图 10-8 双光电补偿式光电荧光计

硒光电池对整个可见光谱都比较灵敏,适用于任何一种颜色的荧光,不需要附加电源,为许多光电荧光计所选用。如果荧光微弱,得不到适当强度的光电流,则可将光电池靠近长方形液槽的侧面,或在液槽两侧各装一个光电池。图 10-8 中的光电荧光计,调整电位器 R_w 使检流计回零,并从电位器上的标度取得读数,属于电补偿式。图 10-9 中的光电荧光计,调整光阑使检流回零,并从光阑的刻度盘上取得读数,则属于光补偿式。

2. 供固体式样用的光电荧光计

含有铀盐的试样与 NaF 或 NaF-Na_2CO_3 混合物一起烧成的熔珠或熔片,在紫外光照射下会发出绿色荧光,由荧光强度可以测定铀的含量。对铀来说,固体荧光法的灵敏度远比溶液荧光法高,可以测出含量低到 10^{-10} g 的铀。

由于固体荧光仅产生于试样表面薄层,所以一般测溶液荧光的荧光计对其不适用。图 10-9 所示为供固体试样用的光电荧光计,由汞弧灯 1 发出的光分为两束,右边光束通过第一滤光片 6′ 和带刻度盘的光阑 7′ 照到试样熔珠 10′ 上。试样所发荧光经半球形反射镜 9′ 反射,并通过第二滤光片 11′ 照射到光电管 12′ 上。左边光束通过两块可转动的圆形光劈 8 和 9 照射参比荧光片 10,其荧光经第二滤光片 11 照射到光电管 12 上。两个光电管产生的光电流经放大器 13 放大后,由微安计 14 显示放大输出。

测定时,先调好荧光计的灵敏度和零点。把试样熔珠放置于 10′ 位置,并将光阑 7′ 刻度盘读数调至"100";打开光闸 3 和 3′,调整光楔使微安计指零。关上光闸后,选用适宜的标准荧光熔珠置于 10′ 位置。打开光闸,调整光阑引使微安计回零。此时由光阑 7′ 的刻度盘读出的就是试样熔珠和标准荧光熔珠的荧光强度比值(百分数)。由这一比值和标准荧光熔珠的已知含铀量,可以得出试样熔珠的含铀量。

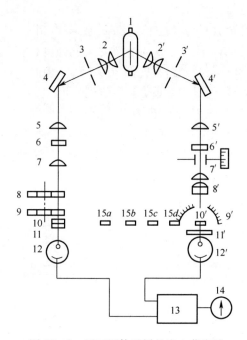

图 10-9　用于固体试样的光电荧光汁

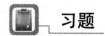 习题

10-1　分析常用单通道和双通道光电比色温度计的工作原理,说明比色测温法的主要优点。

10-2　为什么用光电荧光计可以测量溶液浓度?

第11章

光纤和基于光纤的检测系统

　　光纤(Optical Fiber)是一种将信息从一端传送到另一端的媒介,它与激光器、半导体光电检测器一起构成了新的光电技术。光纤的最初研究是为了通信,光纤传感器是伴随着光纤通信和光电技术而发展起来的一种新型传感器。光纤传感器具有灵敏度高、响应速度快、动态范围大、防电磁干扰、超高电绝缘、防燃、防爆、体积小、耐腐蚀、材料资源丰富和成本低等优点。光纤传感器也成为光电检测技术的重要组成部分。本章将介绍光纤及基于光纤的检测系统原理、设计和应用。

11.1　光纤基础知识

11.1.1　光纤的结构

　　光纤由纤芯、包层及外套组成,如图 11 - 1 所示。纤芯是由玻璃、石英或塑料等制成的圆柱体。与纤芯相邻的那一层围绕层叫包层,材料也是玻璃或塑料等。纤芯的折射率 n_1 稍大于包层的折射率 n_2。由于纤芯和包层构成了一个同心圆双层结构,所以光纤具有使光束封闭在纤芯里面传输的功能。包层外是一层薄的塑料外套,用来保护纤芯和包层。在多模光纤中,芯的直径是 $15 \sim 50 \mu m$,大致与人的头发的粗细相当。而单模光纤芯的直径为 $8 \sim 10 \mu m$。

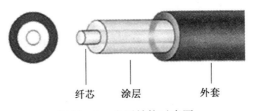

纤芯　　　涂层　　　外套

图 11 - 1　光纤结构示意图

11.1.2　光纤的种类

　　根据折射率的变化规律,光纤被分为阶跃型和梯度型两种。阶跃型光纤如图 11 - 2(a)所示。纤芯的折射率 n_1 分布均匀,固定不变;包层内的折射率 n_2 分布也大体均匀,但纤芯到包层的折射率变化呈台阶状。在纤芯内,中心光线沿光纤轴线传播,通过轴线的子午光线呈锯齿形轨迹。子午光线是指永远在通过轴线的一个平面运动的光线。

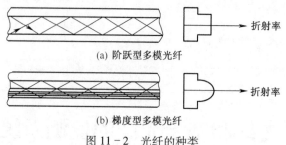

(a) 阶跃型多模光纤

(b) 梯度型多模光纤

图 11-2   光纤的种类

梯度型光纤的纤芯折射率不是常数,从中心轴线开始沿径向大致按抛物线规律变化,中心轴线处折射率最大,因此光在传播中会自动地从折射率小的界面向中心会聚。光线传播的轨迹类似正弦曲线,这种光纤又称为自聚焦光纤。图 11-2(b)给出了经过轴线的子午光线传播的轨迹。

11.1.3   光纤的传输模式

根据光纤的传输模式,把光纤分为多模光纤和单模光纤两类。阶跃型和梯度型为多模光纤。在纤芯内传播的光波,可以分解为沿轴向传播和沿半径方向传播的平面波。沿径向传播的平面波在纤芯与包层的界面上将产生反射,如果此波在一个往复(入射和反射)过程中相位变化为 2π 的整数倍,就会形成驻波。只有能形成驻波的那些以特定角度射入光纤的光波才能在光纤内传播,这些光波就称为模。通常,纤芯直径较粗(几十微米以上)时,能传播几百个以上的模,而纤芯很细(5~10μm)时,只能传播一个模。前者称为多模光纤,后者称为单模光纤。值得注意的是,在光纤内只能传输一定数量的模。对于频率给定的光波,它在某型号的光纤中能传输的模式数目是一定的。如果某种波长的光在其中只能传输一种模式,那么对于这种波长的光,它就是单模光纤。如果某种波长的光在其中能传输多种模式,那么对于这种波长的光,它就是多模光纤。

11.1.4   光纤的传光原理

当光线以较小的入射角 φ_1($\varphi<\varphi_c$,φ_c 为临界角)由光密媒质(折射率为 n_1)射入光疏媒质(折射率为 n_2)时,如图 11-3(a)所示,折射角 φ_2 满足斯乃尔(Snell)法则,即

$$n_1\sin\varphi_1 = n_2\sin\varphi_2 \tag{11-1}$$

若逐渐加大入射角 φ_1,当 $\varphi=\varphi_c$,折射角 $\varphi=90°$,如图 11-3(b)所示,此时有

$$\sin\varphi_c = \frac{n_2}{n_1} \tag{11-2}$$

则临界角 φ_c 可由式(11-2)决定。若继续加大入射角 φ_1(即 $\varphi_1>\varphi_c$),光不再产生折射,而只有在光密媒质中的反射,即形成了光的全反射现象,如图 11-3(c)所示。

下面以阶跃型多模光纤为例,来说明光纤的传光原理。

当光线从空气(折射率为 n_0)中射入光纤的一个端面,并与其轴线的夹角为 θ_0 时,在光纤内折射,然后以 φ_1($\varphi_1=90°-\theta_1$)入射到纤芯与包层的交界面上,如图 11-4 所示。若入射角

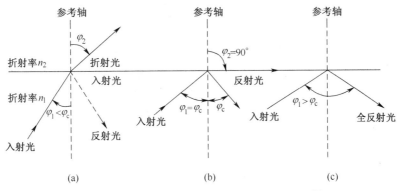

图 11-3 光在纤芯与包层的界面上发生的反射

φ_1 大于临界角 φ_c，则入射的光线就能在交界面上产生全反射，并在光纤内部以同样的角度反复全反射向前传播，直至从光纤的另一端射出。若光纤两端同处于空气之中，则出射角也将为 θ_0。

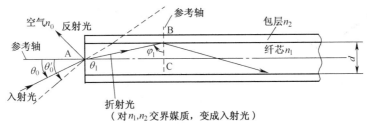

图 11-4 阶跃型多模光纤中子午线的传播

从空气中射入光纤的光并不一定都能在光纤中产生全反射。图 11-4 中的虚线表示入射角 θ_0 过大，光线不能满足要求（即 $\varphi_1 < \varphi_c$），大部分光线将穿透包层而逸出，称为漏光。即使有少量光反射回纤芯内部，但经过多次这样的反射后，能量几乎耗尽，以致基本没有光通过光纤传播。

能产生全反射的最大入射角可以通过斯乃尔法则及临界角定义求得，即

$$\sin\theta_c = \frac{1}{n_0}\sqrt{n_1{}^2 - n_2{}^2} \tag{11-3}$$

于是，引入光纤的数值孔径 NA 这个概念，光纤的数值孔径 NA 表示为

$$\sin\theta_c = \frac{1}{n_0}\sqrt{n_1{}^2 - n_2{}^2} = \text{NA} \tag{11-4}$$

式中，n_0 为光纤周围媒质的折射率，对于空气 $n_0 = 1$。

数值孔径 NA 是光纤的一个基本参数，它决定了能被传播光束的半孔径角最大值 θ_c，反映了光纤的集光能力。

当 NA = 1 时，集光能力达到最大。从式（11-4）可以看出，纤芯与包层的折射率差值越大，数值孔径就越大，光纤的集光能力就越强。石英光纤的 NA = 0.2 ~ 0.4。

11.2 光导的应用

光纤不单应用于光通信、制作传感器等方面，还可以应用于导光和传像。

11.2.1 光纤在导光方面的应用

1. 光纤照明器

光纤照明器可以实现不同形状的照明或多路照明。图 11-5 所示为线状照明的例子,光源发出的光经透镜进入圆形光纤束的一端,另一端排成所需的形状输出光束。光纤输出端可以排成圆形、方形或三角形等多种形状,实现所需形状的光输出。

图 11-6 所示是多路照明的例子,光源所发出的光汇聚进入光纤束的一端,另一端按需要由多束光纤输出,分别照明所需照明的位置。

在光电检测技术中,光纤照明器常制成叉形,又称为 Y 形光纤耦合器(图 11-7)。合成一端作为探头,探测待测信息,两支分束光纤一支接收光源的光,另一支输出从探头返回的光,从而使光电检测器获得所需的光信息。待测信息可以是孔或平面的粗糙度、位置、尺寸、变形和压力等。根据这些信息性质不同,其具体反应为光的强弱变化、光谱的变化或角分布变化等。

图 11-5　光纤线照明

图 11-6　光纤多路照明

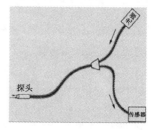

图 11-7　Y 形光纤耦合器

2. 光纤束行扫描器

利用直线-圆环光纤转换器和 Z 形导光管可以对移动目标实现图像信号的采集,如图 11-8所示。条状光源照明移动的带状待测物的一行,线状排列的光纤将那一行物体信息采入,并传递到光纤圆环上。Z 形导光管以输出光轴为旋转轴扫描圆环,将圆环光纤输出信息按时序由聚光镜汇聚于光电检测器上。光电检测器输出的时序信号就是对待测物的扫描信号。

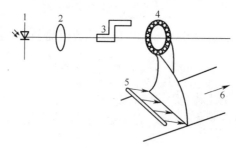

图 11-8　光纤束行扫描器原理

1—光电检测器;2—物镜;3—Z 形导光管;4—转换器;5—条状光源;6—待测物。

3. 光纤直接导光的其他应用

如激光手术刀就是利用光纤束传输激光,使激光能量以高入射功率密度(1~10W)聚焦在人体某部分组织表面上,辐射能为人体组织吸收、升温,最后汽化而切除。激光加工、加热及海底供能等,采用光纤束传输能量是较佳方案。

11.2.2 光纤制品在传像方面的应用

光纤传像就是指将影像通过光纤直接传输,而中间不再经过像光通信那样的信号转换过程。完成传像功能的光纤制品主要是光纤传像束和硬性光纤器件(光纤面板、扭像器和光纤锥等)。

1. 内窥镜

利用光纤传像束可弯曲特点,可制成各种内窥镜,以实现对用一般光学方法难以观察到的地方进行窥视。目前内窥镜在医疗及工业工程中得到了广泛应用,如图11-9所示。

图11-9 光纤内窥镜

2. 光学纤维面板(光纤面板)

光学纤维面板是用许多根单光纤或复合光纤经热压工艺而制成的真空气密性良好的光纤棒,然后按需要进行切片、抛光而成的一种光纤器件,它的面板厚度远小于面板直径,其形状各式各样,如图11-10所示。

在第一代像增强器中,它是作为几支单级像增强器(如3支)之间的级间耦合元件,极大地提高光能利用率,同时,光纤面板还可用于校正电子光学系统产生的场曲。在广角摄影中,想要物镜不产生畸变和场曲,有时很难做到。而利用光纤面板制成校正元件,不但可以校正畸变而且可以校正场曲。图11-11所示是一个用来消除场曲的光纤面板平像场器。凹面为输入端面,其曲面与物镜像场形状一致,平面为平像场器的输出端面。

图11-10 光学纤维面板

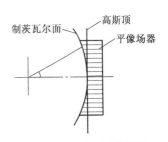

图11-11 光纤平像场器

光纤扭像器也称光纤倒像器,是将图像旋转180°后输出,亦可使倒像转为正像,如图11-12所示。光纤倒像器目前主要用在微光夜视仪中的中继透镜系统,也被广泛应用于需要倒像的装置中。光纤光锥简称光锥,如图11-13所示。它可使图像放大或缩小,常被作为图像耦合器件使用。光锥广泛应用于耦合器和像增强器耦合,以及电视成像和先进的光电成像应用等方面。

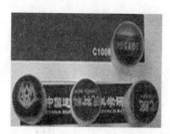

图 11 - 12　光纤倒像器

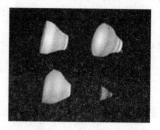

图 11 - 13　光纤光锥

11.3　光纤传输特性

表征光信号通过光纤时的特性参数有以下几个。

1. 传输损耗

入射到光纤中的光,由于存在着费涅耳反射损耗、吸收损耗、全反射损耗及弯曲损耗等各种能量损耗,其中相当一部分在途中就损失了。因此,光纤不可能百分之百地将入射光能量传播出去。当光纤长度为 L,输入与输出的光功率分别为 P_i 和 P_o 时,光纤的损耗系数 α 可以表示为

$$\alpha = -\frac{10}{L} \cdot \lg \frac{P_i}{P_o} \tag{11-5}$$

光纤损耗可归结为吸收损耗和散射损耗两类。物质的吸收作用将使传输的光能变成热能,造成光能的损失。光纤对于不同波长光的吸收率不同,石英光纤材料 SiO_2 对光的吸收发生在波长 $0.16\mu m$ 附近和 $8\sim12\mu m$ 范围。散射损耗是由于光纤的材料及其不均匀性或其几何尺寸的缺陷引起的。如瑞利散射就是由于材料的缺陷引起折射率随机性变化所致。

光纤的弯曲也会造成散射损耗,这是由于光纤边界条件的变化,使光在光纤中无法进行全反射传输所致。光纤的弯曲半径越小,造成的散射损耗越大。

光纤传输光能衰减的起因是材料本身、制造缺陷、弯曲和接续等对光能的吸收和散射损耗。

2. 色散

由于光纤中的信号是由不同的频率成分和不同的模式成分来携带的,这些不同的频率成分和不同的模式成分的传输速度不同,从而引起色散。光纤色散使传输的信号脉冲发生畸变,从而限制了光纤的传输带宽。

(1) 材料色散。材料的折射率随光波长 λ 的变化而变化,使光信号中各波长分量的光群速度 v_g 不同,因此而引起的色散称为材料色散(又称为折射率色散)。

(2) 波导色散。由于波导结构不同,某一波导模式的传播常数 β 随着信号角频率 ω 变化而引起的色散,称为波导色散(有时也称为结构色散)。

(3) 多模色散。在多模光纤中,由于各个模式传播常数、群速度不同,因此而产生的色散称为多模色散。多模色散是阶跃型多模光纤中脉冲展宽的主要原因,多模色散在梯度型光纤中大为减少,因为在这种光纤中不同模式的传播时间几乎彼此相等。在单模光纤中起主要作用的是材料色散和波导色散。采用单色光源(如激光器),可有效地减小材料色散的影响。

3. 容量

输入光纤的可能是强度连续变化的光束,也可能是一组光脉冲,由于存在光纤色散现象,

会使脉冲展宽,造成信号畸变,从而限制了光纤的信息容量和品质。

4. 抗拉强度

弯曲是光纤的突出优点,光纤的弯曲性与光纤的抗拉强度的大小有关。抗拉强度大的光纤,不仅强度高,可挠性也好,同时其环境适应性能也强。光纤的抗拉强度取决于材料的纯度、分子结构状态和光纤的粗细及缺陷等因素。

5. 集光本领

光纤的集光本领与数值孔径有密切的关系。

11.4 光纤传感器的分类、构成和特点

11.4.1 光纤传感器的分类

光纤传感器种类繁多,可以称为万能传感器。目前已证明可作为加速度、角加速度、速度、角速度、位移、角位移、压力、弯曲、应变、转矩、温度、电压、电流、液位、流量,流速、浓度、pH 值、磁场、声强、光强和射线等 70 多个物理量的传感器。但是实际应用的目前还很少,是一个极具发展潜力的研究领域。

按照光纤在检测系统中所起的作用进行分类,光纤传感器可分为功能型传感器和非功能型传感器。

1. 功能型光纤传感器

功能型光纤传感器(图 11 – 14(a))是利用光纤本身的特性把光纤作为敏感元件,所以也称为传感型光纤传感器,或全光纤传感器。

这种类型传感器主要使用单模光纤。功能型光纤传感器是利用光纤本身的传输特性受被测物理量的作用而发生变化,进而使光纤中光的属性(如光强、相位、偏振态、波长等)被调制。功能型传感器的优点是,由于光纤本身是敏感元件,因此加长光纤的长度,可以得到很高的灵敏度。尤其是利用各种干涉技术对光的相位变化进行测量的光纤传感器,具有极高的灵敏度,同时结构上也较为紧凑。但这类传感器的缺点是,技术难度大,结构复杂,调整较困难,而且在某些场合需要特殊光纤(如用于测量航天发动机尾部温度的蓝宝石光纤等),成本较高。

2. 非功能型光纤传感器

非功能型光纤传感器是利用其他敏感元件感受被测量变化,光纤仅作为传输介质,传输来自远处或难以接近场所的光信号,所以也称为传光型传感器,或混合型传感器。

如在光纤的端面或在两根光纤中间放置机械式或光学式的敏感元件来感受被测物理量的变化,从而使透射光或反射光强度随之发生变化。如图 11 – 14(b)、图 11 – 14(c)所示。为了得到较大的受光量和传输的光功率,此类传感器主要使用的光纤是数值孔径和芯径大的阶跃型多模光纤。这类光纤传感器的特点是结构简单、可靠,技术上易实现,且成本较低,但其灵敏度、测量精度一般低于功能型光纤传感器。

在非功能型光纤传感器中,也有并不需要外加敏感元件的情况,光纤把测量对象所辐射、反射的光信号传输到光电元件(图 11 – 14(d))。这种光纤传感器也叫探针型光纤传感器(也被称为拾光型光纤传感器)。典型的例子有光纤激光多普勒速度传感器、光纤辐射温度传感器和光纤液位传感器等,其特点是非接触式测量,而且具有较高的精度。

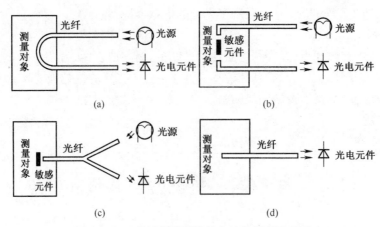

图 11-14　光纤传感器的基本结构原理示意图

11.4.2　光纤传感器的基本构成

光纤传感器的基本组成部件除光纤以外,还有光源和光电检测器。

1. 光源

在实际应用中,人们希望能研制出一种适合于各种系统的光源。激光二极管(LD)和发光二极管(LED)的发射波段分别是 $0.8 \sim 0.9 \mu m$ 和 $0.3 \sim 1.1 \mu m$,在这个波段石英光纤的损耗最小。特别是激光二极管具有亮度高、易于进行上吉赫兹的直接调制、尺寸小等优点,一直受到人们的关注。

2. 光电检测器

光纤传感器常用光电检测器主要有普通光电二极管、雪崩光电二极管,有时也用电荷耦合器件、光敏电阻和光电倍增管等。

11.4.3　光纤传感器的优点

与其他电量传感器相比较,光纤传感器有许多优点。

(1) 光纤传感器的电绝缘性能好,表面耐压可达 $4kV/cm$,且不受周围电磁场的干扰。

(2) 光纤传感器的几何形状适应性强,由于光纤所具有的柔性,使用及放置均较为方便。

(3) 光纤传感器的传输频带宽,带宽与距离之积可达 $30MHz \cdot km \sim 10GHz \cdot km$。

(4) 光纤传感器无可动部分、无电源,可视为无源系统,因此使用安全,特别是在易燃易爆的场合更为适用。

(5) 光纤传感器通常既是信息检测器件,又是信息传递器件。

(6) 光纤传感器的材料决定了它有强的耐水性和较强的抗腐蚀性。

(7) 由于光纤传感器体积小,因此对测量场的分布特性影响较小。

(8) 光纤传感器的最大优点在于它们检测信息的灵敏度很高。

11.5　基于光纤传感器的检测系统

11.5.1　反射型光纤位移测量系统

反射型光纤位移测量系统是由传光型光纤传感器组成的测量系统,具有结构简单、灵敏度高、稳定性好、易于实现等特点。

1. 位移传感机理

如图 11 - 15 所示,光从光源耦合到输入光纤射向被测物体,再被反射回另一光纤,由检测器接收。设两根光纤的折射率为阶跃型分布,两根光纤的距离为 d,每根光纤直径为 $2a$,数值孔径为 NA,光纤与被测物体的距离为 b,这时接收光纤所接收的光强等效于输入光纤像发出的光强,如图 11 - 16(a)所示,这时

$$\tan\theta = \frac{d+2a}{2b} \tag{11-6}$$

由于 $\theta = \text{arcsinNA}$,所以式(11 - 6)可写为

$$b = \frac{d+2a}{2\tan(\text{arcsinNA})} \tag{11-7}$$

很显然,当 $b < [d/2\tan(\text{arcsinNA})]$ 时,即接收光纤位于光纤像的光锥之外,两光纤的耦合为零,无反射进入接收光纤;当 $b \geqslant (d+2a)/2\tan(\text{arcsinNA})$ 时,即接收光纤位于光锥之内,两光纤的耦合最强,接收光强达到最大值,d 的最大检测范围为 $a/\tan(\text{arcsinNA})$。

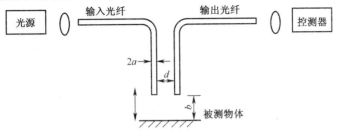

图 11 - 15　位移传感器示意图

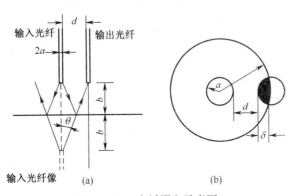

图 11 - 16　光纤耦合示意图

如果要定量地计算光耦合系数,就必须计算出输入光纤像的发光锥体与接收光纤端面的交叠面积,如图 11 - 17(b)所示。由于接收光纤芯径很小,常把光锥边缘与接收光纤芯交界弧线看成直线。通过对交叠面简单的几何分析,不难得到交叠面积与光纤端面积之比,即

$$\alpha = \frac{1}{\pi}\left\{\arccos\left(1-\frac{\delta}{a}\right) - \left(1-\frac{\delta}{a}\right)\sin\left[\arccos\left(1-\frac{\delta}{a}\right)\right]\right\} \tag{11-8}$$

式中,δ 为交叠长度。根据式(11 - 8)可以求出 α 与 δ/a 的关系曲线,如图 11 - 17 所示。

假定反射面无光吸收,两光纤的光功率耦合效率为交叠面积与光锥底面积之比,即

$$F = \frac{a\pi a^2}{\pi[2b\tan(\text{arcsinNA})]^2} = \alpha\left[\frac{a}{2b\tan(\text{arcsinNA})}\right]^2 \tag{11-9}$$

根据式(11-9)可以求出反射式位移 b 与光功率耦合效率 F 的关系曲线。图 11-18 的 F 与 b 的关系曲线是在纤芯径 $2a=100\mu m$、数值孔径 NA=0.5 和间距 $d=100\mu m$ 条件下获得的。

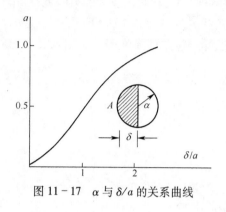

图 11-17　α 与 δ/a 的关系曲线

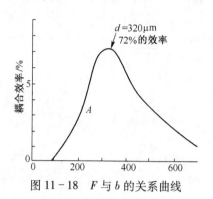

图 11-18　F 与 b 的关系曲线

2. 测量系统组成

如图 11-19 所示为系统组成框图,光纤传感器光源采用激光器,光纤传感器输出与位移 b 成函数关系的光强信号,光强信号经过光电变换、放大器、A/D 转换后输入单片机,再由单片机处理后将测量结果显示并打印出来,单片机对光强与位移特性曲线进行线性处理,以便提高测量精度。

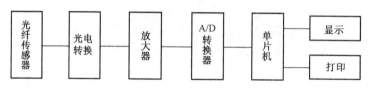

图 11-19　测量系统组成框图

1)光电转换及放大电路

光电转换元件通常采用光电二极管把光信号转换为电信号。光电二极管采用 PIN 二极管,它的响应时间小于 $10^{-8}s$,电流-电压变换器如图 11-20 所示,放大器输入端是 PIN 光电二极管输出,可以看成阻抗极大的受光强调制的电流源。放大器要具有极高的输入阻抗,以及极低的失调电压,否则难以检测微弱的电流信号。

从图 11-20 可以看出,转换电阻 R_L 越大,I/V 转换效率越高,但是 R_L 过大会使放大器产生自激。一般 $R_L\leqslant 1M\Omega$。若输出电压不够,则可再加一级比例放大。图 11-21 所示为光电变换及放大电路,它由两片 F7650 组成。在 R_L 上并联一个电容是为了进行超前校正。外接电容 C_A、C_B 对 F7650 的性能影响很大,应选用漏电小的涤纶电容。为保持电流-电压转换稳定,电阻 R_L、R_1、R_2 应选用温度系数小的精密电阻(0.1%)。若输出电压 V_o 有交流噪声,则可加一级低通滤波器。

2)稳定信号的方法

对于光强度调制测量系统而言,光源的光强漂移是使信号不稳定的主要因素之一。在测量系统中,为了消除光源光强漂移影响,采用图 11-22 所示的补偿光路。图中 I_0 是来自激光器的入射光强;B 是分束器,它将入射光分成两束投向两个光纤传感器 f_m 和 f_c,分光比是 C_1/C_2。测量光纤传感器 f_m 的输出光强为

$$I_1=C_1I_0f(d)$$

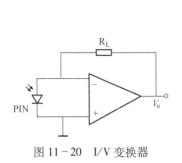

图 11-20　I/V 变换器

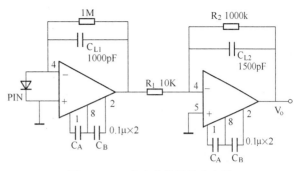

图 11-21　光电变换及放大电路

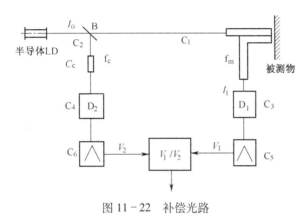

图 11-22　补偿光路

式中, $f(d)$ 是探头和测量端面间距 d 的转换函数。

　　设两个 PIN 光电二极管 D_1 和 D_2 的光电转换系数分别为 C_3 和 C_4; 两个放大器的放大系数分别为 C_5 和 C_6; 补偿光纤传感器 f_c 的传输系数为 C_c, 则对于测量信号 V_1 和补偿信号 V_2, 可分别写为

$$V_1 = C_1 C_3 C_5 I_0 f(d), \quad V_2 = C_2 C_4 C_6 C_c I_0$$

将两式相除可得到

$$\frac{V_1}{V_2} = \frac{C_1 C_3 C_5}{C_2 C_4 C_6 C} f(d) \tag{11-10}$$

　　由式(11-10)可见, 电压比 V_1/V_2 只是探头和测量端面间距 d 的函数, 而与光源的入射光强 I_0 无关。也就是说, 光源光强的漂移对测量结果的影响已被消除了。在实际的测量系统中, V_1/V_2 的运算是在 A/D 转换后由微机完成。

　　上述方法虽然能够有效消除光源光强漂移的影响, 但仍不能消除测量现场可能出现的各种干扰光的影响。这里所说的干扰光主要是指照明光、日光或不可预测的一些杂散光。由于这些干扰光的影响, 测量信号是不稳定的, 这相当于分光比 C_1/C_2 不是一个常数。为此, 为了进一步提高测量精度, 可以在光路中插入光调制器, 将光信号转换成调制信号后由光电二极管接收, 并在光电转换及放大后进行解调。这种方法可以有效地消除干扰光对待测量信号的影响, 但也存在由于调制器加入而使测量系统较为复杂的缺点。

11.5.2　相位调制型光纤传感器

　　利用光相位调制原理的干涉型光纤传感器为光学干涉测量技术开辟了新的天地, 与以空

间干涉光路的干涉仪相比,它的特殊优点在于减少了干涉仪长光路安装和调整中的困难,并且使仪器结构小型化、简单化,同时可以简单地采用在被测环境中增加传感光纤的长度来提高相位调制对环境参数的灵敏度。此外,光纤固有的径细、柔韧、可挠曲性好以及电绝缘、抗电磁干扰能力强、可用于易燃易爆场合等特点,从而使干涉测量技术从实验室走向更多的工业生产现场。近年来已研究出应变、温度、声、旋转、加速度、磁场、电流等各种干涉型光纤传感器。干涉型光纤传感器被认为是潜在的开发灵敏度较高的传感器。

1. 光纤相位调制原理

在光纤中光相位变化取决于光纤物理长度的变化、光纤折射率及其分布的变化和光纤横向几何尺寸的变化。

光纤的物理长度变化由沿光纤的纵向应变、热膨胀和通过泊松比产生的膨胀产生。

光纤中折射率的变化由温度变化和光弹效应产生。

光纤几何尺寸由径向应变、纵向应变通过泊松比产生的影响以及热膨胀产生。

相位调制型光纤传感器设计的重要问题是被测参量与产生光纤中相位调制的作用机理、作用装置和适合的光纤干涉系统的设计。

光纤中传导光的相位变化可以表示为

$$\Delta\varphi = \Delta\varphi_L + \Delta\varphi_n + \Delta\varphi_d \qquad (11-11)$$

式中,$\Delta\varphi_L$ 为光纤长度变化产生的相位变化;$\Delta\varphi_n$ 为光纤折射率变化产生的相位变化;$\Delta\varphi_d$ 为光纤波导尺寸变化产生的相位变化。

当光波通过长度为 L 的光纤时,其总相位为

$$\varphi = \beta L \qquad (11-12)$$

式中,β 为光在光纤中传输的纵向传播常数,即 $\beta = \dfrac{2\pi \cdot n}{\lambda}$;$n$ 为光在光线中的折射率。

当光在光纤中传输时,单纯由光纤长度变化 ΔL 对传导光的相位影响为

$$\varphi_L = \beta \Delta L \qquad (11-13)$$

而单纯由折射率变化 Δn 对相位所引起的影响为

$$\varphi_n = \beta L \Delta n \qquad (11-14)$$

单纯由光纤波导尺寸变化 Δd 所引起的相位变化则比较复杂,若从简单的几何考虑出发,则可表示为

$$\Delta\varphi_n = L \frac{\partial \beta}{\partial d} \Delta d \qquad (11-15)$$

其中 $\partial\beta/\partial d$ 表示光纤尺寸变化对光纤中传输模的传播常数影响,它与波导的具体结构有关,可见有关参考文献。

下面具体给出一些由外界参量变化所引起的光纤中传导光的相位变化。

1) 温度调制

由外界温度变化所导致的光纤中光相位调制主要由温度引起光纤折射率变化和光纤长度变化所产生,而光纤直径变化所产生的影响很小。因此,温度变化 ΔT 所产生的光相位调制可简要表示为

$$\Delta\varphi_r = \beta L \left(\alpha + \frac{\partial n}{\partial T} \right) \Delta T \qquad (11-16)$$

式中,α 为光纤膨胀系数;$\partial n/\partial T$ 为表示光纤折射率随温度变化系数。对于纯石英光纤,$\alpha =$

$5.5 \times 10^{-7}/℃$,折射率温度系数$\partial n/\partial T = 6.8 \times 10^{-6}/℃$,可见,此种情况下折射率变化对光相位调制的作用较大。

若取光纤折射率$n = 1.458$,对于$\lambda = 0.6328\mu m$的光波,单位长度单模光纤对温度变化的光相位调制灵敏度约为$106 rad/cm$。实际上的光相位变化率可能与此值略有不同,因为光纤中的掺杂、纤芯与包层结构材料以及光纤外套等都会影响到膨胀系数。目前已研究出通过采用特殊的光纤覆层使光纤对温度进行增敏或退敏,以适用于不同的应用场合。

2)压力调制

光纤受压力作用影响时,所引起的光相位调制比较复杂,可认为主要由两种效应引起调制作用,一是光纤受压力作用而产生应变,使光纤几何尺寸改变,从而对光相位进行调制。其中可认为纵向应变(引起光纤长度变化)是主要因素,而横向应变(引起光纤直径变化)影响较弱,可以忽略。二是压力应变作用所引起的光纤中的光弹效应,使光纤折射率产生变化,从而对光相位进行调制。

由弹性力学知识可以写出静态条件下的应力-应变基本关系:

$$\begin{cases} \varepsilon_x = \dfrac{1}{E}\left[S_x - \sigma(S_y + S_z) \right] \\ \varepsilon_y = \dfrac{1}{E}\left[S_y - \sigma(S_x + S_z) \right] \\ \varepsilon_z = \dfrac{1}{E}\left[S_z - \sigma(S_x + S_y) \right] \end{cases} \tag{11-17}$$

式中,S_x、S_y、S_z为沿x、y、z三个方向的应力分量;E为杨氏弹性模量;σ为泊松比。

对于各向同性的均匀介质,介质受到某一方向(如沿x轴方向)的应力作用时,将在该方向产生应变,同时,由于材料泊松比的关系,在与该应力的垂直方向上也产生相应的应变。对于光纤受均匀压力场作用时,光纤中的应变分布是圆对称的,此时有$\varepsilon_x = \varepsilon_y = \varepsilon_r$,可称为径向应变,而$\varepsilon_x$则为纵向应变。当沿光纤传输轴的纵向应力$S_z = 0$时,则由径向应力而产生的纵向应变为

$$\varepsilon_z = -\frac{2\sigma}{1-\sigma}\varepsilon_r \tag{11-18}$$

当仅有纵向应力(即$S_x = S_y = S_r = 0$时),则由纵向应力引起的径向应变为

$$\varepsilon_r = -\sigma\varepsilon_z \tag{11-19}$$

考虑由纵向应变所引起的光相位调制,一般简要表示为

$$\Delta\varphi_L = \beta L \varepsilon_z \tag{11-20}$$

光纤受压力作用下,由于光弹效应而引起折射率变化,由光弹理论给出:

$$\Delta n = -\frac{n^3}{2}(P_{11} + P_{12})\varepsilon_r + P_{12}\varepsilon_z \tag{11-21}$$

式中,P_{11}、P_{12}为光弹张量中的元素。

综合由纵向应变与折射率变化两种因素所产生的对光纤中光相位的调制可表示为

$$\Delta\varphi = \beta L\left[\varepsilon_z - \frac{n^3}{2}(P_{11} + P_{12})\varepsilon_r + P_{12}\varepsilon_z \right] \tag{11-22}$$

这里略去了径向应变改变波导尺寸而产生的相位变化,同时也未考虑光纤中的双折射效应,否则将使问题复杂化。

这样通过纵向应变和径向应变的转换关系以及应力作用下的光弹效应得出光纤受压力

（如水压）作用下的光相位调制。这种原理形成了利用光相位调制方法来检测水声信号（光纤声纳）的基础。

对于纯石英光纤，$E=1.9\times10^{11}\text{N/m}^2$，$\sigma=0.17$，$P_{11}=0.126$，$P_{12}=0.274$，$n=1.458$。则得到单位长度单模光纤对压力变化的光相位调制灵敏度为10rad/bar·m。同样可以得到光纤对纵向应变的光相位变化灵敏度约为11.4rad/μm·m。

各种外界参量通过机械作用效应引起光纤的应变、温度和折射率的变化而引起光相位调制，从而使得光纤可用于各种参量的传感器。例如可把光纤盘绕在磁致伸缩材料的芯棒上，或在光纤上涂覆磁致伸缩材料外层，这样，在磁场作用下光纤的长度和折射率将发生变化，因此，可实现对磁场的传感。

目前，相位调制型光纤传感器作为一种高灵敏度的传感器已在各种参量的测试中显示出了广泛的应用前景。

2. 光纤干涉仪的光相位检测

1）检测原理

待测量引起光纤干涉仪参考臂和测量臂相位差，使它们产生干涉，再将相位变化转变为光强变化，利用光电检测器进行测量。

2）检测方法

根据检测过程中待测量是否正在变化将检测方法分为相对测量和绝对测量两种，相对测量要求待测量在测量过程中一直变化。

（1）相对测量中，根据待测量变化引起相位大小，测量方法又分为计量干涉条纹变化次数和零差与外差法。

① 计量干涉条纹变化次数。该方法就是通过光电检测器直接测量干涉光强的明暗变化次数，以得出相位变化和待测量。

② 当外界参量变化引起光纤长度变化比波长小得多时，即相位变化很小时的检测方法分为零差法和外差法。

a. 零差法检测。当外界参量变化引起的光纤长度变化比波长小得多，或更严格地说是所引起的相位变化很小时的情况，则从参考光纤和传感光纤输出光的干涉叠加为

$$E=E_1\exp(\mathrm{j}\omega t)+E_2\exp[\mathrm{j}(\omega t+\varphi(t))] \qquad (11-23)$$

式中，$\varphi(t)$为由外界参量引起的光相位调制；E_1为参考光纤输出光波的场振幅；E_2为传感光纤输出光波的场振幅。

若$E_1\approx E_2$，则由光电检测器输出的光电信号为

$$I(t)\propto[1+\cos\varphi(t)] \qquad (11-24)$$

当所测相位变化微小时，对上式的微分得到光电信号对$\varphi(t)$变化的响应为

$$\Delta\delta I(t)\propto\delta\varphi\sin\varphi \qquad (11-25)$$

显然，此时，当φ为90°的奇数倍时，$I(t)$对$\delta\varphi$的响应最大；而当φ为90°的偶数倍时，$I(t)$对$\delta\varphi$的响应为零。这表明，当干涉仪处于不同的相位工作点时对小相位变化具有不同的灵敏度，如图11-23所示。

当把振幅为±10°的连续正弦信号分别偏置在0°和90°的相位工作点上时，从图中可以看到，90°偏置时输出电流的幅值最大，且与输入信号的频率相同。而0°偏置对光检测器的输出电流振幅很小，并且由于信号在极点两侧的振动而使输出电流的频率为输入信号的2倍。因此，希望能把干涉仪的相位工作点偏置在90°上，称为正交偏置。在正交偏置条件下，直接测

量干涉仪输出光强就得到相应的相位变化值。这种检测方法常称为零差法检测。

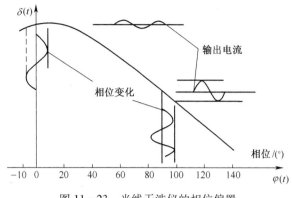

图 11－23　光线干涉仪的相位偏置

要保证干涉仪处于正交偏置条件下工作,需采取一定的方法,要求对大振幅的漂移采取补偿措施以及设法降低光源噪声。否则,将会使相位正交偏置点漂移,当漂移到 0°相位点附近时,不仅会引起光电流输出的幅值减少,而且可能使基波分量变为零而只留下很小的二次谐波成分,这种过程称为衰落。除零差法检测方式外,还有外差法检测方法。

b. 外差法检测。外差检测是在干涉仪的光路中引入移频器,使信号光和参考光束之间形成差频干涉,具体测量原理见前面的光电检测方法中的光外差检测方法。由于外差检测方法对光强波动和低频噪声不敏感,所以也成为光纤干涉仪中信号检测的主要方法之一。

（2）绝对测量:

① 白光干涉法。利用低相干度的光源(LED),可以得到中心位置清楚、边缘模糊的干涉条纹。不同温度或者应变对应的干涉条纹中心位置是变化的,不同待测量对应不同位置,所以,可以实现绝对测量。图 11－24 所示为白光测量原理图。

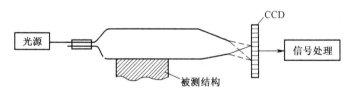

图 11－24　采用低相干白光光源的光纤干涉传感器

② 补偿干涉的方法。补偿干涉法即利用两个干涉仪,一个用于测量,一个用于补偿,测量原理与前面光电检测方法中的弱光信号检测中的锁相放大器测量样品透过率中的可变衰减器的补偿作用类似,也就是通过补偿干涉仪将干涉现象调回到测量前的状态,然后读出补偿干涉仪调了多大的相位,此相位即对应待测量的大小。图 11－25 和图 11－26 为补偿法测量的两个应用例子原理示意图。

 ## 11.5.3　分布式光纤传感器

在工程与科学试验中,有许多场参数需要测试,如温度场、压力场、应力场、应变场、速度场、电场、磁场、声场、引力场以及浓度、密度、成分场等。通常,为了测量上述场的空间分布及时间的变化,需要布置许多个点传感器,这是十分复杂和昂贵的方法。

图 11－27 所示为分布式光纤传感器测量管道泄露的原理图,分布式光纤传感器是将传感光纤沿场排布,并采用独特的分布调制检测技术,对沿光纤传输路径上场的空间分布和随时间

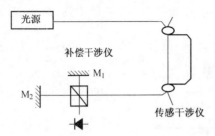

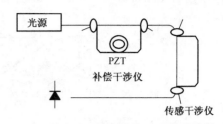

图 11-25　采用补偿干涉仪的光纤传感器结构　　图 11-26　全光纤结构白光干涉传感器

变化的信息进行测量或监控。这类传感器只需一个光源和一条检测线路,集传感与传输于一体,可实现对庞大和重要的结构远距离测量或监控。由于同时获取的信息量大,单位信息所需的费用大大降低,从而可获得较高的性能价格比。因此,它是一类有着广泛应用前景的传感器,近年来越来越受到人们的重视。

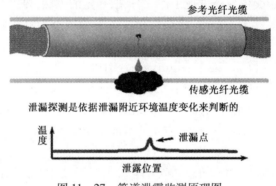

图 11-27　管道泄露监测原理图

　　所谓分布调制,就是外界信号场(被测场)以一定的空间分布方式对光纤中的光波进行调制,在一定的测量域中形成调制信号谱带,通过检测(解调)调制信号谱带即可测量出外界信号场的大小及空间分布。分布调制分为非本征型和本征型两类。非本征型分布又称准分布式,实际上是多个分布式光纤传感器的复用技术。

1. 准分布式光纤传感的原理

　　准分布式光纤传感的基本原理是,将呈一定空间分布的相同调制类型的光纤传感器耦合到一根或多根光纤总线上,通过寻址和解调检测出被测量的大小即空间分布,光纤总线仅起传光作用。准分布式光纤传感系统实质上是多个分立式光纤传感器的复用系统。根据寻址方式的不同,可以分为时分复用(TDM)、波分复用(WDM)、频分复用(FDM)、偏分复用(PDM)和空分复用(SDM)等几类,其中时分复用、波分复用和空分复用技术较成熟,复用的点数较多。多种不同类型的复用系统还可组成混合复用网络系统。下面主要介绍时分复用、波分复用、频分复用及空分复用的基本原理。

　　1) 时分复用(TDM)

　　时分复用靠耦合于同一根光纤上的传感器之间的光程差,即光纤对光波的延迟效应来寻址。当一脉宽小于光纤总线上相邻传感器间的传输时间,光脉冲自光纤总线的输入端注入时,由于光纤总线上各传感器距光脉冲发射端的距离不同,在光纤总线的终端将会接收到许多个光脉冲,其中每一个光脉冲对应光纤总线上的一个传感器,光脉冲的延时即反映传感器在光纤总线上的地址,光脉冲的幅度或波长的变化即反映该点被测量的大小。时分复用系统如图

11-28所示,注入的光脉冲越窄,传感器在光纤总线上的允许间距越小,可耦合的传感器数目越多,对解调系统的要求也越苛刻。

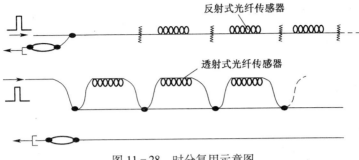

图 11-28　时分复用示意图

2）波分复用（WDM）

波分复用通过光纤总线上各传感器的调制信号的特征波长来寻址。由于光波长编码/解编码方式很多,波分复用的结构也多种多样,一种比较典型的波分复用系统如图 11-29 所示。当宽带光束注入光纤总线时,由于各传感器的特征波长 λ 不同,通过滤波/解码系统即可求出被测信号的大小和位置。但由于一些实际部件的限制,总线上允许的传感器数目不多,一般为8~12 个。

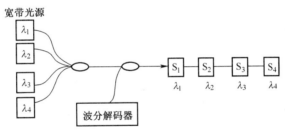

图 11-29　波分复用示意图

S—光纤传感器;λ—光纤传感器的特征波长。

3）频分复用（FDM）

频分复用是将多个光源调制在不同的频率上,经过各分立的传感器汇集在一根或多根光纤总线上,每个传感器的信息即包含在总线信号中的对应频率分量上。图 11-30 所示为频分复用的一种典型结构。

采用光源强度调制的频分复用技术可用于光强调制型传感器,采用光源光频调制的频分复用技术可用于光相位调制型传感器。

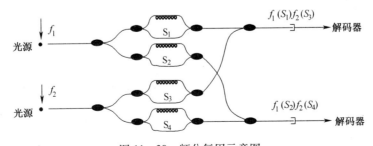

图 11-30　频分复用示意图

S—光纤传感器;$f(S)$—光纤传感器的特征频率。

4）空分复用（SDM）

空分复用是将各传感器的接收光纤的终端按空间位置编码,通过扫描机构控制选通光纤开关选址,其示意图如图 11-31 所示。开关网络应合理布置,信道间隔应选择合适,以保证在某一时刻单光源仅与一个传感器的通道相连。空分复用的优点是能够准确地进行空间选址,实际复用的传感器不能太多,以少于 10 个为佳。

2. 分布式光纤传感器原理

分布式光纤传感器是一种本征型的光纤传感系统,所有敏感点均分布于一根传感光纤上。一类是以光纤的后向散射光或前向散射光损耗时域检测技术为基础的时域分布式,另一类是以光波长检测为基础的波域分布式。时域分布式的典型代表是分布式光纤温度传感器,技术上已趋于成熟。随着光纤光栅技术的日臻成熟,分布式光纤光栅传感技术发展很快,已开始在智能材料结构诊断及告警系统中得到应用。利用光纤光栅不仅可制成波域分布式光纤传感系统,而且可制成时域/波域混合分布式光纤传感系统,还可以采用空分复用技术,组成更加复杂的光纤传感网络系统。

1）时域分布式光纤传感系统

时域分布式光纤传感系统的技术基础是光学时域反射技术 OTDR（Optical Time - Domain Reflectometry）。OTDR 是一种光纤参数的测量技术,其基本原理是利用分析光纤中后向散射光或前向散射光的方法测量因散射、吸收等原因产生的光纤传输损耗和各种结构缺陷引起的结构性损耗,通过显示损耗与光纤长度的关系来检测外界信号场分布于传感光纤上的扰动信息。

一种基于检测后向散射光的 OTDR 如图 11-32 所示。脉冲激光器（LD）向被测光纤发射光脉冲,该光脉冲通过光纤时产生的散射光的一部分向后传播至光纤的始端,经定向耦合器送至光电检测系统。若设光脉冲注入光纤的瞬间为计时零点（$Z=0$ 处 $t=0$）,则在 t 时刻于光纤始端收到的后向散射光即对应于光纤上的空间位置 $Z=v_R t/2$ 处的损耗（v_R 为光波群速度）,因此,在光纤始端即可得到损耗与距离（光纤长度）的关系曲线,由此判断光纤上不同距离的损耗分布情况。

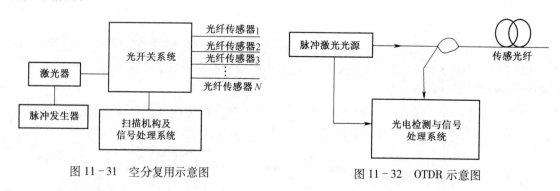

图 11-31　空分复用示意图　　　　　图 11-32　OTDR 示意图

2）波域分布式光纤传感原理

由于光纤光栅技术的发展,波域分布式光纤传感系统得到长足的发展,尤其在应力测试方面得到越来越多的应用。

波域分布式光纤光栅传感系统如图 11-33 所示。在一根传感光纤上制作许多个布喇格光栅,每个光栅的工作波长互相分开,经 3dB 耦合器输出反射光后,用波长探测解调系统测出每个光栅的波长或波长偏移,从而检测出相应被测量的大小和空间分布。可以采用光纤延迟技术,将许多个相同的小波域分布组合在一起,组成波域/时域分布式光纤传感系统,还可以采用空分、波分等其他复用技术,组成混合式光纤分布式传感系统。

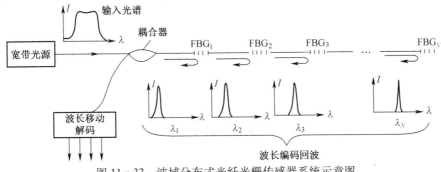

图 11-33 波域分布式光纤光栅传感器系统示意图

3. 用于构成分布式光纤传感器的主要技术

在分布式光纤传感器中,典型的方法是利用对特定被测场增强的传感光纤,测量沿光纤长度上的基本损耗或散射。目前,常用的方法主要有反射法、波长扫描(WLS)法、干涉法和光频域反射(OFDR)法。

1)反射法

反射法是利用光纤在外部扰动作用下产生的瑞利(Reyleigh)散射、拉曼(Raman)散射、布里渊(Brillouin)散射等效应进行测量的方法。

2)光时域反射(OTDR)法

OTDR 技术在分布式光纤传感技术中得到了广泛应用,其原理如图 11-34 所示。把一个能量为 E、宽度为 ΔT、光频率为 f 的矩形光脉冲耦合进光纤。考察光纤上长度在 l 和 $l+dl$ 之间的光纤元 dl,发现由 dl 反射回到光纤入射端的光功率的变化直接受 l 处单位长度散射系数的变化影响,所以,根据后向反射到光纤入射端的光功率可以分辨 l 处脉冲后向反射信号的变化,且不受其他点散射信号的影响,并反映了被测量的信息。

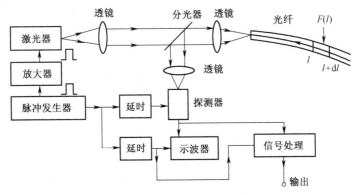

图 11-34 OTDR 系统原理图

OTDR 法由于利用的是后向反射回来的光强信号,能量较小,信噪比不高。另外,由于光纤制造中的不均匀性,造成光纤各部分对外界扰动的灵敏度不一致,因而目前分辨力不够高,动态范围不够宽。同时,光电检测器的响应时间也会限制该方法的空间分辨力。

3)偏振光时域反射(POTDR)法

OTDR 技术中使用了后向散射光的强度信息,而 POTDR 法是利用后向散射光的偏振态信息进行分布式测量的技术。

光纤在外部扰动的影响下,光纤中光的偏振状态发生变化,检测偏振状态的变化,就能得到外部扰动的大小和位置。图 11-35 所示是 POTDR 法的基本原理图。在该方法中,只要测量出进入解偏器前后光功率的大小,就可通过有关公式得到被测参量的信息。

POTDR 法的空间分辨力同样受到光检测器响应时间的限制,而且被测量的测量精度最终受功率测量精度的影响。此外,进入解偏器前后光功率的大小随光源输出功率的变化而变化,所以光源的稳定性是一个重要问题。

4) 波长扫描(WLS)法

波长扫描法是用白光照射保偏光纤,运用快速傅里叶算法来确定模式耦合系数的分布,图 11-36 为其原理图。当高双折射保偏光纤受到外部扰动作用时,就会引起相位匹配的模式,即光的上部分从一种模式转换为另一种模式。由于本征模以不同的速度在光纤中传播,从耦合点到光纤输出端之间的相位变化与光程成正比,所以,从两个本征模的相对幅度的大小就可以得到被测参数的信息。WLS 法测量的范围与光纤模式双折射差的倒数成正比。所以,使用低双折射光纤可以得到大的测量范围,其空间分辨力正比于入射光的相干长度,从而使传感器的测量范围正比于单色仪出射光的相干度。该系统分辨力高,可达到 0.3cm,光源成本较低;但整个系统测量范围小,系统成本昂贵,不利于实用化。

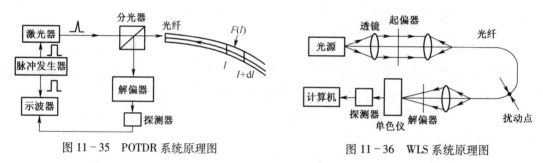

图 11-35   POTDR 系统原理图   图 11-36   WLS 系统原理图

5) 干涉法

干涉法是利用各种形式的干涉仪或干涉装置把被测量对干涉光路中光波的相位调制进行解调,从而得到被测量信息的方法。干涉型光纤传感器的最大特点是检测灵敏度非常高,使用普通的技术却可得到高性能,因而,近年来对干涉型传感器的多路复用的研究非常活跃。

这里以外差式干涉法为例,图 11-37 是其原理图。当分布式参量如应力、弯曲等施加到单模光纤上时,在参量施加位置就会发生模式转换,通过检测扰动前后光纤的输出光强,可得到扰动处的模式耦合系数,从而得到被测量的信息。

6) 连续波调频(FMCW)法

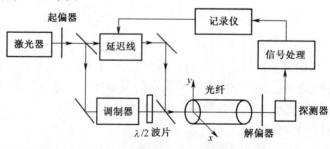

图 11-37   外差式干涉原理图

　　该方法属于光频域反射（OFDR）技术，FMCW 法是第一种使用前向传输光进行分布式测量的方法。图 11－38 是其原理图。在注入型半导体激光器的直流偏置上叠加低频线性变化的调制电流，使激光器的输出光除了强度随电流变化之外，其频率也在一定的范围内线性地变化。受到调制的线偏振光耦合进入保偏高双折射光纤后，在扰动点产生模式转换。由于传输模和耦合模经高双折射光纤传输后具有不同的延时，因此检测两正交模之间的拍频信号，就可得到外部扰动的信息。FMCW 法与其他方法不同，不仅系统结构简单，而且它的空间分辨力只取决于调频连续波，即光源的相干性。FMCW 法的信噪比相对于非调制外差系统的信噪比要低。

　　分布式光纤传感技术的研究仍处于起步阶段，因此，还有许多问题需要解决，如空间分辨力的提高、灵敏度的改善、测量范围的扩大、响应时间的缩短等。同时，还需要深入研究分布式光纤传感器的理论，发展新原理的光纤传感器，研究性能优良的光源，研究适应能力强的特殊光纤，完善信号检测技术等。

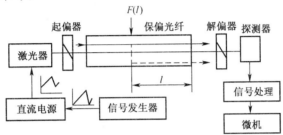

图 11－38　FMCW 系统原理图

 习题

　11－1　试述传光型和传感型光纤传感器的基本含义。

　11－2　什么是单模光纤？单模和多模光纤的异同点有哪些？

　11－3　数值孔径 NA 的物理意义是什么？

　11－4　相位调制型光纤传感器的工作原理是什么？

　11－5　一个光纤温度传感器采用波长为 632.8nm 激光器为光源，石英玻璃光纤的热膨胀系数为 $5 \times 10^{-7}/℃$，折射率为 1.456，折射率的温度系数为 $5 \times 10^{-8}/℃$。试计算在 1m 长光纤上温度变化 1/℃时，相位变化了多少？

　11－6　何谓分布式光纤传感器？光纤光栅分布式传感器的工作原理和特点是什么？

第12章

光电检测系统设计实例

前面叙述了光电检测技术及其典型应用系统,本章将介绍基于光电调制原理的系统设计实例。

12.1 太阳敏感器的设计

12.1.1 概述

太阳敏感器通过测量太阳相对卫星本体坐标系的位置来确定卫星姿态。选择太阳作为参考目标是因为太阳圆盘的半径几乎和航天器轨道无关并且很小,因此,对大多数应用而言,可以把太阳近似看作点光源。这样就简化了敏感器设计和姿态确定算法,并且太阳的高亮度、高信噪比使检测比较容易。太阳敏感器除了能够为卫星提供姿态信息以外,还可以用来保护灵敏度很高的仪器,如星敏感器。

12.1.2 太阳敏感器的构成

太阳敏感器的构成主要包括光学头部、传感器部分和信号处理部分。光学头部可以采用狭缝、小孔、透镜、棱镜等方式;传感器部分可以采用光电池、CMOS 器件、码盘、光栅、光电二极管、线阵 CCD 和面阵 CCD 等各种器件;信号处理部分可采用单片机或可编程逻辑器件等。

12.1.3 一般的太阳敏感器工作原理与特点

太阳敏感器按照其工作的方式可以分成"0-1"式、模拟式和数字式几种。

1."0-1"式太阳敏感器

"0-1"式太阳敏感器又称太阳发现检测器,即只要有太阳就能产生输出信号,可以用来保护仪器,使航天器或实验仪器定位。它的结构也比较简单,敏感器上面开一个狭缝,底面贴光电池,当卫星搜索太阳时,一旦太阳光进入该检测器视场内,则光电池就产生一个阶跃响应,说明发现了太阳,持续的阶跃信号指示太阳位于敏感器视场内。

一般来说,卫星的粗定姿是由"0-1"式的太阳敏感器来完成的,主要用来捕获太阳,判断太阳是否出现在视场中。"0-1"式的太阳敏感器要能够全天球覆盖,且所有敏感器同时工作。这种敏感器虽然实现起来比较简单,但是比较容易受到外来光源的干扰。

2. 模拟式太阳敏感器

模拟式太阳敏感器又称为余弦检测器,常使用光电池作为传感器件,它的输出信号强度与太阳光的入射角度有关,其关系式为

$$I_\theta = I_0 \cos\theta \qquad (12-1)$$

其中,I_0 为光电池的短路电流;θ 为太阳光束与光电池法线方向的夹角。

模拟式太阳敏感器几乎都是全天候工作的,其视场一般在 $20° \sim 30°$,精度在 $1°$ 左右。这样的精度对于通信卫星还可以,但对于对地观测的卫星来说,精度太低。

3. 数字式太阳敏感器

模拟式太阳敏感器的实现原理简单,但是其精度却难以满足卫星姿态控制系统日益提高的要求,并且,模拟式太阳敏感器容易受到地球反射光等其他光源的干扰使对姿态测量的结果产生误差,因此,数字式太阳敏感器得到了很大的发展。并且数字式太阳敏感器能够满足重量越来越轻、功率小、精度高、模块化。

数字式太阳敏感器是通过计算太阳光线在检测器上相对中心的位置的偏差来检测阳光角度的敏感器,主要有 CCD 和 CMOS 两种,其中 CCD 太阳敏感器包括线阵 CCD 数字式太阳敏感器和面阵 CCD 式太阳敏感器。数字式的太阳敏感器的视场一般在 $\pm 60°$ 左右,其精度不低于 $0.05°$。其原理多是采用太阳光通过狭缝照射在 CCD 检测器上,通过计算太阳成像偏离 CCD 中心的位置来计算太阳光的夹角,其工作波段多采用 $0.4 \sim 1.1 \mu m$ 的可见光波段。

为了避免被太阳能电池帆板等反射的太阳光干扰,太阳敏感器对偶然出现的较强信号也会将其滤除。数字式太阳敏感器一般在 CCD 的前面要加滤光片,用来衰减太阳光强,使其不至于工作在饱和状态。

12.1.4　CCD 太阳敏感器设计

CCD 太阳敏感器的基本设计思想主要是运用光学小孔成像原理对太阳进行成像,使其形成太阳像投射在 CCD 光敏区上。通过 CCD 判断太阳光斑在 CCD 上覆盖的具体像素位置(图 12-1),经过信息处理电路测算太阳入射角 α:

$$\alpha = \arctan \frac{K(N_0 - N_1)}{h} \qquad (12-2)$$

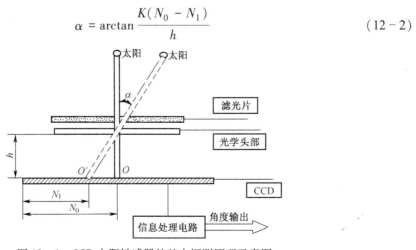

图 12-1　CCD 太阳敏感器的基本探测原理示意图

式中，h 为透光小孔距离 CCD 光敏面的高度；K 为尺度转换系数（即像元间隔距离）；N_0 为太阳入射光线垂直入射 CCD 表面时，太阳光斑中心 O 所对应的像元序列号，以其为基准原点；N_1 为太阳通过光学头部斜入射，太阳光斑中心 O' 所对应的像元序列号，此时估算太阳光线入射角 α。这里的精度为每移动一像素所需要的位移，中间位置的精度最小，为本系统的设计精度。

1. 光学头部

光学头部主要由狭缝（或者孔）和滤光片组成，而滤光片按功能分为光谱滤光器和中性滤光片两部分。光谱滤光器的主要功用是：①滤掉无用光谱部分能量，以降低光学系统的色差；②限制入射光光谱频带，使 CCD 工作在接受效率峰值、响应最稳定的光谱段。根据目前线阵 CCD 的响应谱线，可得出光谱滤光器的中心频率为 750nm 左右，通频段以 50nm 为佳。中性滤光片的主要功用是：①活动滤光片，考虑到太阳敏感器要在一个太阳常数下工作，而地面标定光源设备仅工作在小于一个太阳常数的条件下，为此，在检测器前需要加上一个透射率较低的滤光片，以便能够在航天器飞行时起到保护和耐辐照作用；②固定滤光片，固定在光学头部，它能够精确调整 CCD 最佳工作状态所需要的光通量，通常限制在 CCD 光度饱和值的 50% 较好。

在检测器前面为狭缝和遮光照结构，目前有多种设计方案选择，现在以狭缝为例来加以介绍。狭缝形状根据需要可为直线形、Z 形或是三角形，加工方法主要为：①机械线切割，但精度较难保证；②将滤光片与狭缝合二为一，在一块平板玻璃上通过镀膜、光栅刻线等光学工艺加工，但机械支撑需要保证其抗振强度；③平板化学蚀印法，该工艺采用较少。

2. 信息处理电路

为了满足稳定性要求，同时考虑到减轻重量和降低功耗，敏感器可采用模块化设计，将探测元件集成在信息处理电路模块上。信息处理电路分为三个模块：①模拟处理电路，将 CCD 光电信号放大，并进行采样保持和闭值比较；②ASIC（Application Specific Integrated Circuit）电路，包括驱动 CCD 及运算工作的时序信号电路、计算太阳光斑质心位置及角度值反正切计算的逻辑运算电路和转化角度数据格式的通信协议控制电路；③输入/输出接口驱动电路，将角度测量数据直接提供给姿控系统。

🔹 12.1.5 一种 Λ 型原理的太阳敏感器设计

一种利用线阵 CCD 作为太阳光信号的敏感测量部分的太阳敏感器，如图 12-2 所示。光线引入器部分采用成一定角度的 Λ 型设计，角度是设计好的，为 γ。利用狭缝在 CCD 的平面上产生线光，由不同角度的入射光在 CCD 上成像的位置不同，计算出太阳的方位角，从而实现对太阳光角度的测量。

线阵 CCD 安装与中间狭缝方向垂直，两平面之间的距离为 h。在太阳光垂直于狭缝入射时，中间狭缝在线阵 CCD 上投影为垂直于 CCD 阵列的窄光带，其位置为原点 O，侧狭缝像在线阵 CCD 上投影像的位置为原点 O'。设太阳光在 X 轴方向（线阵 CCD 方向）的入射角为 α，可由中间狭缝像的位移量决定：

$$\alpha = \arctan\left(\frac{\Delta X_0}{h}\right) \tag{12-3}$$

太阳光在 Y 轴方向（垂直于线阵 CCD 方向）的入射角为 β，则由中间狭缝像位移量和侧狭缝像位移量两者共同决定：

$$\beta = \arctan\left(\frac{\Delta X - \Delta X_0}{h \times \tan\gamma}\right) \qquad (12-4)$$

式中，ΔX 为中间狭缝像相对于原点 O 移动的距离；h 为狭缝距离 CCD 光敏面的高度；γ 为中间狭缝与两侧狭缝的夹角；ΔX_0 为侧狭缝像相对于原点移动的距离。

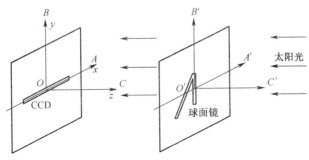

图 12-2　太阳位置探测示意图

12.2　面向太阳能发电的新型太阳方位传感器设计

12.2.1　现状

随着社会的发展，节能和环保成为人们关注的问题。太阳能作为一种新兴的绿色能源，以其永不枯竭、无污染、不受地域限制、可利用量大等优点，正得到迅速的发展和应用。由于辐射到地面的阳光受到气候、纬度、经度等自然条件的影响，存在着间歇性、光照方向和强度随时间不断变化的问题，对太阳能的收集和利用提出了更高的要求。香港大学建筑系的 K P Cheung 和 S C M Hui 教授研究了太阳光角度与太阳能接收率的关系，理论分析表明，太阳的跟踪与非跟踪能量接收率相差 37.7%，精确地跟踪太阳可使接收器的热效率大大提高，进而提高太阳能发电系统的太阳能利用率，拓宽了太阳能的利用领域。

在太阳能跟踪方面，Blackace 研制了单轴跟踪器，完成了东西方向的自动跟踪，但南北方向通过手动调节，接收器的热效率提高了 15%；Joel. H. Goodman 研制了活动太阳能方位跟踪装置，该装置通过大直径回转台，使太阳能接收器可从东到西跟踪太阳，以提高夏季能量的获取率；美国亚利桑那大学推出了新型太阳能跟踪装置，该装置通过光敏传感器以及光电检测电路把光信号转换为电信号输入单片机，单片机经过处理后输出控制信号控制电机完成跟踪，提高太阳能的利用率，大大拓宽了跟踪器的应用领域。捷克科学院物理研究所则以形状记忆合金调节器为基础，通过日照温度的变化实现单轴被动式太阳跟踪，通过温度的变化跟踪太阳的优点是成本低、制作简单，缺点是只能实现单轴跟踪，跟踪精度低，跟踪范围小。中国科学院上海物理技术研究所研制了二维程控太阳跟踪器控制系统，该装置是通过对太阳运行轨迹理论分析和研究，确定了太阳跟踪器的运动数学模型，通过微机远程控制，实现太阳的跟踪。赵志刚等设计了基于 CMOS 图像传感器 ADC-2121 的全自动便携式太阳辐射计，并与传统的四象限检测器作为光斑检测器进行比较，此方法具有定位精度高、可自由规定零点等优点，具有很好的应用性。赵丽伟设计了光电跟踪和太阳角度跟踪相结合的方式的跟踪，在晴天时系统采用光电跟踪进行跟踪，阴天时进入太阳角度进行跟踪，这种跟踪方式的优点是跟踪精度高，跟踪范围大，能够适应各种天气对太阳的跟踪；缺点是光电跟踪容易受到其他光线的干扰，不能很好地判断太阳被遮挡的情况下启用哪种跟踪方式。

在上述研究的基础上,本节介绍以 PSD 为检测器的太阳跟踪器和基于 3 块光电池的金字塔式太阳方位传感器设计,经过试验验证了该太阳跟踪器能够达到预期的性能指标。

12.2.2 基于 PSD 的太阳跟踪器设计

1. 系统设计

为了更好地实现对太阳的自动跟踪,采用光电跟踪与地球绕太阳运行规律计算跟踪(以下简称日历查询跟踪)相结合的方式,加强系统的稳定性。光电跟踪的方式是首先把光信号通过 PSD 后输出光电流,经过 I/V 转换电路,再经过检测电路,把电压信号输入单片机,单片机经过处理后,输出控制信号进而控制电机转动,实现高精度跟踪太阳。日历查询跟踪方式是从外部时钟芯片读取当前时间,根据时间和当地坐标计算当前的太阳高度角和太阳方位角,每隔一段时间读取一次时间,计算一次太阳高度角度和方位角,同时计算出两次之间的角度差,利用这个角度差来控制电机的转动时间。开机之后系统首先检测是白天还是黑夜,通过读取时间进行判断,当检测到是黑夜时,系统停止运行;如果系统检测到是白天,系统首先进行初始化,然后根据 PSD 检测的光强信号的大小判断是晴天还是阴雨天。如果是晴天启动光电跟踪方式进行跟踪,如果是阴雨天时,系统会自动转到日历查询跟踪方式继续进行跟踪,当阴天过后出现晴天时,系统会自动转到光电跟踪模式进行跟踪,这两种跟踪方式相互补充,提高了太阳跟踪器的精度。

设计的基于 PSD 的太阳跟踪装置如图 12-3 所示,其包括 PSD、保护罩、透镜、光孔、遮光桶、高度角调节机构、方位角调节机构、电机、支架。通过采集电路采集 PSD 的输出信号,把采集的信号输入单片机,单片机根据采集的信号通过对步进电机的控制来实现对太阳高度角和方位角进行跟踪。当检测到阴雨天气时启动日历查询跟踪,实时跟踪太阳的运行,出现太阳光后,当达到光电跟踪的光强时重新启动光电跟踪。系统的机械跟踪部分如图 12-4 所示,该跟踪部分由两轴回转系统构成。

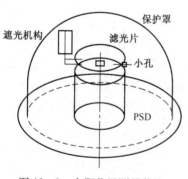

图 12-3 太阳位置测量装置

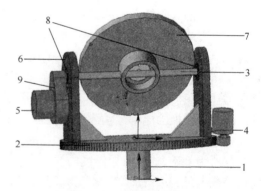

图 12-4 机械跟踪部分
1—水平转轴;2—水平减速齿轮;3—俯仰转轴;
4—水平控制电机;5—俯仰控制电机;6—安装支架;
7—检测器安装座;8—轴承;9—减速箱。

安装有 PSD 检测器的太阳方位检测器放在太阳光下,可以实现高精度的位置检测,PSD 感受太阳光的位移最小为 $10\mu m$,配上遮光筒的高度,由三角函数可以确定最小的测量精度。根据太阳能跟踪设备精度要求,通过更改遮光筒的高度来改变测量精度,这是以视场角度牺牲为代价,但是视场角度可以由日历跟踪来提供。

2. PSD 工作原理

　　PSD 的工作原理是基于横向光电效应,PSD 是一块大面积的 PN 结敏感器,在 PN 结四周设有电极,当 PSD 的敏感面受到光斑局部非均匀照射时,在敏感面上将建立与光斑位置相关的平行于敏感面的横向电动势,如光斑持续照射,并在 PSD 的电极上外接电路,则将形成向四周电极流动的电流。电流的大小与光斑的位置有关,从而根据电流的大小可计算出光斑的位置。二维 PSD 有两对互相垂直的输出电极,一对用来确定 X 方向位置坐标,另一对用来确定 Y 方向位置坐标,如图 12 - 5 所示。

　　二维 PSD 输出与入射光电位置的关系为

$$P_x = \frac{(X_2 - X_1) + (Y_1 - Y_2)}{X_1 + X_2 + Y_1 + Y_2}$$

$$P_y = \frac{(X_2 - X_1) - (Y_1 - Y_2)}{X_1 + X_2 + Y_1 + Y_2}$$

(12 - 5)

式中,X_1、X_2、Y_1、Y_2 表示各信号的输出电流(光生电流);P_x、P_y 表示入射光点的位置坐标(坐标原点在光敏面中心);L 表示 PSD 器件光敏有效区域边长。

3. 检测与控制系统硬件设计

　　系统硬件框图如图 12 - 6 所示,包括信号输入及处理电路、微处理器、执行器、显示电路、键盘电路和时钟电路。

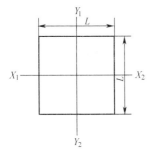

图 12 - 5　二维 PSD 器件结构

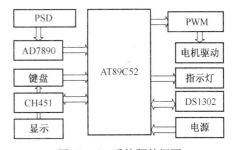

图 12 - 6　系统硬件框图

　　单片机选用低功耗、高性能的 8 位微处理器 AT89C52,片内有 8K 字节的可擦写存储器,4组 I/O 口。通过单片机 AT89C52 对整个系统进行控制,7805 芯片对整个系统提供电源,PSD 输出的电流信号经过信号调理后输出 V_x、V_y 两路电压,V_x、V_y 代表太阳光线偏离 PSD 中心的 X 和 Y 方向产生的电压,通过控制电机转动使 V_x、V_y 趋近于零,实现对太阳高度角和方位角的实时跟踪。

　　AD7890 对 V_x、V_y 和光强信号产生的电压进行采集输入单片机,单片机根据电压的大小对步进电机进行控制实现对太阳的自动跟踪。日历查询跟踪方式通过 DS1302 芯片读取当前的时间,根据太阳高度角和方位角的计算公式计算当前太阳的高度角和方位角,单片机输出控制信号实现对步进电机的控制,实现日历查询跟踪。

　　CH451 芯片是一个整合了数码管驱动和键盘扫描控制以及多功能外围芯片。可以驱动 8位数码管或 64 位 LED,具有 BCD 译码、闪烁、移位等功能;同时可以进行 64 键的键盘扫描;CH451 实现对键盘的控制和数码管的驱动。数码管用来显示当前的时间或日期,默认情况下显示时间,通过按键 S6 切换显示时间或者日期,在显示时间时,数码管 DS1 ~ DS2 显示的是时、DS31~DS4 显示的是分、DS5~DS6 显示的是秒。例如显示 123055 代表 12 时 30 分 55 秒。在显示日期时,数码管 DS1~DS2 显示的是年,DS31~DS4 显示的是月,DS5~DS6 显示的是日,例如显示 080525 代表 08 年 5 月 25 日。键盘主要用来调整日期和时间,S1 用来调整时,S2 用来调整分,S3 用来调整年,S4 用来调整月,S5 用来调整日,S6 用来切换时间和日期。

4. 测控软件设计

测控软件流程如图 12-7 所示。开机后,首先判断是否在正常的工作时间(正常的工作时间设为 6:00~18:00),如果不在正常的工作时间,则不启动跟踪;如果在正常的工作时间,则进行上电初始化,初始化到基准位置,以太阳方位角-90°、高度角 0°时为基准。由日历跟踪算法计算当前时刻的太阳高度角和方位角,启动日历查询跟踪运行到当前时刻太阳高度角和方位角后,判断光强是否达到光电跟踪要求,如果达到,启动光电跟踪,使其方位角和高度角达到精度要求的范围,如果没有达到,则采用日历查询跟踪,当达到光电跟踪的光强时,启动光电跟踪,能够实现对太阳高度角和方位角的实时跟踪。

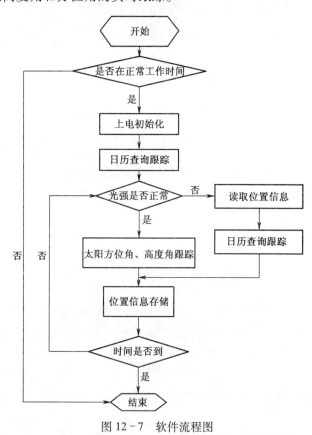

图 12-7 软件流程图

5. 实验与分析

1)验证方法

将检测器和长 1m 的竖直杆安装在跟踪器的机械装置上,使其保持与水平面垂直,设备置于太阳光下。当跟踪器确定太阳位置时,通过测量竖直杆产生的阴影长度的方法验证跟踪精度。设影子长度为 h,则有跟踪误差角度

$$\theta = \arctan \frac{h}{1000} \tag{12-6}$$

要达到 0.1° 的精度，h 的取值范围应大于 1.5mm。

此外，通过 PSD 输出的 V_x、V_y 电压值也可以得到一组推算跟踪误差。即 PSD 在偏离中心时，每偏差 1μm 产生 1mV 电压，实验测得当跟踪上太阳时，产生的电压偏差在 0.01~0.05V 或者 -0.05~-0.01V，PSD 感受太阳光的位移最小为 10μm，0.01V 时对应 PSD 偏离中心的距离为 10μm，满足 PSD 感受太阳光强的最小位移 10μm 的要求。遮光筒的高度为 35mm，由于跟踪上太阳时 PSD 产生的最大电压偏差控制在对应偏离 PSD 的中心距离为 50μm，所以跟踪的精度为

$$\theta \leqslant \arctan \frac{50}{35000} = 0.082° \tag{12-7}$$

可以推算已经达到 0.1° 的精度要求。

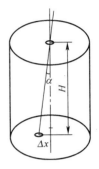

图 12-8　太阳探测系统成像简图

通过以上两种方法可验证太阳跟踪器的精度要求。根据图 12-8 所示太阳成像简图进行验证视场角度为 ±12°。设检测精度为 α，设高度为 H，有 $\alpha = \arctan\left(\dfrac{\Delta x}{H}\right)$，要求 $\alpha \leqslant 0.1°$，且 PSD 感受太阳光强的最小位移 $\Delta x = 10\mu$m，则 $a = \arctan\left(\dfrac{\Delta x}{H}\right) = \arctan\left(\dfrac{\Delta x}{35}\right) \leqslant 0.1°$，从而有 $H = 5.729$mm。取 $H = 35$mm，则检测精度为 $\alpha = \arctan\left(\dfrac{\Delta x}{H}\right) = \arctan\left(\dfrac{10}{35000}\right) = 0.017°$，设视场角度为 $2a$，光电检测器的半径为 r，光电检测器直径为 $2r = 15$mm，$a = \arctan\left(\dfrac{r}{H}\right)$，则有 $a = \arctan\left(\dfrac{r}{H}\right) = \arctan\left(\dfrac{7.5}{35}\right) = 12°$，即视场角度为 ±12°，合计 24°。

2）试验数据分析

通过对试验中测得的试验结果进行处理，从图 12-9 可以看出，太阳的高度角和方位角均在 0.082° 的范围之内，从图 12-10 可以看出，太阳跟踪器的精度在 0.074° 的范围之内。通过对结果的分析，推算跟踪误差和试验测量误差均在 0.1° 的范围之内，说明两种验证方法证实跟踪器都达到了 0.1° 的精度。太阳跟踪器实物图如图 12-11 所示。

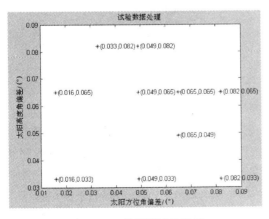

图 12-9　检测器试验结果

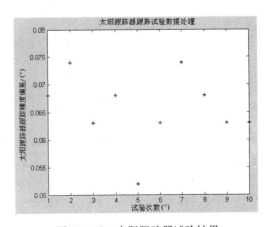

图 12-10　太阳跟踪器试验结果

通过自动跟踪试验,验证了系统的对准的准确性与长期工作的稳定性,总结如下:

（1）设计了一种基于 PSD 的太阳跟踪器,能够实现各种天气下的大范围跟踪;

（2）传感器跟踪精度不低于 0.1°;

（3）跟踪过程中即使出现阴雨天气系统也能实现自动跟踪,无需人工调节;

（4）具有结构简单、运行可靠、安装方便、跟踪精度高、成本低廉等特点;

图 12 - 11　太阳跟踪器实物图

（5）适用于太阳能灶、太阳能热水器、太阳能电池、太阳能车、太阳能热发电系统等各种需要太阳跟踪器的装置。

12.2.3　一种基于三块光电池的太阳方位传感器设计

1. 传感器模型设计

基于比较控制式太阳跟踪器的思想设计了一种低成本、简易实用的太阳跟踪器。设计的太阳传感器由三块硅光电池组成,按照 Y 形布局,附着在如图 12 - 12(a)所示的梯台内壁上,形成如图 12 - 12(b)所示传感器。各硅光电池法线方向与太阳传感器的对称轴成相同角度,角度范围为 30°~60°,这里为 48°,三块硅光电池的负极共地,正极为输出端。

固定太阳传感器时,它的 Up - Down 轴线应与云台的纵轴重合,Left - Right 轴线与云台的横轴重合。从数学上来说,太阳的位置可以明确地由两个角度 β 和 γ 表示。β 是太阳的横向角,γ 是太阳的纵向角。太阳传感器的横向角和纵向角分别为 β_S 和 γ_S,当太阳传感器对准太阳时,$\beta_S = \beta$,$\gamma_S = \gamma$;如果太阳传感器没有对准太阳时,太阳传感器就会产生一组偏差信号 ΔX 和 ΔY,用于横向角 β 和纵向角 γ 的跟踪。

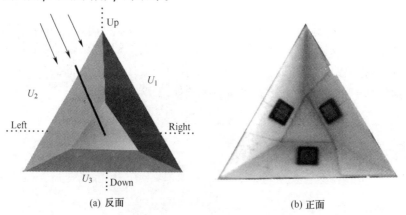

(a) 反面　　　　　　　　　(b) 正面

图 12 - 12　太阳传感器结构模型

根据设计的太阳传感器,建立二维坐标系如图 12 - 13(a)所示,三片硅光电池的输出电压分别为 U_1、U_2、U_3 且成 120°的夹角。将这组输出电压在二维坐标系上进行合成,所得到的矢量和 U 就是太阳传感器未对准太阳时的偏差信号,如图 12 - 13(b)所示。

将这组输出电压在二维坐标系中进行分解,如图 12 - 13(c)所示,可以分别得到反映太阳偏转方向的一组正交的偏差信号 ΔX 和 ΔY。其中,ΔX 反映了纵向角的偏差,ΔY 反映了横向角的偏差。

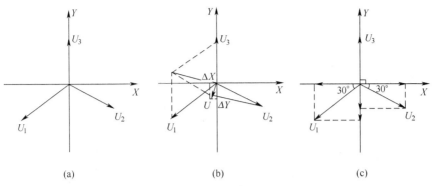

图 12 - 13　太阳传感器的数学模型

将偏差信号在水平方向上的分解为

$$U_2 * \cos 30° - U_1 * \cos 30° = 0.707(U_2 - U_1) \tag{12-8}$$

在垂直方向上的分解为

$$U_3 - (U_1 + U_2) * \sin 30° = U_3 - 0.5(U_1 + U_2) \tag{12-9}$$

所以可以选取下面一组偏差信号来反映太阳传感器与太阳横向角和纵向角的偏差：

$$\Delta X = U_1 - U_2 \tag{12-10}$$

$$\Delta Y = U_1 + U_2 - 2U_3 \tag{12-11}$$

2. 检测放大电路的设计

根据太阳方位传感器的数学模型,设计的运算放大电路由两级运放组成(图 12 - 14)。第一级主要实现对偏差信号的放大作用,第二级实现对偏差信号的放大作用和运算分解。

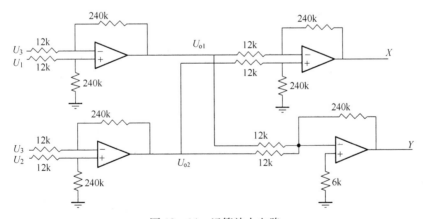

图 12 - 14　运算放大电路

经过第一级放大后,输出为

$$U_{o1} = K_1(U_1 - U_3) \tag{12-12}$$

$$U_{o2} = K_1(U_2 - U_3) \tag{12-13}$$

其中,第一级放大倍数为 $K_1 = 20$,偏差信号再经过第二级放大后,输出分别为

$$\Delta X = K_2(U_{o2} - U_{o1}) = K_1 * K_2 * (U_2 - U_1) = K(U_1 - U_2) \tag{12-14}$$

$$\Delta Y = K_2(U_{o1} + U_{o2}) = K_1 * K_2 * (U_1 + U_2 - 2U_3) = K(U_1 + U_2 - 2U) \tag{12-15}$$

注意,本方案选用的运放是 741 系列,输出饱和电压为 15V 上下,硅光电池最大输出电压为 640mV 左右。因此,第一级运放的放大倍数不能超过 20,否则放大器输出饱和,不利于第二

级运放的解算。实物如图 12 - 15 所示。

图 12 - 15　金字塔式太阳方位传感器的实验图

12.3　基于光电检测的油、水混合液分层自动检测系统设计

12.3.1　课题背景

随着石油工业的不断发展,近年来,许多高新技术、新方法和新型仪表,如计算机、微电子、光纤、超声波、雷达传感器等已应用到油罐的计量领域,使油罐的自动计量进入到一个多功能、高精度的新阶段。但由于各种原因,这些新技术在油田原油生产中没有得到广泛应用。石油化工行业人工分离水、油品时与被分离原料近距离接触,导致泄漏的原料对人身造成伤害,并且每年原料泄漏造成的浪费也是巨大的。因此,原油储罐多界面的测量成为一个亟待解决的问题。图 12 - 16 所示是国内某化工厂生产现场。准确地测量储罐界面是成功分离出原油的重要依据,也是储运系统管理和计算原油储量的主要依据。研制出体积小、低成本、便于携带的

图 12 - 16　国内某化工厂生产现场

含水率测量仪表对石油化工生产具有重要意义。

12.3.2 方案设计

在现场使用的原油含水分析仪有许多种类,根据其工作原理的不同,常用的原油含水分析仪主要有短波吸收法、微波法、电容法和射线法,考虑仪器的成本和轻便安全,红外光谱法为一种比较有前景的方法。图 12-17 所示为红外光谱法原理图以及水的红外光谱图。

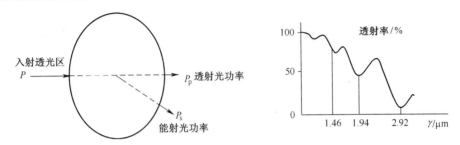

图 12-17　红外光谱法原理图以及水的红外光谱图

测量不同浓度油品对红外光的吸收和反射程度,以此获得油品浓度与获得光强的对应关系。从水的红外光谱图可以看出在波长 1.46μm、1.94μm、2.92μm 等处有吸收带。当用这些波长的红外光照射被测物质时,因被测物质的水分含量不同,将产生不同的光能量吸收,只要能从被测物中测得光能量的变化量,即可实测物质水分含量。

红外水分仪在含水率低于 30% 时,一般选用 1.94μm 作为测量波长。红外线通过水分时被有选择地吸收,则红外辐射经过物质的光强与物质的浓度、水份含量之间存在一定关系,即吸收能量随着被测物的浓度含量的增加而增加,而从样品反射或透射的红外辐射能量则随着吸收能量的增加而减少。因此,只要测得从样品反射回来的红外辐射能量便能完成水分含量的测量。

其原理实际上是朗伯-比尔定律,即光吸收基本定律。朗伯-比尔定律是说明物质对单色光吸收的强弱与吸光物质的浓度 c 和液层厚度 b 间的关系,是光吸收的基本定律。

当一束平行的单色光通过含有均匀的吸光物质的吸收池(或气体、固体)时,光的一部分被溶液吸收,一部分透过溶液,一部分被吸收池表面反射;设入射光强度为 I_0,吸收光强度为 I_a,透过光强度为 I_t,反射光强度为 I_r,则它们之间的关系为

$$I_0 = I_a + I_t + I_r \qquad (12-16)$$

若吸收池的质量和厚度都相同,则 I_r 基本不变,在具体测定操作时 I_r 的影响可互相抵消(与吸光物质的 c 及 b 无关),上式可简化为

$$I_0 = I_a + I_t \qquad (12-17)$$

经过公式推导可得

$$\lg \frac{I_0}{I_t} = k' \cdot b \cdot c \rightarrow -\lg \frac{I_t}{I_0} = k \cdot b \cdot c \qquad (12-18)$$

式中,$\frac{I_t}{I_0}$ 称为透光率,用 T 表示;$-\lg\frac{I_t}{I_0}$ 称为吸光度;用 A 表示比例常数,与入射光的波长、物质的性质和溶液的浓度等因素有关,则

$$A = -\lg T = k \cdot b \cdot c \qquad (12-19)$$

此即朗伯-比尔定律数学表达式。

朗伯-比尔定律可简述如下,当一束平行的单色光通过溶液时,溶液的吸光度 A 与溶液的浓度 c 和厚度 b 的乘积成正比。

本系统就是基于在液体厚度一定的情况下,通过液体红外光强与被测液体浓度有关的原理研究设计了油品各液层检测系统。先期试验证实,液料由水、乳、油层变化使吸光率增加透光率降低,透射光转换电压值降低。在实际现场中,由于被检测液体不纯净,存在发射出去的红外光还有一部分发生散射的现象,但散射光在水、乳、油中的散射程度由弱到强,不会对透射光强的检测造成干扰。本系统基于这样的光吸收原理和生产状况,对液层进行定性判断。

这个实验装置中使用的光电传感器为红外光电二极管,光强不同则线性输出 4~20mA 电流。它是光纤式光电传感器,可对距离远的被检测物体进行检测。

通常光纤传感器分为对射式和漫反射式。本系统采用的为对射式。光纤传感器及工作示意图如图 12-18 所示。

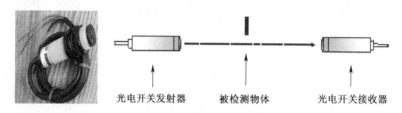

光电开关发射器　　　　被检测物体　　　　光电开关接收器

图 12-18　光电传感器实物图及其光纤传感器原理示意图

12.3.3　系统硬件部分设计

检测系统的总体结构图如图 12-19 所示。系统主要由红外光纤传感器、单片机、串口通信、PC 上位机数据监测模块四部分组成。红外光纤信号经放大器放大滤波后,输入 12 位精度的 A/D 转换器转换成单片机所接受的电压数字量,数字量被单片机经过数字滤波分析之后,根据事先设定的阈值来识别是哪一层液体,并将数据存储起来,以备以后查询。同时也将同一份数据通过串口线发送到远离生产厂区的上位机,上位机将采集到的信号用曲线实时显示,用来实时监控。

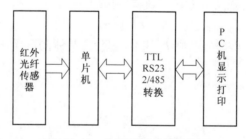

图 12-19　检测系统总体结构图

设计的检测电路如图 12-20 所示,本系统选用 LM324 集成运算放大器来实现微弱信号的放大。由红外光纤传感器输出的 4~20mA 电流经过第一级 LM324 正端连接的电阻变成电压信号后,被第一级 LM324 组成的电压放大器放大,放大后的电压信号经后一级由 LM324 组成的电压跟随器送给后续 AD 转换电路。本系统 AD 转换器选用 TLC2543。TLC2543 是 12 位串行模数转换器,为逐次逼近式 A/D 转换,将采集到的模拟电压信号转换为数字信号送至单片机(AT89S52)。单片机主要用来分析采集到的数据,进行滤波处理,并用以判断油与水层的到来。

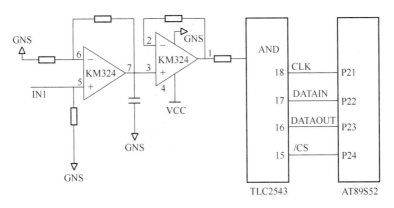

图 12 - 20 信号放大和 AD 转换电路

12.3.4 具有防爆的检测系统的设计

由于化工厂一般都要求电子系统具有防爆功能,所以本系统采用了防爆封装的隔爆设计,实物图如图 12 - 21 所示。化工原料中的水层、中间乳状层、油层依次流经本检测系统的传感器,传感器的输出数据如图 12 - 22 所示,横坐标为时间,单位为秒,纵坐标为电压值,单位为伏特。由图可见,最上水层与最下油层的电压值波动小,比较稳定;中间层的电压波动范围比较大,但是波动范围没有超出 2~4V 的电压范围,经过适当的算法处理仍然可以与其他两层分离开来。试验结果与光吸收理论一致,基于此红外光纤传感器的检测系统能够对三层液体进行识别。

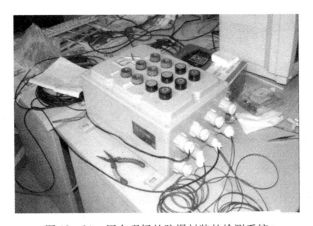

图 12 - 21 用在现场的防爆封装的检测系统

12.3.5 化工现场实验

在实际现场检测的液料中,发现很多液料非常浑浊,图 12 - 23 为实际现场油污图示,对于这种液体,检测系统的激光发射器发射的功率为几瓦时也无法透射,并且仪器易受油污沾染,使得每次测得的数据没有很好的可比较性,这对于各层液体成分的准确判断产生很大的干扰,这个问题亟待解决。

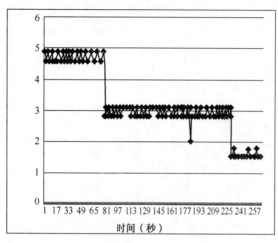

图 12-22　水、乳、油层依次流经探头时的电压值

图 12-23　实际现场油污问题

12.4　基于偏振分束的磁光成像系统设计

12.4.1　背景

　　磁光成像是一种正在发展中的可视化无损检测技术,它通过电磁感应定律和磁致旋光效应对激励出的磁场进行成像测量,通常用来检测飞行器表面蒙皮下的铆钉和其他一些表面及近表面处的金属缺陷。

　　磁光成像技术实现了无损检测的可视化,且检测速度较常规检测手段提高了 5~10 倍,因此国内外有众多学者深入研究这一新技术。近几年,磁光成像系统中激励源、光路、磁光介质以及图像处理都得到了较快发展,然而对整个面的旋光角度值量化却一直没有一种很好的解决方法。目前采用的两偏振片正交消光的方法是通过光强度来反映旋光角度,容易受到光源强度波动的影响,且测量过程中需手动调节偏振片,并通过人眼来观测消光位置,导致操作复杂、精度低。

　　针对以上问题,本节介绍一种基于偏振分束的旋光角度场测量新方法,并将其应用于磁光成像测量中,测量结果量化直观,且不受光强波动影响。

12.4.2　偏振分束成像测量旋光角度分布原理

　　假设待测样品旋转角度为 γ,其矩阵可表示为

$$J(\gamma) = \begin{bmatrix} \cos\gamma & -\sin\gamma \\ \sin\gamma & \cos\gamma \end{bmatrix} \qquad (12-20)$$

　　光源出射的激光 E 经起偏角为 45° 的偏振片 $P(45°)$ 和待测样品后的出射光 E_1 矩阵为

$$E_1 = J(\gamma) \cdot P(45°) \cdot E \qquad (12-21)$$

其中: $E = \begin{bmatrix} x \\ y \end{bmatrix}$, $P(45°) = \dfrac{1}{2}\begin{bmatrix} 1 & 1 \\ 1 & 1 \end{bmatrix}$,则

$$E_1 = \begin{bmatrix} \cos\gamma & -\sin\gamma \\ \sin\gamma & \cos\gamma \end{bmatrix} \frac{1}{2} \begin{bmatrix} 1 & 1 \\ 1 & 1 \end{bmatrix} \begin{bmatrix} x \\ y \end{bmatrix} \qquad (12-22)$$

E_1 经偏振分束棱镜后的两偏振光分别为 E_p 和 E_s,有

$$\begin{bmatrix} E_p \\ E_s \end{bmatrix} = \begin{bmatrix} 1 & 0 \\ 0 & 1 \end{bmatrix} \begin{bmatrix} \cos\gamma & -\sin\gamma \\ \sin\gamma & \cos\gamma \end{bmatrix} \frac{1}{2} \begin{bmatrix} 1 & 1 \\ 1 & 1 \end{bmatrix} \begin{bmatrix} x \\ y \end{bmatrix} \qquad (12-23)$$

经计算得

$$\begin{bmatrix} E_p \\ E_s \end{bmatrix} = \frac{1}{2}(x+y) \begin{bmatrix} \cos\gamma \mp \sin\gamma \\ \pm\sin\gamma + \cos\gamma \end{bmatrix} \qquad (12-24)$$

经偏振分束棱镜后,输出光的平行分量和垂直分量的光强分别为 $I_p = E_p E_p^*$ 和 $I_s = E_s E_s^*$,为了消除光强波动,将两分量进行"差除和"处理:

$$\gamma_{out} = \frac{I_p - I_s}{I_p + I_s} \qquad (12-25)$$

则得到

$$\gamma_{out} = \sin 2\gamma \qquad (12-26)$$

从结果式(12-26)来看,"差除和"处理后的结果与入射光 E_1 的光强无关,只和旋光角度值相关。由此可见,该方法能够消除光源波动的影响,测量出旋光物质的旋光角度。

12.4.3 偏振分束成像测量系统设计

根据以上分析得出的测量原理,设计和采用 CCD 检测器构建了如图 12-24 所示的偏振分束成像测量系统。

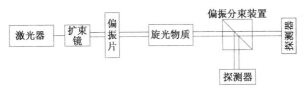

图 12-24 偏振分束成像测量系统

为了将光强准确转换为灰度值和方便测量,检测器需要选取线性好的 CCD,并使其工作在不饱和区域内。设每一位置的光强度与对应的成像灰度成正比关系为 $I = \alpha H$,其中 I 表示光强度,α 表示光强转为成像灰度的转换率且为一定值,H 表示成像灰度值,则两 CCD 成像的灰度值分别为 $H_{si} = \frac{1}{\alpha} I_{si}$ 和 $H_{pi} = \frac{1}{\alpha} I_{pi}$,则得旋光角度为

$$\gamma_{iout} = \frac{\alpha H_{pi} - \alpha H_{si}}{\alpha H_{pi} + \alpha H_{si}} = \frac{H_{pi} - H_{si}}{H_{pi} + H_{si}} \qquad (12-27)$$

由式(12-27)可知,旋光角度可通过成像的灰度值"差除和"计算得出,成像中的每个像素灰度值对应一个偏振面的点,那么对两幅图片进行"差除和"计算则可得到整个偏振面的旋光角度场信息。

12.4.4 数据处理

图像滤波即在尽量保留图像细节特征的条件下对目标像的噪声进行抑制,是图像预处理中不可缺少的操作。中值滤波是基于排序统计理论的一种能有效抑制噪声的非线性信号处理

技术,中值滤波的基本原理是把数字图像或数字序列中一点的值用该点的一个邻域中各点值的中值代替,让周围的像素值接近的真实值,从而消除孤立的噪声点,同时能很好地保护边缘轮廓信息,较适合本文实验数据处理研究。中值滤波的数学表达式为

$$g(m,n) = \text{Median}\{f(m-k,n-l)\} \qquad (12-28)$$

中值滤波的步骤为:

(1)选取滤波窗口,将窗口中心对应图片中某一像素点;

(2)读取窗口内所有像素点的灰度值,并进行从大到小排列;

(3)选取排列中处于中间位置的灰度值,用其代替窗口中心对应的像素点灰度;

(4)窗口移动,重复上面步骤。

在构建偏振分束测量系统中,两个 CCD 检测器不可能完全准直和成像形状大小一样,两幅图像存在一定的形变和灰度变化,为了获得高精度测量结果,需要对测量得到的两幅图像对准,即图像匹配。

图像匹配是指通过一定的匹配算法在两幅或多幅图像之间识别相同点,如二维图像匹配中通过比较目标区和搜索区中相同大小窗口的相关系数,相关系数最大所对应的窗口中心点作为相同点。

归一化互相关法抗白噪声干扰能力强,且在灰度变化及几何畸变不大的情况下精度很高。因此本文采用归一化互相关法进行测量图像的对准研究。

归一化互相关原理为:对于数字图像,设 $f(x,y)$ 为 $M \times N$ 的源图像,$g(x,y)$ 为 $m \times n (m \leq M, n \leq N)$ 的模板图像,归一化相关测度匹配算式为

$$\rho(x,y) = \frac{\sum\limits_{j=0}^{J-1}\sum\limits_{k=0}^{K-1} g(j,k) \cdot f(x+j,y+k)}{\sqrt{\sum\limits_{j=0}^{J-1}\sum\limits_{k=0}^{K-1}[f(x+j,y+k)]^2} \cdot \sqrt{\sum\limits_{j=0}^{J-1}\sum\limits_{k=0}^{K-1}[g(j,k)]^2}}$$

$$(12-29)$$

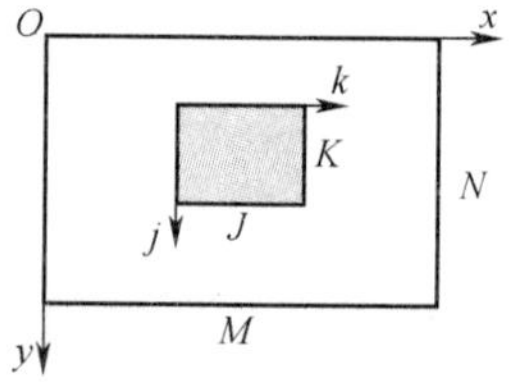

图 12-25 归一化匹配

其中 $\rho(x,y)$ 为函数在偏移量 (x,y) 时的匹配值。

图 12-25 给出了匹配的示意图。

12.4.5 旋光测量实验结果和分析

根据测量原理,设计和构建的旋光测量实验系统如图 12-26 所示,整个检测系统主要由光学系统和信号采集与处理系统两部分组成。光学系统包括激光器、扩束镜、线偏振片、偏振分束棱镜、旋光样品;信号采集与处理系统包括图像采集卡、高精度 CCD 检测器、计算机。

为了验证本文偏振分束法,进行了基于 1/2 波片(图 12-27)为检测样本的旋光测量实验。调节偏振片使起偏角为 45°,分别用两特性相同的 CCD 探测经偏光分束镜分出的两束线偏振光,如图 12-28(a)、(b)所示;加 1/2 波片,探测结果如图 12-28(c)、(d)所示。进行灰度处理结果如图 12-29(a)、(b)所示,滤波后的结果如图 12-29(c)、(d)所示。由实验光路可知,CCD 成像时实际上是将反射图像翻转了 180°,则在进行图像匹配前,需将带匹配的图片进行 180°旋转,这样便于快速的进行匹配搜索(如图 12-30(a)、(b)、(c)所示)。

图 12-26　偏振分束成像测量系统实物图

图 12-27　1/2 波片

成像边缘由于光的衍射会产生毛刺,因此应取对应图片一部分进行"差除和"处理,计算出整个选取面的旋光角度分布,如图 12-30 中(d)所示。图中所有点表示的旋光角度值大小几乎一致,任意选取测量结果中 5 个点进行分析,如表 12-1 所示。

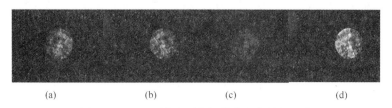

(a)　　　　　(b)　　　　　(c)　　　　　(d)

图 12-28　1/2 波片下偏振分束法获得的图片

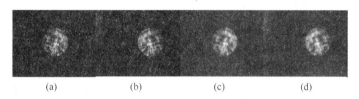

(a)　　　　　(b)　　　　　(c)　　　　　(d)

图 12-29　待匹配的两幅图片灰度处理及滤波结果

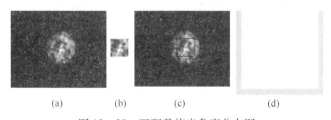

(a)　　　(b)　　　(c)　　　(d)

图 12-30　匹配及旋光角度分布图

表 12-1　在一次测量中任意 5 点的测量结果

测量点	1	2	3	4	5
P 分量灰度	212	170	200	186	199
S 分量灰度	16	13	15	14	15
旋光角度	29.64	29.54	29.68	29.66	29.65

从表 12-1 可知,尽管不同点对应的 P、S 分量灰度值不同,即光源光照强度不同,然而每点对应的旋光角度大致相等。这说明旋光角度值与入射光照强度大小无关,证明了偏振分束法的理论的正确性。

为了验证本文偏振分束成像测量方法的稳定性,对某一点对应的旋光角度值进行多次测量,测量结果如表 12-2 所示。

表 12 - 2　某一点多次测得的 1/2 波片旋光角度值

测量次数	1	2	3	4	5
P 分量灰度	212	220	211	211	222
S 分量灰度	16	17	16	16	17
旋光角度	29.64	29.47	29.60	29.60	29.53

表 12 - 2 中,经多次测量后的旋光角度平均值为:

$$\theta = (29.64+29.47+29.60+29.60+29.53)/5 = 29.57 \qquad (12-30)$$

相对误差为 $e_1 = (30-29.57)/30 = 1.43\%$,测量的均方差为

$$\sigma = \sqrt{\begin{array}{c}(29.57-29.64)^2+(29.57-29.47)^2+(29.57-29.60)^2+(29.57-29.60)^2\\+(29.57-29.53)^2/5\end{array}}$$
$$= 0.028 \qquad (12-31)$$

由均方差可知,偏振分束成像测量方法稳定性较好。下面采用偏振片正交消光的方法进行对比实验。

首先,调节两偏振片使之正交,图 12 - 31(a)为此时 CCD 所成的像(光强最弱);加入 1/2 波片,CCD 所成的像中偏振光光强变强,如图 12 - 31(b)所示;旋转检偏器,使 CCD 接收到的偏振光光强最弱,如图 12 - 31(c)所示。记录检偏器旋转的角度。由于测量样品采用标准 1/2 波片,旋光均匀性较好,检偏器只需旋转一个角度,成像就全变暗。通过上述方法多次实验,记录出一组旋光角度,如表 12 - 3 所示。

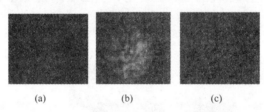

(a)　　　　　　(b)　　　　　　(c)

图 12 - 31　1/2 波片下偏振消光法获得的图片

表 12 - 3　采用偏振消光法测得的 1/2 波片旋光角度值

测量次数	1	2	3	4	5
旋光角度/(°)	28.6	29.0	28.8	28.5	28.6

多次测量的平均值为 $\theta = (28.6+29.0+28.8+28.5+28.6)/5 = 28.7$,相对误差为 $e_2 = (30-28.7)/30 = 4.33\% = 3e_1$,测量的均方差值为

$$\sigma = \sqrt{(28.7-28.6)^2+(28.7-29.0)^2+(28.7-28.8)^2+(28.7-28.5)^2+(28.7-28.6)^2/5}$$
$$= 0.08 \qquad (12-32)$$

对比偏振消光测量实验和偏振分束测量实验可以发现:

(1) 偏振消光法测得的 1/2 波片旋光角度为 28.7°,偏振分束法测得的旋光角度为 29.57°,分束法更接近理论值,误差降低约 3 倍;

(2) 多次测量均方差,偏振消光法的为 0.08,而偏振分束法的为 0.028,说明分束法测量稳定性更好;

(3) 偏振分束法直接得到的是检测面的角度值,结果直观;

(4) 偏振分束法测量得到的角度值不受光源光强波动的影响,只要旋光物质特性相同,则

旋光角度值就相同。

12.4.6　基于偏振分束的磁光成像测量实验

为了检验该方法的在磁光成像中的实用性,进行了基于偏振分束的磁光成像测量应用实验研究。

磁光成像本质上是通过成像测量磁场引起的旋光角度变化量,本文将偏振分束成像应用到测量法拉第磁致旋光中,设计和构建的测量实验系统如图12-32所示。

实验系统中的法拉第磁光调制器是由电源、通电螺线管和磁光玻璃(置入在螺线管中)组成。

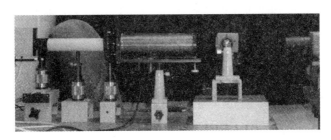

图12-32　法拉第磁致旋光测量系统

实验过程中,分别在螺线管两端电压为0V、5V、10V、15V、20V下,拍摄的两CCD成像图片,如图12-33所示。

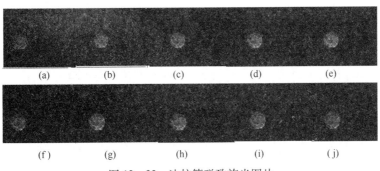

图12-33　法拉第磁致旋光图片

图12-33中,(a)、(f)对应的是在电压为0V时两CCD上所成的一组像;(b)、(g)对应的是在电压为5V时两CCD上所成的一组像;(c)、(h)对应的是在电压为10V时两CCD上所成的一组像;(d)、(i)对应的是在电压为15V时两CCD上所成的一组像;(e)、(j)对应的是在电压为20V时两CCD上所成的一组像。

对以上图像进行上一节对应的数据处理,得到不同电压下的旋光角度。取5V电压时任意5个像素对应的两CCD成像灰度值及旋光角度值列表,如表12-4所示。

表12-4　5V电压时5个像素点的旋光角度值

像素点	1	2	3	4	5
P分量灰度	107	121	99	61	88
S分量灰度	95	107	88	54	78
旋光角/(°)	1.703	1.760	1.686	1.745	1.727

每个像素点对应的 P、S 分量的灰度值不同,但旋光角度值大致相等,这与在激励线圈内部的磁场分布原理一致,说明测量方法可行。再取某一像素对应位置在不同电压下的磁致旋光角度列表,如表 12 - 5 所示。

表 12 - 5　某一像素对应位置在不同电压下的磁致旋光角度

电压值	0	5	10	15	20
P 分量灰度	101	107	112	118	124
S 分量灰度	101	95	88	82	76
旋光角/(°)	0	1.703	3.446	5.185	6.943

由表 12 - 5 可知,电压与旋光角度线性良好,电压与磁场大小成正比,则得到旋光角度分布即可得到磁场的分布,这证明了本文方法是可以应用于磁光成像测量中的。

12.4.7　结论

介绍一种基于偏振分束成像的旋光角度分布测量系统设计问题,根据推导的测量模型,设计和构建了测量系统,并以标准 1/2 波片为研究对象,进行验证实验。实验结果表明,与传统的偏振正交消光法相比,该方法能有效消除光强度波动的影响,误差降低约 3 倍,且稳定性较好。将此方法应用于磁光成像中能精确测量磁场影响的旋光角度变化量,从而可以根据旋光角度变化量反向计算出磁场大小。基于偏振分束的磁光成像技术将在无损检测领域有广阔的应用前景和较大的应用价值。

12.5　基于红外传感器和 ARM 的大气有害气体浓度监测系统设计

12.5.1　应用背景

目前我国正处于工业化和城市化发展的加快时期,然而经济、工业化的迅速发展,带来了各种工业废气排放量的急剧增加和能源的骤减,导致了环境的进一步恶化,严重阻碍了社会的可持续发展。其中排放的二氧化碳(CO_2)是"温室效应"的主要来源,二氧化硫(SO_2)、一氧化碳(CO)、碳氢化合物(CH_4)、硫化氢(H_2S)都是对人体有害的气体,对人体健康有极大危害。因此,研究并设计大气有害气体的监测系统对大气环境的监测具有重要的意义。

近年来国内外许多科研单位对监测大气有害气的浓度,开展了一系列的研究,而此类研究多采用接触式测量方法。由于接触式传感器时间分辨力及空间分辨力都有一定的限制,因此国内外很多学者逐渐转向探索采用光学方法测量气体的组份浓度。

本节介绍一种运用 LED 发出的红外光测量大气有害气体浓度的检测系统,采用特定波长的半导体二极管作为光源,与之相配的光电二极管构成的光电传感器。系统选用基于 ARM7 核的 S3C44B0 作为微处理器,MAX1133 作为系统的 A/D 采集模块,再辅以键盘模块和液晶显示屏,可脱离 PC 机独立完成对有害气体浓度测量的显示和控制,另外还可以通过 RS485 通信模块进行远程传输。

12.5.2　红外光谱检测的基本原理

根据红外理论,许多化合物分子在红外波段都具有一定的吸收带,吸收带的强弱及所在的波长范围由分子本身的结构决定。气体分子的特征吸收带主要分布在1~25μm波长范围的红外区。这里以温室气体CO_2为例:CO_2在2.7μm、4.3μm及11.4~20μm之间有强吸收带(图12-34)。本系统选择4.3μm作为CO_2的工作波长,选择3.6μm作为参考波长。

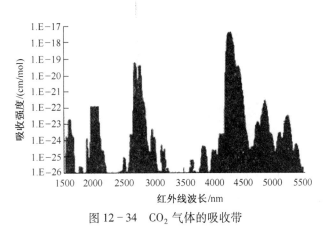

图12-34　CO_2气体的吸收带

对于一定波长的红外辐射的吸收,其强度与待测组分的关系可以由朗伯-比尔定理来描述:

$$I = I_0 e^{-KCL}$$

式中,I为透射红外辐射的强度;I_0为入射红外辐射的强度;K为气体的红外光吸收系数;C为待测气体的摩尔百分体积分数;L为红外辐射穿透过的待测气体组分的长度。

当红外辐射穿过待测组分的长度L和入射红外辐射的强度I_0一定时,由于K对某一种特定的待测组分是常数,故透过的红外辐射强度I仅仅是待测组分摩尔百分浓度的C的单值函数。通过测定透射的红外辐射强度,就可以确定待测组分的浓度。

12.5.3　系统硬件设计

系统由红外光电传感器、信号调理电路、16位A/D转换电路和以ARM处理器(S3C44B0)为核心的中央处理单元组成,系统总体框图如图12-35所示。

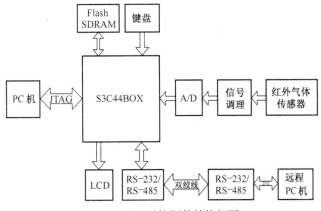

图12-35　系统硬件结构框图

光电传感器把光强信号转化为电压信号,经过信号调理电路进行滤波和放大,然后将得到的电压信号通过 A/D 转换器将模拟量转化为数字量送入 S3C44B0 进行数据采集和处理，最后在液晶屏上显示测量结果，并将测量结果通过 RS485 通信模块发送到远程 PC 机上，进行远程实时的监控。

1. 传感器的设计

浓度传感器的光源 LED 采用方波来驱动工作，LED 采用频率为 10kHz 的方波来进行调制，采用 NE555 芯片作为振荡器（图 12-36），输出具有一定周期和占空比的方波，再接 MIC2951 组成的恒流源电路（图 12-37）作为 LED 的驱动电路。

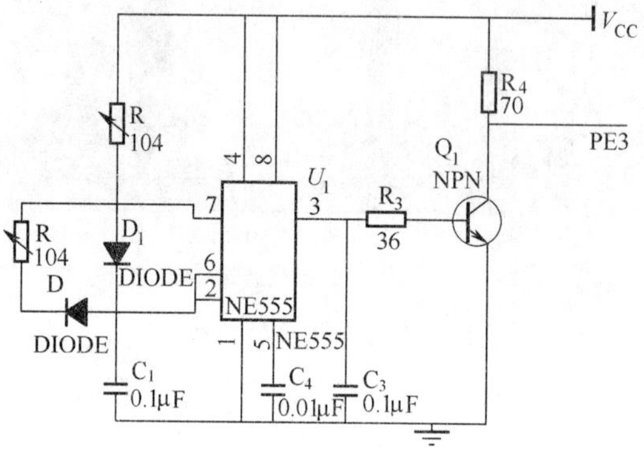

图 12-36　NE555 方波驱动电路

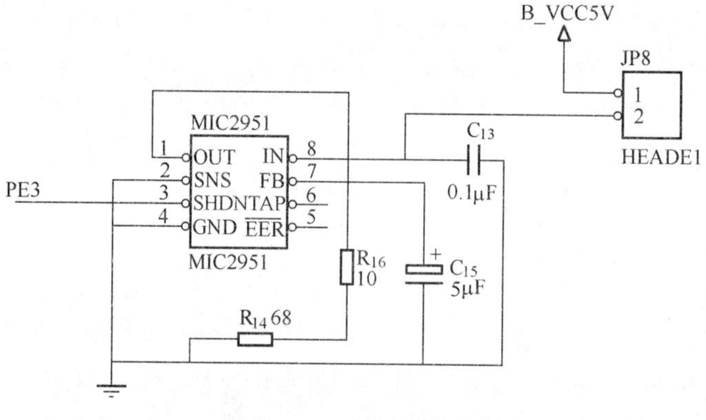

图 12-37　恒流源电路

同时采用差分吸收法中的单光路双波长技术（图 12-38），以消除光源的波动、光电器件的时漂和温漂等因素带来的干扰。在两路相相位反的方波驱动下，光源 1 和光源 2 在一个方波周期内轮流发光，其中光源 1（LED43）发光波长为 4.3μm，对应 CO_2 在 4.3μm 的吸收峰值，光路中带有被测气体吸收后的光强信息；光源 2（LED36）发出光波长为 3.6μm 光路中带有未经被测气体吸收的光强信息。

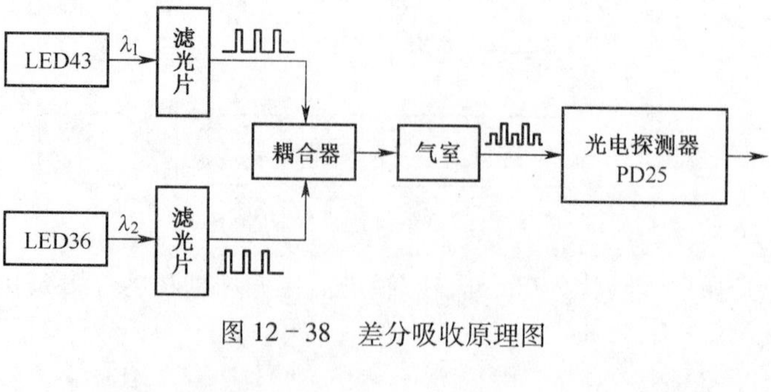

图 12-38　差分吸收原理图

检测器（PD25）接收到 I_1 和 I_2 后分别将其转化为电压信号 V_1 和 V_2，经过调理放大电路，送给 ARM 中央处理平台进行数据处理，完成浓度信号的测试。

2. A/D 转换模块

系统选用的 A/D 转换器是 MAXIM 公司的 16 位的 MAX1133，其无需电平转换就可以直接与 3.3V 的 ARM 系统相连。MAX1133 与 S3C44B0 的硬件连接如图 12－39 所示。

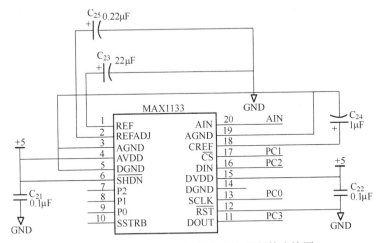

图 12－39　MAX1133 与 S3C44B0 的硬件连接图

S3C44B0 的 PC0 口与 MAX1133 的 SCLK 连接提供 A/D 转换器的工作时序；PC1 与 CS 连接，PC1 输出 0 选定 MAX1133；PC2 与 DIN 连接，提供控制字；PC3 在 SCLK 时序下将 A/D 转换结果读入 S3C44B0 中。

 12.5.4　系统软件设计

1. 系统软件总体流程图

系统上电后先对整个采集系统进行初始化操作，包括 ARM 系统的初始化和目标板上外设的初始化，对它们进行参数配置。初始化完成后开始显示开机画面，启动 A/D 转换首先要给 MAX1133 写入控制字，才能使 A/D 工作起来，待 A/D 转换结束后，要读取 A/D 转换的数据才完成了数据采集这一过程，则 S3C44B0 对数据进行处理还原为原始浓度信号。根据用户的按键操作，用 LCD 显示有害气体的浓度值或浓度变化曲线，并将数据经串口通过 RS485 总线发送到远程监控计算机。系统软件的流程图如图 12－40 所示。

2. 数据处理算法

粒子滤波适用非高斯噪声干扰下的非线性系统。采用粒子滤波算法对信号进行去噪处理，提高信噪比。

 12.5.5　测试结果

粒子滤波对状态空间的近似程度只与粒子数 N 有关，与状态空间维数的无关，且随着粒子数 N 的增加，滤波结果更趋近于真实的信号。在实际的采样数据滤波过程中，取 $N = 200$。系统的软件、硬件分别测试完成后，需要经过系统标定，然后才能用来测试测量。统计 CO_2 体积分数与电压差值对应关系，建立拟合曲线。假设非线性特性曲线拟合方程的 n 次多项式为

$$x_i(u_i) = a_0 + a_1 u_i + a_2 u_i^2 + a_3 u_i^3 + \cdots + a_n u_i^n$$

$$(12－33)$$

其中,阶数 n 由所要求的精度所确定,本设计中 $n=6$。

对体积分数测试系统进行静态标定实验,获得一组体积分数值和与之对应的输出值,计算出待定常数 $a_0 \sim a_6$。将系数 $a_0 \sim a_6$ 存入内存,这样,以后在测试过程中就可以根据式(12-33)将传感器的输出值变换为体积分数值。本测试系统拟合曲线如图 12-41 所示。由图可知 CO_2 气体的浓度变化很小,系统具有良好的稳定性和重复性。本系统设备与 0.5×10^{-6} 的标准测量设备经过实验比较后,测出系统的测量精度为 5×10^{-6}。

➡ 12.5.6 结论

应用红外光谱吸收原理、嵌入式技术和粒子滤波算法设计的大气有害气体浓度监测系统,具有灵敏度高、稳定性好,实时性强等特点,且可以实现远程通信,可广泛应用于工业废气、大气环境等领域的监测和预报。

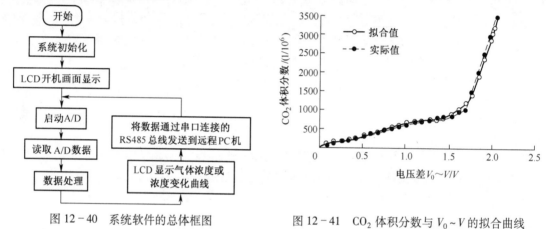

图 12-40 系统软件的总体框图   图 12-41 CO_2 体积分数与 $V_0 \sim V$ 的拟合曲线

12.6 基于计算机视觉的无人机自动着陆系统设计

➡ 12.6.1 研究背景

无人机(Unmanned Aerial Vehicle,UAV)是无人驾驶飞行器的简称。无人机先后经历了无人靶机、预编程序控制无人侦察机、指令遥控无人机和复合控制的多用途无人机的发展过程,迄今,无人机已经历了越南战争、中东战争、海湾战争、阿富汗战争及伊拉克战争的实战考验,无人机在其中都扮演了重要角色,不但突破了传统的侦察监视、激光制导、电子干扰、通信中继、目标定位、战斗评估等任务,还具备了攻击能力,并真正加入到现代化作战装备的行列中。

无人机自主着陆是指无人机依赖机载的导航设备和飞行控制系统进行定位导航并最终控制无人机降落在着陆场的过程。在军事航空领域,具有自主着陆能力的新型战机越来越受到重视,这是由于其比普通飞机更能适应作战环境,具有更高的机动性。自主着陆使飞机降低了对地面辅助设备的要求,尤其在作战环境下,机场设施遭受破坏时,更能体现出自主着陆所具有的重要意义。

要想实现无人机自主着陆,无人机必须具备自主导航能力,因此高精度的自主导航技术是无人机自主着陆的关键技术。目前,国内外研究的用于无人机自主着陆的导航技术包括惯性导航系统(INS)、GPS 导航、INS/GPS 组合导航系统和视觉导航系统。其中惯性导航系统是最早最成熟的导航技术,它利用陀螺、加速度计等惯性元器件感受无人机在运动过程中的加速度,然后通过积分计算,得到机体大概位置与速度等导航参数。其最大的缺点是误差会随着时间的推移而不断累加。GPS 应用最为广泛,技术也相对成熟,它利用导航卫星来进行导航定位,具有精度高、使用简单等优点,但由于完全依靠卫星,在战争期间极易受到破坏。同时,由于 GPS 的空间卫星结构不能保证 100% 的无故障率,以及飞行器在飞行过程中的飞行动作可能会影响接收机对 GPS 信号的接收;伴随多种导航技术的出现,人们自然想到将不同的导航技术组合,发挥各自的优势,INS/GPS 组合导航是研究最多的一种导航技术。

视觉导航技术是利用传感器获得图像,通过图像处理得到无人机导航定位姿态参数,视觉传感器具有轻便、低功耗、体积小等优点,此外,视觉导航系统的工作波段远离当前电磁对抗的频率范围,且具有精度适中、成本低等优点,采用它独立完成或辅助完成无人机的自主着陆、着陆任务已成为国际上的一种发展趋势。

12.6.2　国内外现状

国外已经有许多大学和科研机构从事无人机视觉导航技术研究。因为 UAV 有螺旋桨和固定翼之分,螺旋桨无人机可以近距离悬停,图像分辨率高,且清晰,对实时性要求不高。固定翼无人机要求远距离探测着陆点,需要识别算法快捷可靠。因此,视觉导航技术研究因不同的应用对象而采取相应的策略,相比较而言,固定翼 UAV 的视觉导航技术难度较大,通常以螺旋桨 UAV 为研究起步阶段。

1. 螺旋桨 UAV 视觉导航系统

在利用计算机视觉解决螺旋桨无人机的自主着陆中主要有两种研究方法。

方法一:通过识别跑道图像,提取跑道或跑道附近的已知相对位置的特征点,从而计算出飞机相对跑道的位置和方向。该研究主要是把视觉系统所需要的所有特征点置于一个平面上,通过对所有特征点的提取分析完成无人机的自主着陆。

方法二:通过已知机载的跑道三维模型资料库,假设某个观察点,生成期望的跑道合成透视图像,与机载摄像机拍摄到的实际跑道图像对照,逼近到一定的误差范围内,就可以得出机载视觉系统,即飞机的位置。如美国加州大学伯克利分校和南加州大学都使用具有特殊形状的人造着陆平台,其目的是简化图像处理过程,使无人直升机易于找到降落点。

2. 固定翼 UAV 视觉导航系统

有学者提出以红外视觉/惯导作为主导航系统,并结合压力高度表进行着陆,首先找到舰船上的三个特征点,然后采用三点法识别,但识别错误点比较多;Yang Z 利用检测地平线和跑道来获得无人机的姿态角;Luke K . Wang 等提出了基于双目立体视觉,利用一种扩展卡尔曼滤波器处理非线性动态方程,测量低空无人机的速度和空间位置;佛罗里达大学 Terry Cornall 等研究了微型飞行器的控制问题,利用颜色和纹理提取地平线,并根据地平线与图像中心的偏移来求取 UAV 的水平偏向角;澳大利亚 Monash 大学的 D. Tung 构建了 UAV 下降时姿态模型,并利用单目视觉获取 UAV 的方向角(approach angle);加州伯克利大学的 Rajia Sengupta 主要研究小型固定翼 UAV 的视觉导航系统,利用单目彩色视觉信息检测障碍物,利用立体视觉对跑道进行跟踪。

国内在利用计算机视觉实现无人机的自主着陆方面也陆续投入了研究,但是由于起步比较晚,目前针对螺旋桨 UAV 研究比较多。对于螺旋桨无人机,主要是利用数字地图或景象匹配实现无人机的目标定位,由于需要无人机所飞行的路径中具有明显的地形地貌特征,无人机的航行自主性、灵活性受到了很大的限制,也影响战时无人机任务执行的灵活性和机动性。

12.6.3　总体方案设计

根据国内外研究现状,以及着陆的条件分析,本节设计以 GPS/SINS 组合导航系统结合高度表为无人机的主导航系统,以基于跑道上易识别的主动发射特定波段红外辐射合作目标的计算机视觉/SINS 结合高度表为辅的无人机导航和着陆的精确导引方案,实现无人机全天候自主精确着陆。

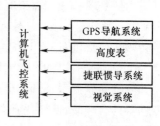

图 12 - 42　无人机的着陆系统的总体框图

无人机着陆系统的总体框图如图 12 - 42 所示。在 GPS 被关闭或受干扰的情况下,SINS 导引无人机返回到着陆点附近,再利用计算机视觉探测和识别合作目标,并通过合作目标上的特征点计算出无人机相对于跑道的俯仰角、滚动角以及偏航角等着陆所需参数,再结合 SINS 和高度表,最终实现无人机全天候精确自主着陆。

系统总体着陆方案的工作原理如图 12 - 43 所示。

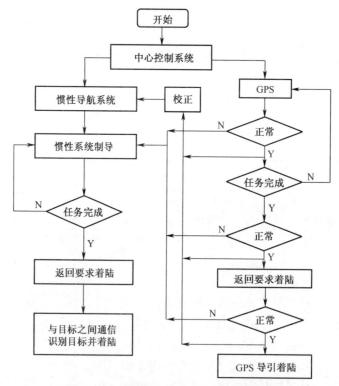

图 12 - 43　系统的总体着陆方案程序流程图

无人机起飞前,捷联惯性导航系统和 GPS 同时启动工作。飞行时,飞行控制系统自动判断 GPS 是否工作正常。若正常,则利用 GPS/SINS 的组合导航系统并结合高度表来导航、执行任务以及导引无人机着陆;若不正常,则导航任务主要由惯性导航系统结合高度表来完成。但由于惯性导航系统有随时间累计的导航误差,因而只能引导无人机飞回到着陆跑道附近。

这时再利用计算机视觉识别着陆跑道上放置的合作目标,根据从合作目标上提取出的特征点,利用无人机着陆相关的坐标系之间的转换关系求解无人机相对于跑道的俯仰角、滚动角以及偏航角等着陆参数,并传递给无人机控制系统,实现无人机自主着陆的精确导引,确保无人机安全进场及完成无人机的自主着陆。

12.6.4　合作目标设计

1. 可见光和红外辐射的对比分析

1) 可见光

波长在 $0.4 \sim 0.76 \mu m$ 之间的电磁波称为可见光。可见光图像的采集主要受到目标和背景亮度的限制。在两者具有相同的光照亮度条件下,取决于各自的反射特性。

目标-背景的反射特性通常用反射比来表征。反射比的特性主要受到目标或背景的表面状态、颜色、季节、气象条件、入射角等影响。

目标-背景的对比度定义为

$$C_{ob} = \left| \frac{I_o - I_b}{I_b} \right| \qquad (12-34)$$

式中,I_o 是被观测的目标物的亮度;I_b 是合作目标的的背景亮度;C_{ob} 是目标-背景对比度。如果 I_o 为被观测的合作目标的固有亮度,I_b 为合作目标所在处的背景亮度,则 C_{ob} 为目标-背景的固有对比度,用 C_o 表示。

2) 红外辐射

波长在 $0.76 \sim 1000 \mu m$ 的波段之间的光波为红外波段。通常分为 4 个区域:近红外（$0.76 \sim 3 \mu m$）、中红外（$3 \sim 6 \mu m$）、中远红外（$6 \sim 20 \mu m$）和远红外（$20 \sim 1000 \mu m$）。红外波段人眼看不见,但是它可以被对红外敏感的检测器接收到,即通过热像仪给出景物与温度有关的信息。

3) 辐射源的光谱辐射效率

19 世纪中叶,基尔霍夫引入发射本领和吸收本领的概念,定义了吸收率 α 和发射率 ε,建立了绝对黑体(简称黑体)模型,也从此开始了对红外辐射的研究。

普朗克应用量子概念导出以 λ（μm）和 T（k）为变量的黑体光谱辐射出射度 $M_{b\lambda T}$ $[W/(m^2 \cdot \mu m)]$ 的公式为

$$M_{b\lambda T} = \frac{c_1 \lambda^{-5}}{e^{c_2/\lambda T} - 1} \qquad (12-35)$$

$c_1 = 2\pi hc^2 = 3.7418 \times 10^{-16} W \cdot m^2$ 为第一辐射常数;$c_2 = hc/k = 1.4388 \times 10^{-2} m \cdot K$ 为第二辐射常数;其中 $k = 1.3807 \times 10^{-23} J/K$,为玻耳兹曼常数;$c = 2.9979 \times 10^{-8} m/s$,为光在真空中的传播速度。

与功率成正比,定义辐射源在特定波长上的光谱辐射效率为

$$\eta_\lambda = \frac{M_{b\lambda T}}{M_b} = \frac{c_1 \lambda^{-5}}{\exp(c_2/\lambda T) - 1} \cdot \frac{1}{\sigma T^4} \qquad (12-36)$$

将式（12-11）对 T 求极大值得

$$\lambda_e T_e = 3669.73 (\mu m \cdot K) \qquad (12-37)$$

这表明对于给定波长 λ_e 有一对应光谱辐射效率最大的温度 T_e。

2. 目标与背景的辐射对比度

用热像仪观测背景中的目标,当目标–背景的温度差较小时,即目标–背景的辐射对比度差别不大时,目标很难探测到。为描述目标与背景辐射的差别,常引用辐射对比度,定义为

$$C = \frac{M_T - M_B}{M_B + M_B} \tag{12-38}$$

式中

$$M_T = \int_{\lambda_1}^{\lambda_2} M_\lambda(T_T) \, d\lambda \tag{12-39}$$

表示目标在工作波段 $\lambda_1 \sim \lambda_2$ 内的辐射出射度,其中 T_T 为目标的温度值:

$$M_B = \int_{\lambda_2}^{\lambda_1} M_\lambda(T_B) \, d\lambda \tag{12-40}$$

表示背景在相同波段内的辐射出射度,其中,T_B 为背景的温度值。

由以上所述可以得出:可见光图像对自然光的依赖性比较高,用可见光图像进行物体识别时,不仅要求目标具有较好的反射特性,而且要求目标与背景有较高的对比度。而对于红外辐射图像,目标与背景温度差及其辐射性能是影响识别的主要因素。

目前可见光相机技术发展较快,其分辨力远高于基于红外辐射的热像仪,其成本远低于红外热像仪。因而,在能见度较高的条件下,利用可见光相机对目标的识别是视觉识别的一种非常有效的方法。但是在战时复杂的环境下,红外视觉系统会起到更重要的作用。因此,为了适应全天候的无人机自主着陆,减弱天气等外界因素的影响,本文中选择红外辐射作为合作目标辐射的对应波段,并采用热像仪进行探测。

热像仪有效探测到目标必须具备三个条件:①目标的辐射波长要与热像仪的工作波段匹配,且辐射能量要足够强;②目标与背景之间的热辐射要有一定的差别;③目标应该有足够的几何尺寸。下面将对这几个条件涉及到的内容进行讨论,确定合作目标的红外辐射波段。

3. 红外辐射在大气中的传输

红外辐射在到达红外传感器之前,会被大气中的某些气体有选择地吸收,大气中的悬浮粒子能使光线散射。虽然吸收、散射的机理不同,但二者的作用结果都主要是使红外辐射发生衰减。另外,大气路径本身的红外辐射与目标辐射相叠加,将减弱目标与背景的对比度。地球大气是由多种气体分子和悬浮粒子组成的混合体,大气对红外辐射的影响主要是指大气中的分子、霾、雾等的作用,一般地说,大气对红外辐射的影响主要有以下 6 种:

①大气分子分立谱线或谱带的吸收及重发射;②气体分子和直径远小于辐射波长的粒子的瑞利散射损失;③气溶胶和大小可与辐射波长相比拟的大气粒子的吸收、米氏(Mie)散射及重发射;④大气湍流引起辐射的强度起伏、相位变化与光斑跳动;⑤热梯度、大气湍流造成大气折射率不均匀的散射和折射;⑥大气自红外辐射。

红外辐射通过实际大气的传输过程是非常复杂的。它依赖于引起吸收的分子类型及其浓度,大气中悬浮粒子的尺寸、特性和密度以及沿传输路径上各点的温度和压强等气象条件,还与距离、波长有关。

大气散射是由大气分子和大气中的悬浮颗粒引起的。当粒子半径 $r \ll \lambda$ 时,此种散射称为瑞利散射。瑞利散射粒子主要是气体分子,故称为分子散射。分子散射与 λ 成反比,即短波散射比长波散射强,对可见光,因为其波长短,瑞利散射就很严重,故中午天空呈蓝色而在傍晚呈红色。对中远红外区域红外辐射,瑞利散射基本上可以忽略。当 r 和 λ 差不多大时,散射成

为米氏散射,大气中的云、雾等水滴的大小与 $0.76\sim14\mu m$ 的红外辐射的波长差不多,所以米氏散射严重。在潮湿的空气中,粒子($0.5\mu m$)聚集水分子形成雾,进而形成水滴或冰粒(直径达几微米),最后,当水滴尺寸达 $0.25mm$ 时形成雨,水气在 $0.26\mu m$ 和 $20\mu m$ 以上具有强烈的吸收谱。大气中含有的固体微粒(如烟、尘)粒子半径一般小于 $0.5\mu m$,由于尺度较小,对红外辐射的散射不像雾那么严重。

1) 大气红外吸收谱与大气窗口

在红外波段,吸收比散射严重得多。大气含有多种气体成分,根据分子物理学理论,吸收是入射辐射和分子系统之间相互作用的结果,而且仅当分子振动(或转动)的结果引起电偶极矩变化时,才能产生红外吸收光谱。由于地球大气层中含量最丰富的氮、氧、氩等气体分子是对称的,它们的振动不引起电偶极矩变化,故不吸收红外。大气中含量较少的水蒸气、二氧化碳、臭氧、甲烷、氧化氮、一氧化碳等非对称分子振动引起电偶极矩变化,能产生强烈红外吸收。其中对红外线的吸收最强烈的是 H_2O,其次是 CO_2 和 O_3,至于 CO、O_2、N_2O、CH_4 这类分子,仅在一定条件下吸收才比较显著。因此,辐射通过整个大气层时产生极大的选择性吸收。在大城市及邻近城市的局部地区还可出现少量的污杂分子,如硫化氢(H_2S)、二氧化硫(SO_2)和氨(NH_3)的吸收。如图 $12-44$ 所示的大气透射光谱分布中,在各种气体吸收较弱的区域主要形成三个大气窗口:$2.1\sim2.5\mu m$、$3\sim5\mu m$、$8\sim14\mu m$,在这三个窗口,大气对红外线相对透明。

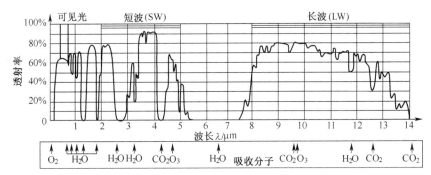

图 $12-44$　大气透射光谱分布

2) 大气透射

红外辐射经过大气的衰减与传输距离、大气相对湿度、物体温度等有关。如图 $12-45$ 所示是在相同湿度下经过不同传输距离后红外辐射光谱的透射分布。

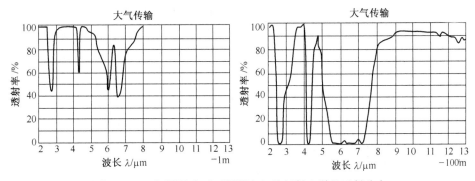

图 $12-45$　相同湿度下不同距离红外辐射光谱的透射分布

从图 $12-45$ 中可以看到,在 $5\sim7\mu m$ 波段有强烈的辐射衰减,其中在 $2.7\mu m$ 和 $4.2\mu m$ 附

近的衰减峰值分别对应着水蒸气和二氧化碳的吸收。随着距离的增加衰减越来越严重。在 $8\sim12\mu m$ 波段虽然也有衰减,但没有明显的衰减峰出现。因此热成像技术通常采用 $3\sim5\mu m$ 和 $8\sim12\mu m$ 两个波段。

4. 合作目标对应辐射波段及其最佳辐射温度范围确定

由式(12-40)可以得到,$8\sim12\mu m$ 对应的光谱最大辐射效率的温度范围为 32.81~185.72℃,而 $3\sim5\mu m$ 对应的光谱最大辐射效率的温度范围为 460.45~950.95℃。比较两个温度范围,很明显 $8\sim12\mu m$ 波段对应的温度范围有利于温度控制系统对合作目标温度的控制。

因此,选取 $8\sim12\mu m$ 波段作为合作目标对应的辐射波段,该波段对应的最佳辐射温度范围为 32.81~185.72℃。

5. 合作目标形状设计

设计的合作目标形状应该满足以下要求:①相对于周围环境,形状特征应易于识别,并且构图简单以易于视觉系统能够快速地进行图像处理;②合作目标的图像应包含足够的信息,如点、线或者区域,以便视觉系统利用这些信息计算出指挥无人机自主着陆所需的相对位姿信息;③特征图案在空间上应具有非对称性的提供舰相对的航向信息,满足无人机触舰后的机头指向要求。

根据要求设计出的合作目标形状为 T 形,如图 12-46 所示。其"长和宽的比值"为:$(a+5a):(a+a+a)=2:1$。可以利用"长边"与跑道方向一致来指出无人机触舰后的机头指向。T 形合作目标能够提供足够的信息供识别和求解无人机相对于跑道的位姿等参数的需要。其红外图像如图 12-47 所示。

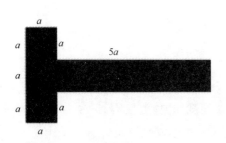

图 12-46　合作目标的形状图——比例

图 12-47　T 形合作目标的红外图像

12.6.5　图像处理和目标识别及其实验结果

1. 图像处理

1)图像滤波与去噪

图像信号在其形成、传输和记录过程中,由于成像系统、传输介质、工作环境和记录设备的不完善,会引入噪声而使图像质量下降,或称退化。对有噪图像来说,其后续处理(如特征提取、图像分析和识别、图像压缩等)的成败往往取决于其前期处理的效果和质量。尤其是在恶劣和高噪声环境下(如军事电子对抗、工业机器人、历史文物资料等)得到的一些低信噪比图像,如前期处理效果不佳,则后续处理往往难以为继。因此,这部分的工作具有相当重要的意义。

中值滤波是常用的滤波方法。中值滤波是一种去除噪声的非线性处理方法。开始,中值滤波用于时间序列分析,后来被用于图像处理,并在图像的去噪复原中取得了较好的效果。中值滤波的基本原理是把数字图像中一个像素点的灰度值用该点的一个小邻域中各点值的中值代替。把一个点的特定长度或形状的邻域称作窗口。邻域的大小决定在多少个数值中求中值,窗口的形状决定在什么样的几何空间中取元素计算中值。对二维图像,窗口的形状可以是矩形、圆形及十字形等,它的中心一般位于被处理点上。窗口大小及形状有时对滤波效果影响很大。

2)图像的二值化

目标图像的二值化也是图像处理中非常重要的部分。图像分割是图像识别的关键和前提,阈值分割是图像分割的一种简单的常用的方法,通过选取适当的阈值,将原图像中的前景和背景分开。该方法的处理结果直接依赖于阈值的选择,如何确定最优阈值保证有效的分割效果,一直是阈值分割的难题。

图像阈值分割是一种广泛使用的图像分割技术,它利用了图像中要提取的目标物与其背景在灰度特性上的差异,把图像视为具有不同灰度级的两类区域(目标和背景)的组合,选取一个合适的阈值,以确定图像中每一个像素点应该属于目标还是背景区域,从而产生相应的二值图像。阈值分割后大大简化了后面的分析和处理步骤。和灰度图像一样,二值图像只需要一个数据矩阵,每个像素只取两个离散的值。实际上,这两个值就相当于开和关,对应于 white 和 black,一个二值图像是以 0 和 1 的逻辑矩阵存储的。

2. 目标识别

基于位置、大小、旋转和其他不变性的特征的目标识别,近几年成为人们研究的热点问题。而解决问题的关键是找到有效的不变特征。目前的几种识别特征:①视觉特征:边缘,纹理,轮廓;②变换系数特征:傅里叶描述子,Hadamand 系数;③代数特征:基于图像矩阵分解;④统计特征:矩不变。

随着人工神经网络和计算机视觉技术的发展,许多国内外学者致力于不变性识别领域的研究和探索,如 Hu、Dudani 等的不变矩,Fu、Zahn 等的傅里叶描述子,Arbter 等的梅林不变矩以及 Zernike 矩等,并已成功地运用到字符识别、遥感图像匹配等领域。

下面简单介绍基于不变矩的目标识别方法。M. K. Hu 首先于 1962 年提出了连续函数矩的定义,给出了具有平移不变性、旋转不变性和比例不变性的 7 个不变矩的表达式。

在离散状态下,二维函数 $f(m,n)$ 的 $(p+q)$ 阶普通矩和中心矩的公式如下:

$$m_{pq} = \sum_{m=1}^{M} \sum_{n=1}^{N} m^p \, n^q f(m,n) \qquad (12-41)$$

$$\mu_{pq} = \sum_{m=1}^{M} \sum_{n=1}^{N} (m - \bar{x})^p \, (n - \bar{y})^q f(m,n) \qquad (12-42)$$

其中 $p,q = 0,1,2,\cdots$;$\bar{x}$ 和 $\bar{y}$ 为图像的重心坐标。

归一化中心矩 η_{pq} 定义为

$$\eta_{pq} = \frac{\mu_{pq}}{\mu_{00}^r} \qquad (12-43)$$

其中 $r = \dfrac{(p+q)}{2}$,$p+q = 2,3,\cdots$。

采用不变矩对无人机采集到的 T 形目标图像计量,与模板匹配识别,然后再通过位姿提取得到无人机相对于跑道的位姿关系,进行导引着陆。实验图片如图 12-48 所示。

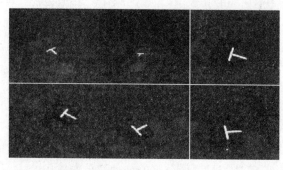

图 12-48 为无人机视觉着陆方式和实验图像

12.6.6 位姿获取方法设计与实验

默认摄像机坐标系与无人机机体坐标系一致。如图 12-49 所示，$o_w x_w y_w z_w$ 是世界坐标系，原点 o_w 取跑道平面上某一点，在无人机着陆过程中，根据合作目标选取世界坐标系的原点。$o_w y_w$ 轴平行于合作目标的主轴方向；$o_w x_w$ 轴也在跑道平面内，且垂直于 $o_w y_w$ 轴指向右方；$o_w z_w$ 轴垂直跑道平面指向上方。$oxyz$ 是机体坐标系，原点 o 取在无人机质心处，坐标与无人机固连；oy 轴与无人机机身的设计轴线平行，且处于无人机对称平面内；ox 轴垂直于飞机对称平面指向右方；oz 轴在无人机对称平面内，且垂直于 oxy 平面指向上方。无人机三个姿态角表示机体轴系与跑道轴系的关系，定义如下：

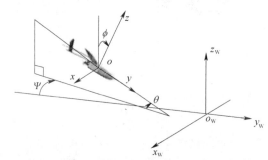

图 12-49 跑道坐标系与无人机机体坐标系

俯仰角 θ：机体轴 oy 与跑道平面的夹角，以抬头为正。

偏航角 ψ：机体轴 oy 在跑道平面上的投影与跑道轴 $o_w y_w$ 间的夹角，以机头右偏航为正。

滚动角 ϕ：又称倾斜角，指机体轴 oz 与包含机体轴 oy 的铅垂面间的夹角，无人机向右倾斜时为正。

Tsai 提出的基于 RAC 的定标方法是计算机视觉像机定标方面的一项重要工作，该方法的核心是首先利用径向一致约束来求解除 tz（像机光轴方向的平移）外的其他像机外参数，然后再求解相机的其他参数。而我们所要求的三个姿态角和三个位置参数都能通过这种方法求出。同时，基于 RAC 方法的最大好处是它所使用的大部分方程是线性方程，从而降低了参数求解的复杂性，因此其定标过程快捷，准确。

1. 径向排列约束(RAC)

在图 12-50 中，按理想的投射投影成像关系，空间点 $P(x,y,z)$ 在摄像机像平面上的像点为 $p(X_u,Y_u)$，但是由于镜头的径向畸变，其实的像点为 $p'(X_d,Y_d)$，它与 $P(x,y,z)$ 之间不符合透视投影关系。

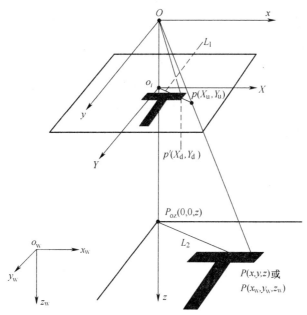

图 12-50 考虑镜头的径向畸变的摄像机模型

可以看出，$\overline{O_i p'}$ 与 $\overline{P_{oz}P}$ 的方向一致，且径向畸变不改变 $\overline{O_i p'}$ 的方向，即 $\overline{O_i p'}$ 方向始终与 $\overline{O_i P}$ 的方向一致。其中 O_i 是图像中心，P_{oz} 位于 $(0,0,z)$ 的点，这样 RAC 可表示为 $\overline{O_i p'} // \overline{O_i P} // \overline{P_{oz}P}$，由成像模型可知，径向畸变不改变 $\overline{O_i P}$ 的方向。因此，无论有无透镜畸变都不影响上述事实。有效焦距 f 的变化也不会影响上述事实，因为 f 的变化只会改变 $\overline{O_i P}$ 的长度而不会改变方向，这样就意味着由 RAC 约束所推导出的任何关系式都是与有效焦距 f 和畸变系数 k 无关的。

2. RAC 两步法标定过程

由摄像机坐标系与世界坐标系关系式可以得到

$$\begin{cases} x = r_1 x_w + r_2 y_w + r_3 z_w + T_x \\ y = r_4 x_w + r_5 y_w + r_6 z_w + T_y \\ z = r_7 x_w + r_8 y_w + r_9 z_w + T_z \end{cases} \tag{12-44}$$

由 RAC 约束可得

$$\frac{x}{y} = \frac{X_d}{Y_d} = \frac{r_1 x_w + r_2 y_w + r_3 z_w + T_x}{r_4 x_w + r_5 y_w + r_6 z_w + T_y} \tag{12-45}$$

整理可得矢量形式

$$[x_w Y_d \quad y_w Y_d \quad z_w Y_d \quad Y_d \quad -x_w X_d \quad -y_w X_d \quad -z_w X_d] \begin{bmatrix} r_1/T_y \\ r_2/T_y \\ r_3/T_y \\ T_x/T_y \\ r_4/T_y \\ r_5/T_y \\ r_6/T_y \end{bmatrix} = X_d \tag{12-46}$$

其中，行矢量 $[x_wY_d \quad y_wY_d \quad z_wY_d \quad Y_d \quad -x_wX_d \quad -y_wX_d \quad -z_wX_d]$ 是已知的，而列矢量 $[r_1/T_y \quad r_2/T_y \quad r_3/T_y \quad T_x/T_y \quad r_4/T_y \quad r_5/T_y \quad r_6/T_y]$ 是待求的参数。

实际图像坐标 (X_d, Y_d) 到计算机图像坐标 (u_d, v_d) 的变换为

$$\begin{cases} u_d = s_x {d'_x}^{-1} X_d + u_o \\ v_d = {d'_x}^{-1} Y_d + v_o \end{cases} \tag{12-47}$$

其中，$d'_x = d_x N_{cx}/N_{fx}$，d_x 为摄像机在 X 方向的像素间距；d_y 为摄像机在 Y 方向的像素间距；N_{cx} 为摄像机在 X 方向的像素数；N_{fx} 为计算机在 X 方向采集到的行像素数；s_x 为图像尺度因子或称为纵横比；(u_o, v_o) 为光学中心。设采用 N 个共面点进行标定，计算机图像坐标为 (u_{di}, v_{di})，相应三维世界坐标为 (x_{wi}, y_{wi}, z_{wi})，$i = 1, 2, \cdots, N$，其中 $z_{wi} = 0$，则标定点过程分以下几步实现。

（1）求解旋转矩阵 R，平移阵 T 的 t_x、t_y 分量。

设 $s_x = 1$，(u_o, v_o) 为计算机屏幕的中心点坐标，获得的计算机图像坐标 (u_{di}, v_{di}) 计算实际图像坐标 (X_{di}, Y_{di})。由于 X_d 与 x、Y_d 与 y 具有相同的符号，则先假设 T_y 符号为正，在标定点中任意选取一个点，进行如下计算：

$$\begin{cases} r_1 = (T_y^{-1} s_x r_1) T_y/s_x \\ r_2 = (T_y^{-1} s_x r_2) T_y/s_x \\ r_3 = (T_y^{-1} s_x r_3) T_y/s_x \\ r_4 = (T_y^{-1} r_4) T_y \\ r_5 = (T_y^{-1} r_5) T_y \\ r_6 = (T_y^{-1} r_6) T_y \\ T_x = (T_y^{-1} s_x T_x) T_y/s_x \\ x = r_1 x_w + r_2 y_w + r_3 z_w + T_x \\ y = r_4 x_w + r_5 y_w + r_6 z_w + T_y \end{cases} \tag{12-48}$$

若 X_d 与 x 符合相同且 Y_d 与 y 符合相同，则 T_y 符号为正。否则，T_y 符号为负。根据 R 的正交性，计算 r_7、r_8、r_9 如下：

$$\begin{bmatrix} r_7 \\ r_8 \\ r_9 \end{bmatrix} = \begin{bmatrix} r_1 \\ r_2 \\ r_3 \end{bmatrix} \times \begin{bmatrix} r_4 \\ r_5 \\ r_6 \end{bmatrix} \tag{12-49}$$

（2）求解有效焦距 f、T 的 t_z 分量和透镜畸变系数 k。

在步骤（1）里，已求解出参数 T_x、T_y、s_x 及 $r_1 - r_9$，剩下的工作就是确定 f、k、T_z 及 (u_o, v_o)。对于每一个特征点，不考虑畸变有

$$\frac{Y_{di}}{f} = \frac{y_i}{z_i} \tag{12-50}$$

令 $k = 0$，(u_o, v_o) 为计算机屏幕的中心坐标，则可得

$$[y_i - dy(v_{di} - v_o)] \begin{bmatrix} f \\ T_z \end{bmatrix} = w_i dy(v_{di} - v_o) \tag{12-51}$$

其中，$y_i = r_4 x_{wi} + r_5 y_{wi} + r_6 z_{wi} + T_y$，$w_i = r_7 x_{wi} + r_8 y_{wi} + r_9 z_{wi}$。求解组成的超定方程组，即可求得 f 及 T_z 的初始值。

取 k 的初始值为 0，(u_o,v_o) 的初始值为计算机屏幕的中心点坐标，解下列非线性方程组，进行优化搜索即可得到 f、k、T_z 及 (u_o,v_o) 的精确解。

$$\begin{cases} X_{di}(1+k^2)=f(r_4 x_{wi}+r_5 y_{wi}+r_6 z_{wi}+T_y)/(r_7 x_{wi}+r_8 y_{wi}+r_9 z_{wi}+T_z) \\ Y_{di}(1+k^2)=f(r_4 x_{wi}+r_5 y_{wi}+r_6 z_{wi}+T_y)/(r_7 x_{wi}+r_8 y_{wi}+r_9 z_{wi}+T_z) \end{cases} \quad (12-52)$$

以上即为 RAC 两步法的完整的求解过程。

3. 实现过程

所用的合作目标形状如图 12-51 所示，选取 1~10 这 10 个点进行标定。

世界坐标系和摄像机坐标系的关系：

$$\begin{pmatrix} x_c \\ y_c \\ z_c \end{pmatrix}=R\begin{pmatrix} x_w \\ y_w \\ z_w \end{pmatrix}+T \quad (12-53)$$

其中，旋转矩阵 R 为摄像机坐标系（即视觉系统坐标系）相对世界坐标系的旋转矩阵，实际只含有 3 个独立变量：滚动角 ϕ、俯仰角 θ 和偏航角 ψ，用 3 个角的方向余弦表示。

下面介绍旋转矩阵的具体求解过程。在图 12-52 中，绕 x_w 轴旋转俯仰角为 θ；绕 y_w 轴旋转滚动角 ϕ；绕 z_w 轴旋转偏航角 ψ。

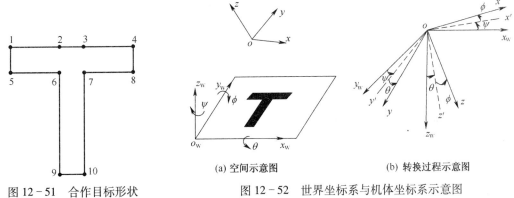

图 12-51　合作目标形状　　(a) 空间示意图　　(b) 转换过程示意图

图 12-52　世界坐标系与机体坐标系示意图

在图中，将世界坐标系平移 P 到无人机重心，并将世界坐标系绕 oz_w 轴旋转偏航角 ψ，成为 $ox'y'z_w$：

$$\begin{bmatrix} x' \\ y' \\ z_w \end{bmatrix}=\begin{bmatrix} \cos\psi & \sin\psi & 0 \\ -\sin\psi & \cos\psi & 0 \\ 0 & 0 & 1 \end{bmatrix}\begin{bmatrix} x_w \\ y_w \\ z_w \end{bmatrix} \quad (12-54)$$

然后绕 ox' 轴转过俯仰角 θ，成为 $ox'yz'$：

$$\begin{bmatrix} x \\ y \\ z \end{bmatrix}=\begin{bmatrix} \cos\theta & 0 & -\sin\theta \\ 0 & 1 & 0 \\ \sin\theta & 0 & \sin\theta \end{bmatrix}\begin{bmatrix} x' \\ y \\ z' \end{bmatrix} \quad (12-55)$$

再绕 oy 转过滚转角 ϕ，与机体轴系 $oxyz$ 重合：

$$\begin{bmatrix} x' \\ y \\ z' \end{bmatrix}=\begin{bmatrix} 1 & 0 & 0 \\ 0 & \cos\phi & \sin\phi \\ 0 & -\sin\phi & \cos\phi \end{bmatrix}\begin{bmatrix} x' \\ y' \\ z_w \end{bmatrix} \quad (12-56)$$

由上述三个式子,根据 Tsai 算法中求得的旋转矩阵 R,从而得到三个姿态角参数。

$$R = \begin{bmatrix} \cos\phi\cos\psi - \sin\theta\sin\phi\sin\psi & \cos\phi\sin\psi + \sin\theta\sin\phi\cos\psi & -\cos\theta\sin\phi \\ -\cos\theta\sin\psi & \cos\theta\cos\psi & \sin\theta \\ \sin\phi\cos\psi + \sin\theta\cos\phi\sin\psi & \sin\phi\sin\psi - \sin\theta\cos\phi\cos\psi & \cos\theta\cos\phi \end{bmatrix} \quad (12-57)$$

$T = [t_x, t_y, t_z]^T$,t_x、t_y、t_z 分别为 x、y、z 轴方向的偏移,即世界坐标系的原点在摄像机坐标系下的坐标。

通过图像上提取出 10 个点以及合作目标这 10 个点在世界坐标系下的坐标,通过 Tsai 算法可以计算出旋转矩阵 R 及平移矩阵 T,从而得到俯仰角、偏航角和滚转角和位置参数。获得的位姿实验结果如图 12-53 所示。

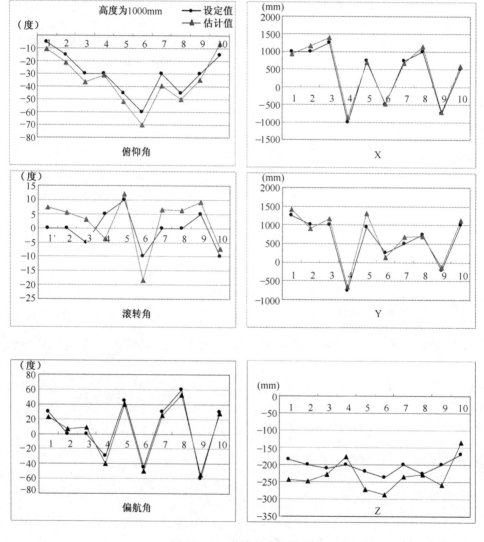

图 12-53 位姿的实验结果

12.7　面向智慧城市的智能监控系统设计

12.7.1　应用背景

随着智慧城市的快速发展,人们对重要场所的自动实时监控要求越来越高。现代机场、车站、地铁、港湾等大型的视频监控系统往往包含成百上千的摄像头。中国一个"平安城市"的安防系统往往拥有数十万个摄像头。如此众多的摄像头采集实时视频图像,谁来看? 美国 Sandia 国家实验室的研究表明,即使是在专业监控人员仅仅监视两个监视器的情况下,10min 之后就将错过 45% 的行为,22min 之后将错过 95% 的行为。而且,人类具有自身的弱点。在很多情况下,监控人员并非一个可以完全信赖的观察者,无论是在观看实时的视频流还是在观看录像回放的时候,由于自身生理上的弱点,监控人员经常无法察觉安全威胁,从而导致误报和漏报现象的发生。

解决这一问题的最有效的方法是开发智能化视频监控技术,智能视频监控(IV - Intelligent Video)是网络化视频监控领域最前沿的应用模式之一,它以数字视频监控系统为基础,借助于计算机强大的数据处理功能,对视频画面中的海量数据进行高速分析,过滤用户不关心的信息,仅仅为监控者提供有用的关键信息。智能化视频监控技术能把监控人员从枯燥无味的简单劳动中解放出来,加强了应急反应处理各项报警情况的能力。

12.7.2　智能监控系统的总体设计

智能视频监控系统一般由目标检测模块、目标跟踪模块、目标分类模块和目标识别模块等部分组成。智能视频监控系统的核心技术就是视频信号的分析处理。根据技术处理的层次高低,智能视频监控技术在软件实现上可以分为视频信号的基本处理和高级处理。智能视频监控系统的基本处理技术包括动态目标的检测、分类和跟踪等, 高级处理技术主要是指视频模式识别技术,有人脸识别技术和行为模式分析技术等。目前对视频信号的基本处理技术已经比较成熟,并得到了应用。至于视频分析处理技术尚处于研究阶段,还没有得到实际应用和推广。

12.7.3　目标检测

目标检测即是从背景(静止的或运动的)中提取出运动的前景目标。动态视频运动目标检测技术是智能化视频分析的基础,也是关系到整个系统功能的重要步骤。下面着重介绍目标检测的几种典型方法,即背景减法、帧间差分法和光流法。

1. 背景减法

背景减除方法是目前运动检测中最常用的一种方法,它是利用当前图像与背景图像的差分来检测出运动区域的一种技术。背景差法首先选取背景中的一幅或几幅图像的平均作为背景图像,然后把以后的序列图像当前帧和背景图像相减,进行背景消去。若所得到的像素数大于某一阈值,则判定被监视场景中有运动物体,从而得到运动目标。

用公式表示如下:

$$d = |I_L(x, y, i) - B_L(x, y)| \tag{12-58}$$

$$ID_L(x, y, i) = \begin{cases} d, d \geq T \\ 0, d < T \end{cases} \tag{12-59}$$

式中,ID_L 是背景帧差图;B_L 是背景图像的亮度分量;I_L 是当前某一帧图像的亮度分量;i 表示帧数$(i=1,2,\cdots,N)$;N 为序列总帧数;T 为阈值。

图 12-54 中的几幅图像给出了用背景减法处理的结果。(a)为背景图,(b)为包含运动目标的当前帧,(c)为当前帧减去背景帧后的差值结果。

(a) 背景灰度图　　　　　　　(b) 当前灰度图　　　　　　　(c) 差值图

图 12-54　景减法处理结果

这种方法的优点是:其原理和算法设计简单;可以根据实际情况确定阈值进行处理,所得结果直接反映了运动目标的位置、大小、形状等信息,能够得到比较精确的运动目标信息。缺点是受光线、天气等外界条件变化的影响较大;并且在有些情况下,静止背景是不能直接获得的。

2. 帧间差分法

帧间差分法又称作相邻帧差分法。当监控场景中出现异常物体运动时,帧与帧之间会出现较为明显的差别,前后两帧或三帧图像相减,得到两帧图像亮度差的绝对值,判断它是否大于阈值来分析视频或图像序列的运动特性,确定图像序列中有无物体运动。图像序列逐帧差分,相当于对图像序列进行了时域上的高通滤波。

图 12-55 的几幅图像是用红外热像仪拍摄的视频中的相邻两帧图像,给出了用帧间差法处理的结果。(a)、(b)为某段视频中包含运动目标的相邻两帧灰度图像,(c)为两帧相减后的差分运算结果。

(a) 第n帧图像　　　　　　　(b) 第$n+1$帧图像　　　　　　　(c)差分运算结果

图 12-55　间差法处理的结果

这种算法的优点是:算法实现简单,程序设计复杂度低;对光线等场景变化不太敏感,能够适应各种动态环境,稳定性较好。其缺点是不能提取出对象的完整区域,只能提取出边界,而且依赖于选择的帧间时间间隔。

为了方便更好地理解智能监控的整个过程,以上面的图像为例,简单介绍其后续处理工作。

对于上面的差分运算结果,人们往往仅对图像中的某些部分感兴趣,这些部分常称为目标或前景(其他部分成为背景),它们一般对应图像中特定的具有独特性质的区域。为了辨识和分析目标,需要将这些有关区域分离出来,在此基础上才有可能对目标进一步处理,如进行特征提取和测量。图像分割就是把图像空间划分成若干个具有某些一致性属性的不重叠区域并提取出感兴趣目标的技术和过程,基于阈值的分割方法是图像分割中十分古老而又简单有效的常用方法。通过阈值分割方法可以将灰度图像转换成二值图像。图 12-56 所示为阈值分割以后的二值化图像。

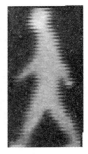

图 12-56 阈值分割后的差分图像、滤波后的结果、运动区域的提取

从图中可以看出,阈值分割以后,基本上可以很好地分割出运动目标,但是还包含一些由于背景运动引入的噪声及杂散点,必须进行滤波处理。常用的有中值滤波、形态学滤波等。从图 12-56 可以看出,滤波以后得到了理想的前景提取结果。

通过上面的处理,可以检测出运动目标区域,从而在原图像帧中提取该区域,并进行跟踪、识别等后续处理。

到此,目标提取的过程基本上结束。事实上,目标的提取识别等还有更多的发展空间,值得引起更多学者的关注。

3. 光流法

目标检测的另外一种方法就是光流法。光流的概念是 Gibson 于 1950 年首先提出的。所谓光流是指图像中模式运动的速度,光流场是一种二维速度场,其中的二维速度矢量是景物中可见点的三维速度矢量在成像表面的投影。它的基本思想是由计算出来的光流场来模拟运动场,通过分析光流场来分析运动场。一般情况下可以认为光流场与运动场没有太大区别。光流法的优点是能够检测独立运动的对象,而不需要预先知道场景的任何信息,只需要知道相邻视频帧之间的像素运动信息。然而,大多数的光流计算方法相当复杂,实时性比较差,且抗噪性能弱,如果没有特别的硬件装置则不能被应用于全帧视频流的实时处理。

12.7.4 目标跟踪

传统监控系统中目标跟踪是由监控人员手工操作来完成。由于所有的目标的运动特性是非线性的,速度和方向都在随时发生改变,即使目标的速度、方向不变,与摄像机的距离也在变化,引入很强的非线性因素,因而,用人工操作的方法来实现控制非常困难。

智能化视频监控技术提供有效的自动目标跟踪的工具,在用计算机自动处理视频流的过程中,发现和跟踪感兴趣的目标,提示监控人员加以关注,并可以控制灵巧快球摄像机,对移动目标实现自动跟踪。图 12-57 所示为统算法流程图,图 12-58 所示为目标与相邻背景相似颜色相似时跟踪结果图。

12.7.5 目标识别

目标识别的基本方法包括特征提取和匹配。目标识别技术主要包括人脸识别和行为模式分析技术等。人脸识别即在数据库中匹配人脸。行为模式分析问题可以简单地理解为

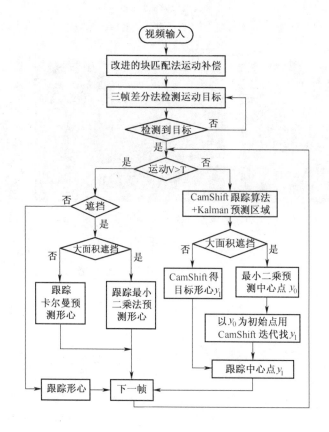

图 12-57　系统算法流程图

图 12-58　目标与相邻背景相似颜色相似时跟踪

时变数据的分类问题,即将视频图像中目标的动态行为时间序列与预先标定的代表典型行为模式的参考序列进行匹配。行为分析技术的简单应用包括设置虚拟的监测边界,如果有目标闯入虚拟边界便启动报警功能。例如检测是否有人爬过围墙或者非法穿过边界,某人闲逛超过 30min 的时候提醒安全人员。当一个物体(如箱子、包裹、车辆、人物等)在敏感区域停留的时间过长,或超过了预定义的时间长度就产生报警。典型应用场景包括机场、火车站、地铁站和码头等。图 12-59 所示为动目标识别决策树,图 12-60 所示为运动目标识别结果图。

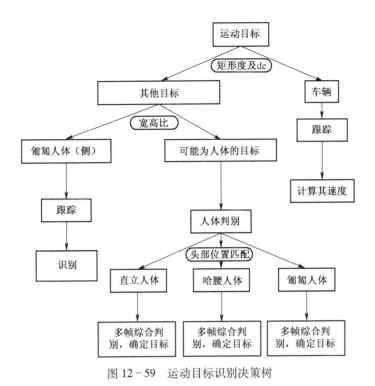

图 12-59 运动目标识别决策树

图 12-60 运动目标识别结果图

12.8 复杂形状物体面积测量系统设计

12.8.1 应用背景

在工业生产中,经常需要对薄的、形状不规则的平面物体进行面积测量。因为自然物大多数是不规则的,相应地,不规则平面物体面积的准确测量一般是用长与宽之积,或是画小方格进行拼凑(坐标纸标定)等,但都很难实现精确度的要求。由于 CCD 技术的发展,人们把目光转移到由像素来求物体面积的方法上来。

随着 CCD 技术以及现代计算机技术的发展,人们在不断地探求用微机来解决问题的新方法。CCD 一问世,人们就对它在摄像领域的应用产生了浓厚的兴趣,各种 CCD 线阵摄像器件和 CCD 面阵摄像器件应运而生。CCD 摄像器件不但具有体积小、重量轻、功耗小、工作电压低和抗烧毁等特点,而且在分辨力、动态范围、灵敏度、实时传输和自动扫描等方面的优越性,也是其他摄像器件无法比拟的。CCD 在摄像方面的应用是 CCD 应用的一个重要方面。

12.8.2　视觉测量原理

该方法的原理是利用光学成像镜组将不规则平面物体成像到面阵 CCD 上,其实质是二维的点阵,各点灰度不同。经计算机处理后得到一个阈值,求取灰度值大于(或小于)该阈值的点数,再乘以一个比例系数即可获得其面积。

$$S = P \times 系数 = P \times (L/f)^2 \tag{12-60}$$

其中,S 为面积;P 为像素数;L 为距离;f 为焦距。

12.8.3　视觉测量平台设计

硬件部分的设计要求是设备环境调节灵活,便于实物的放置以及图像的摄取。硬件系统主要由数字化图像采集设备(包括载物台、CCD 摄像头、图像采集卡)、计算机等组成,用于获取待测物体的图像,将图像数据以某种标准的图像文件格式保存下来。软件则用来对获取的图像进行处理,得到待测物体的面积。本研究的测量物体面积硬件系统包括载物台和计算机视觉技术硬件。计算机视觉硬件包括 CCD 摄像头、图像采集卡和计算机(CPU),见图 12-61。

图 12-61　硬件组成

12.8.4　测量算法

1. 图像预处理

在开发的过程中,彩色图像的灰度化是构成图像处理系统、完成任务必不可少的部分。黑白 CCD 摄像机获得的图像经彩色图像采集卡模/数转换后,得到的是 24 位真彩色图像数字图像,大多数的彩色图像采集系统中都采用 24 位甚至 32 位的彩色来存储图像,这样可以最大限度地保证图像信息的完整性。为了减少程序空间以及便于图像的增强处理,就必须将彩色图像灰度化。

2. 图像增强

图像增强处理有空间域法和频率域法。前者是在原图像上直接进行数据运算,后者是在图像的变换域上进行修改,增强人们感兴趣的部分。本实验中选用的是中值滤波。中值滤波是一种非线性信号处理方法,中值滤波也是一种典型的低通滤波器,其目的是保护图像边缘的同时去除噪声。

中值滤波方法,就是指把以图像上某点 (x,y) 为中心的小窗口内的所有像素的灰度值按从大到小的顺序排列,将中间值作为点 (x,y) 处的灰度值,若窗口中有偶数个像素,则取两个中间值的平均值作为点 (x,y) 处的灰度值。

3. 阈值分割

图像中的区域是指相互连接的具有相似特性的一组像素。由于区域可能对应场景中的物体,因此,区域的检测对于图像解释是十分重要的。一幅图像可能包含若干个物体又可能包含对应于不同部位的若干区域。为了精确解释一幅图像,首先要把一幅图像划分成对应于不同物体或物体不同部位的区域。其中阈值分割就是一种典型的划分方法。

阈值就像个门槛,比它大就置1,也就是白;比它小就置0,也就是黑。经过阈值化处理后的图像变成了黑白二值图,所以说阈值化是灰度图转二值图的一种常用方法,进行阈值化只需给出阈值点即可。

本例中所取图像有其自身的特点。在背景中有一参考物和被测物,如果只进行一次阈值分割显然是不行的。进行第一次阈值分割,本设计只能选定手掌区域(图 12 - 62(a)),因此,还必须进行二次阈值分割。先取得一次阈值分割所得到得阈值 T_1,将背景设置为白色,其余部分(即手掌和标准参考物)得灰度值保持不变(图 12 - 62(c)),再对手掌和标准参考物进行阈值分割,相当于手掌为背景,取得另一阈值后,可以将标准参考物分割出来(图 12 - 62(d))。

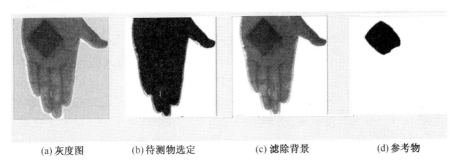

(a)灰度图　　　　(b)待测物选定　　　　(c)滤除背景　　　　(d)参考物

图 12 - 62　阈值分割结果

4. 像素的获取

经过上面几步处理后,就可以计算被测物体的像素数。获取被选区域的像素数的算法相对比较简单,其基本算法是:

(1) 设定一个像素指针,遍历图像;

(2) 初始化一个变量,初值设为0,当图像中的灰度值为0,则加1;

(3) 建立一个对话框,显示变量值。

12.8.5　面积测量实例

根据透视投影原理,物体的实际面积等于物体的像素数乘以一个倍数。该倍数为物体到 CCD 的距离 L 与透镜焦距的比值,即 $S = P \times (L/f)^2$。但是由测量 L 而求误差较大,并且为了使物体清晰,必然会改变焦距,焦距就不容易被确定下来。所以本设计用一个实际面积易求的标准物体作为参考物,这样就能解决这个问题了。

$$S' = P' \times (L/f)^2 \tag{12 - 61}$$

因为标准参考物的面积易求,并且精度较高。同时通过程序的运行,可以求到参考物的像素数。同样由透视原理,该倍数就等于参考物的实际面积与像素数的商值。

最后,待测物的面积为

$$S = P \times (S' \div P') S = P \times (S' \div P') \tag{12 - 62}$$

式中,S 为待测物体的面积;P 为待测物体的像素数;S' 为参考物体的面积;P' 为参考物体的像素数。

12.8.6　结论

上面介绍了基于视觉的测量实验平台。该实验平台能够让学生自己动手组装采集数字图像的硬件系统,根据实时显示的图像效果来调节系统的相关组成部分,以采集到理想的图像。该实验平台的软件部分可根据学生处理的具体对象选择图像处理流程。选择处理算法,并可观察到不同算法的对比结果,使学生通过实验对算法有更深的理解,从而有助于学生能够理论联系实际,提高他们的动手能力、分析问题解决问题的实践能力。同时,本文还提出了测量复杂形状物体表面积的新方法。本实验平台的研究可以为其他高校研制类似实验设备提供借鉴。

12.9 线纹尺测量系统设计

12.9.1 应用背景

随着精密仪器的产生和现代科学技术发展的要求,测量精度显得尤为重要。线纹尺是一种精密测量工具。线纹尺的基本用途有两种:①复现长度单位,传递线纹量值,以保证长度单位量值的准确和统一;②用于定位和用作测长标准,或直接用于工程测量、大地测量。由于线纹尺是一种多值量具,它以两条刻线之间的距离复现长度量值,所以刻线之间的距离应规定为刻线轮廓几何中心之间的最短距离,而不是相应边缘间的距离。

精密线纹尺作为长度基准在尺寸传递中起着重要的作用,在测长仪及各种坐标机中也有着重要作用。按机械工业部的标准(JB-2215—78),线纹尺的任意两刻线间的最大不确定度共分为5级。制造线纹尺的材料要求性能稳定,线膨胀系数与钢材相同或相近,尺面易加工。因此,当线纹尺长度小于500mm时,采用光学玻璃制造;线纹尺长度大于500mm时,常用Ni58合金钢和2Cr13制成金属线纹尺。线纹尺的刻线距离一般为1mm,为了得到微米级的测量单位,一般采用光学显微式细分,可将1mm细分至$1/1000 \sim 1/1500$个单位,即可读取$1 \sim 0.2\mu m$。

线纹尺的刻线并非一条几何线,实际上相当于一条宽窄不十分均匀的"窄槽",线的宽度用刃磨最好的金刚石刻线也难小于$2\mu m$。实际应用中的线纹尺的线宽一般为$5 \sim 10\mu m$,高精度线纹尺线宽为$2 \sim 4\mu m$。如果将$2\mu m$宽的刻线放大5000倍,其线宽为10mm,如果放大100000倍其宽度将为200m。线的宽度无疑对线纹尺的精度有很大的影响,线越宽,读取线纹产生的误差就越大。因此,近年来线纹尺发展的趋势是线纹尽可能细,以便用高倍的光学读数装置来读取线纹。

12.9.2 研究现状

传统的线纹尺检测系统包括瞄准部分和激光测长部分。利用读数显微镜实现线纹瞄准时,需要机械微动调整实现对边缘的瞄准,所以在操作和精度上都不太理想。该系统在可以正常工作时,由于瞄准部分原理的局限性,对于具有不同粗细线纹的线纹尺测量,需要多次调节瞄准部分,测量过程繁琐,同时由于瞄准部分原理的局限性,不能够进行线纹的跨刻度和不等间隔测量。西安理工大学机械与机密仪器工程学院的邱宗明等人曾于2001年在《西安理工大学学报》上发表了一篇《图像测量技术在非等间隔线纹尺检测中的应用》,提出了一种可应用于线纹宽度测量和线纹间距测量时瞄准线纹的图像瞄准方法。

12.9.3 总体方案设计

1. 线纹尺检测原理

图12-63所示为系统工作示意图,目标即为待测量的物体。其摄像头按测量分辨力选取

面阵 CCD,图像采集卡将 CCD 拍摄的数据送输入到计算机。计算机对采集卡传入的数据进行实时的分析处理,并及时发出触发信号传送到外围的检测装置,实现对检测装置的控制。

图 12-63　测量系统工作示意图

目标随着移动平台匀速移动,当计算机侦测到 CCD 视窗内出现所需要的线纹刻线时,便发出开始触发信号,使激光干涉条纹的计数装置开始计数,同时保存当时的图像以便后期计算处理。当侦测到下一条线纹时,再次发出触发信号,控制计数器停止计数,同时保存即刻图像。那么所待测的距离即为激光干涉根据计得的条纹数目所测长度 L 与两次瞄准偏差 ΔL_1 和 ΔL_2 的代数和:

$$L' = L - \Delta L_1 + \Delta L_2 \tag{12-63}$$

2. 激光干涉测长基本原理

图 12-64 所示为激光干涉仪测长的基本原理图,实物照片如图 12-65 所示,它是以激光光波的波长为基准对各种长度量进行精度测量。主要由以下几部分组成:

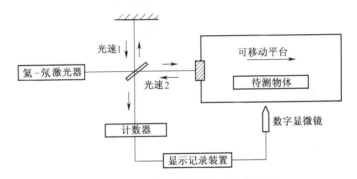

图 12-64　激光干涉测长系统结构图

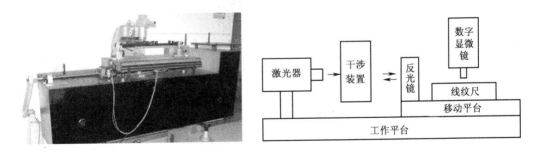

图 12-65　线纹尺测量系统图和系统的构造简图

（1）激光光源。一般采用单模稳频氦-氖气体激光器,使用输出波长 $\lambda = 0.6328\mu m$ 的红光。这种激光器的频率可达 $10^3 Hz$,相干长度可达 300km。

（2）干涉系统。是基于迈克尔逊干涉的原理,被测长度位移量通过干涉仪的测量臂引入,对光波的相位进行调制,再由干涉仪中两臂光波的干涉实现对位移量的解调。

（3）数字显微镜。用来对所测物体进行瞄准,使干涉仪的干涉信号处理部分和被测量之间实现同步。

（4）干涉条纹计数和记录显示部分。对干涉条纹计数并显示出来。

由激光器发出的光经分光镜分为两束,一束射向干涉仪的固定参考臂,经参考臂反射镜返回后形成参考光束;另一束射向干涉仪测量臂,测量臂中的反射镜将随被测长度位移而移动,这一束光从测量反射镜返回后形成测量光束;测量光束和参考光束的相互叠加干涉成干涉信号。干涉信号的明暗变化次数直接对应与测量镜的位移。可表示为

$$L = N * \lambda / 2 \tag{12-64}$$

因此,由数字显微镜发出对 N 的起始计数点,便可以通过对 N 的计数得出位移 L 的值。

3. 硬件的构建

激光器被固定在工作平台的一端。移动平台可以在工作平台上沿导轨平移,线纹尺安装在移动平台上随其一起移动,平台上上装有反光镜。线纹尺上方装有 CCD 进行瞄准和拍摄。

12.9.4 线纹尺的测量算法设计

1. 线纹瞄准的快速检测算法

在线纹检测中,线纹的捕捉是非常重要的一个环节,直接关系到位置偏差的计算。具体地说也就是在 CCD 发现有线纹出现时候,拍摄下此刻线纹图像以便后期对其进行图像处理。下面介绍两种算法:①在 CCD 视窗中心捕捉;②在 CCD 视窗的边缘捕捉。

中心捕捉的主要思想是利用线纹刻线与背景灰度的不同将其从背景中分离出来。具体步骤为首先将所拍摄得视频读入内存,计算出视频得所有帧数,从第一帧开始,采集每一幅灰度图像计算出此刻图像的大小,找出其几何中心作为检测的预定点。在这个点处,检测每一帧灰度图像,记录该点的灰度值,若该点灰度值大于某一设定值,则设为高值,否则设为低值,这样,就可以画出所有帧在该点的一个方波图,如图 12-66 所示。

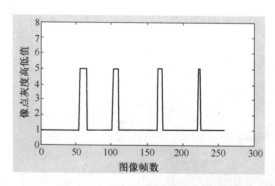

图 12-66 线纹出现捕捉示意图

图中凸起部分即为中心点灰度值高于设定值的点,基本上反映出了尺上的各条线纹,当第一个方波经过时表示捕捉到了第一个线纹,计算机保存此刻的图像并发出计数信号,计数器开始计数。当下一个方波经过时,即下一条线纹出现,于是计算机保存此刻的图像并发出停止计数信号,计数器停止计数。

图中的各个方波宽度不等,是因为手动拍摄线纹时速度不等,每条线纹所占的帧数也不同,所以造成了上面的现象。正式测量时线纹尺时随着起气垫导轨一起匀速运动,且运动速度比较慢,所以效果会更好。

边缘捕捉是将灰度图像转化为二值图像。检测图像的第一列,当出现值为"0"的暗点时,表示即将有线纹经过,随着线纹的移动第一列里的暗点会逐渐增多,直至出现全"0"列。继续检测到"0"值开始减少,表示线纹即将完全进入视窗。当出现全"1"列,即暗点全部消失时,标志着线

纹真正出现。这时微机给计数器发出信号并开始计数,并保存此刻的图像。按照上面的过程当再次检测到线纹完全出现时,微机保存此刻的图像并发出停止信号,计数器停止计数。

2. 线纹瞄准偏差的检测算法

要计算出线纹间距必须解决像元当量的问题,采用 1mm 标准尺作为参考物,在与拍摄线纹图像相同放大倍数下对其拍摄图像。图 12-67 所示是处理过程中各步所得到的图像。

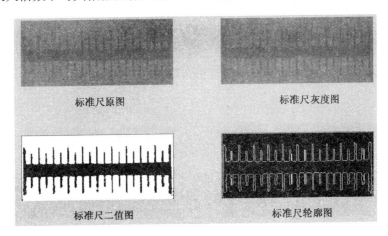

图 12-67　处理过程中的图像

提取出二值图像的边缘,见图 12-67 中的第 4 幅图。从图像水平正中心线的最左侧依次查询各个像素点,直至找到值为 1 的点,即在图上显示为白色的点,记下此点的坐标。同样,从图像的右端依次查询各个点,直至找到值为 1 的白点,并记下此点的坐标。上述两点的列坐标值差的绝对值即为 1mm 标准尺拍摄图像的像素长度。设像素长度为 n,则像元当量 $r = 1/n$（mm）。

解决了像元当量的问题,下面便对待测线纹尺进行测量。首先读入线纹尺测量时开始计数的开始图像,尺寸大小 197mm×320mm,如图 12-68 所示。图 12-69 所示为图像处理的最终结果。

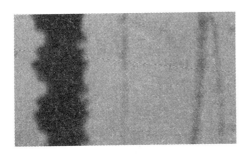

图 12-68　线纹原始图像将其转化为灰度图像

图像的边缘并非规则的直线,而是弯曲的不规则的线条,有的地方比较宽,有的地方比较窄,若随便用一条水平线与两条边缘相交来计算线纹宽度可能存在很大的偏差。所以在计算距离之前需对其边缘进行直线拟合。拟合之后计算所的值比不拟合情况下更稳定,精度更高。边线拟合结果如图 12-70 所示。

在两条直线上分别取两个点,求出两条直线的斜率 k_1 和 k_2。由于两拟合直线可能不平行,难以求得二者间距,可以采用一些计算方法求得两条比较合理的近似平行线,但计算量太

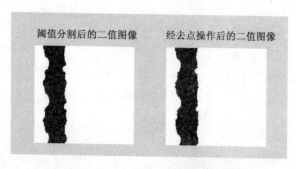

图 12-69　图像处理最后结果

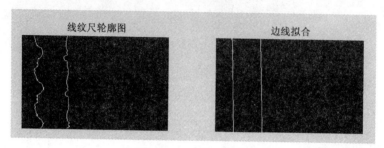

图 12-70　边线拟合

大,考虑到二者交角很小,在不影响测量精度的前提下,取斜率为 $k=(k_1+k_2)/2$ 的两平行线计算线宽。过左边直线的中点做其垂线,得到与右边直线的交点,计算二点间距离得到线宽。取垂线的中点,记下坐标值,其列值 y 与图像中线的列值差即为所要求的瞄准偏差。设图像列数为 b,则瞄准偏差为

$$\Delta L_1 = \frac{b/2 - y_1}{n} \tag{12-65}$$

其中,n 为 1mm 标准尺像素长度。以上述同样方法检测出终止图像的图像瞄准偏差

$$\Delta L_2 = \frac{b/2 - y_2}{n} \tag{12-66}$$

最后,再由 $L' = L - \Delta L_1 + \Delta L_2$ 即可得出线纹间的实际距离。

12.9.5　实验结果与分析

实验求得在同一放大倍数下,1mm 标准尺像素长度为 313,则像元当量 $r = 1/n = 1/313 = 0.0032$mm,开始图像的瞄准偏差:$\Delta L_1 = 0.2907$mm,终止图像瞄准偏差:$\Delta L_2 = 0.1917$mm。于是,所要测量得线纹得真实长度为

$$L' = L - \Delta L_1 + \Delta L_2 = \frac{\lambda}{2}N - 0.2907 + 0.1917 = \left(\frac{\lambda}{2}N - 0.099\right) \text{mm} \tag{12-67}$$

测量作精度分析:

在作上述的测量时,选取的目镜是 10 倍放大。在此情况下,1mm 标准尺的像素长度为 313,每个像元的长度为 0.0032mm,即 3.2μm。所以从理论上来说,测量误差小于 3.2μm。如果选择放大倍数更大的,如 40 倍,则可以将精度提高到 1μm 以内。

实验结果说明,图像测量技术应用于线纹尺测量,其测量精度比用传统的瞄准方法有了很大的提高,且操作简单。

参 考 文 献

[1] 罗先和,等. 光电检测技术. 北京:北京航空航天大学出版社,1995.
[2] 雷玉堂,等. 光电检测技术. 北京:中国计量出版社,1997.
[3] 范志刚. 光电检测技术. 2版. 北京:电子工业出版社,2008.
[4] 浦昭邦. 光电测试技术. 北京:机械工业出版社,2005.
[5] 郭培源,付扬. 光电检测技术与应用. 北京航空航天大学出版社. 2006.
[6] 曾光宇,等. 光电检测技术. 北京:清华大学出版社,2005.
[7] 陈家璧. 激光原理及应用. 北京:电子工业出版社,2005.
[8] 江月松,等. 光电技术与实验. 北京:北京理工大学出版社,2002.
[9] 杨永才. 光电信息技术. 上海:东华大学出版社,2002.
[10] 王永仲,等. 智能光电系统. 北京:科学出版社,1999.
[11] 安毓英. 光电子技术. 北京:电子工业出版社,2002.
[12] 安连生,李林,李金臣. 应用光学. 北京:北京理工大学出版社,2002.
[13] 郭天太,等. 光电检测技术. 武汉:华中科技大学出版社, 2012.
[14] 付小宁,王炳健,王荻. 光电定位与光电对抗. 北京:电子工业出版社,2012.
[15] 徐熙平,张宁. 光电检测技术及应用. 北京:机械工业出版社 2012.
[16] 苏俊宏,尚小燕,弥谦. 光电技术基础. 北京:国防工业出版社 2011.
[17] 刘宇. 光纤传感原理与检测技术. 北京:电子工业出版社,2011.
[18] 郭培源,付扬. 光电检测技术与应用. 2版. 北京:北京航空航天大学出版社,2011.
[19] 安毓英,曾晓东. 光电探测与信号处理. 北京:科学出版社,2010.
[20] 张广军. 光电测试技术与系统. 北京:北京航空航天大学出版社,2010.
[21] 周秀云,等. 光电检测技术及应用. 北京:电子工业出版社,2009.
[22] 刘铁根. 光电检测技术与系统. 北京:机械工业出版社,2009.
[23] 谢非,徐贵力. 基于支持向量机的多种人体姿态识别. 重庆工学院学报(自然科学版),2009,(3).
[24] 宋大鹏,徐贵力. 基于红外光纤多液层检测系统的研究与设计. 计算机测量与控制,2009,(8).
[25] 徐贵力,倪立学,程月华. 基于合作目标和视觉的无人飞行器全天候自动着陆导引关键技术. 航空学报,2008,(3).
[26] 徐贵力. 基于数字图像的测量实验平台的研究. 电气电子教学学报,2005,(2).
[27] 徐贵力,曹传东,田裕鹏. 基于计算机视觉的智能监控系统教学平台. 电气电子教学学报,2009,(3).
[28] 徐贵力. 用于斯特林太阳能发电系统的太阳跟踪对准装置与方法. 中国发明专利,201010151986.
[29] 徐贵力,蒋琦. 基于光电池 Y 型布局的太阳方位传感器及太阳跟踪装置. 中国发明专利,200910035942.
[30] 徐贵力,程月华. 基于 PSD 的全自动高精度太阳跟踪装置及其跟踪方法中国发明专利,200810123085.7.
[31] 徐贵力,蒋琦. 基于偏振分束的磁光成像技术研究. 仪器仪表学报, 2011,(12).
[32] 谭韦君,丁万山. 基于红外传感器和 ARM 的大气有害气体浓度监测系统. 传感技术学报,2011,(3).